高等院校机械工程类"十三五"系列规划教材

数字化设计与制造
技术及应用

徐 雷 殷 鸣 殷国富 编著

SHUZIHUA SHEJI YU ZHIZAO
JISHU JI YINGYONG

四川大学出版社

项目策划：李思莹
责任编辑：胡晓燕
责任校对：蒋　玙
封面设计：墨创文化
责任印制：王　炜

图书在版编目（CIP）数据

数字化设计与制造技术及应用 / 徐雷，殷鸣，殷国
富编著．— 成都：四川大学出版社，2018.11
　　ISBN 978-7-5690-2617-7

　　Ⅰ．①数… Ⅱ．①徐…②殷…③殷… Ⅲ．①数字技
术－应用－工业产品－产品设计－研究②数字技术－应用
－制造工业－研究 Ⅳ．① TB47 ② F407.4

中国版本图书馆 CIP 数据核字（2018）第 285988 号

书　名	数字化设计与制造技术及应用
编　著	徐　雷　殷　鸣　殷国富
出　版	四川大学出版社
地　址	成都市一环路南一段 24 号（610065）
发　行	四川大学出版社
书　号	ISBN 978-7-5690-2617-7
印前制作	四川胜翔数码印务设计有限公司
印　刷	郫县犀浦印刷厂
成品尺寸	185mm×260mm
印　张	20
字　数	485 千字
版　次	2019 年 11 月第 1 版
印　次	2019 年 11 月第 1 次印刷
定　价	58.00 元

◆ 读者邮购本书，请与本社发行科联系。
　　电话：(028)85408408/(028)85401670/
　　(028)86408023　邮政编码：610065
◆ 本社图书如有印装质量问题，请寄回出版社调换。
◆ 网址：http://press.scu.edu.cn

四川大学出版社
微信公众号

前　言

　　以新一代信息技术与制造业深度融合发展为主要特征的产业变革在全球范围内孕育兴起，数字化、网络化、智能化日益成为制造业发展的主要趋势。为了打造具有国际竞争力的制造业，我国在 2015 年印发《中国制造 2025》，实施"中国制造 2025"战略规划，智能制造是其主攻方向，而数字化设计与制造则是实施智能制造的一种关键共性技术和支撑系统。

　　数字化设计与制造（Digital Design and Manufacturing）技术是指采用数字化方式，利用计算机软硬件及网络环境，以提高产品开发质量和效率为目标的相关设计制造方法和软件系统有机集成的产品开发技术。该技术的发展和应用使传统的产品设计方法与生产模式发生了深刻的变化，对制造业的生产模式和人才知识结构等产生了重大的影响。经过 20 世纪 70 年代以来的应用发展，数字化设计与制造系统已形成规模庞大的产业集群，促进了制造业产品设计与制造迈向数字化、智能化、虚拟化和全球化的新时代。目前，数字化设计与制造技术被广泛应用于机械、电子、汽车、模具、航空航天、交通运输、工程建筑、军工等各个领域，它的研究与应用水平已成为衡量一个国家技术发展和工业现代化的重要标志之一。

　　毫无疑问，数字化设计与制造技术已经成为产品设计制造工作中不可缺少的工具，是机械工程学科领域的一门重要专业必修课程。对于 21 世纪的工程技术人员来说，学习和掌握数字化设计与制造技术原理及其相应软件系统的应用方法是十分重要的。因此，及时、系统地反映数字化设计与制造原理、最新技术与典型软件系统应用方法，满足当前数字化设计与制造技术研究、教学和推广应用的需要，是我们编写本书的基本出发点。

　　数字化设计与制造技术课程教学的主要任务有三个方面：一是使学生学习数字化设计与制造技术的基本原理和应用方法；二是使学生学习和掌握数字化设计与制造技术中的关键共性技术；三是通过对数字化设计与制造典型软件系统的学习和初步应用，培养学生的数字化设计与制造技术系统工程化应用意识。为此，本书编写的指导思想是：以数字化设计与制造技术的共性理论为基础，以工程应用为背景，注意突出内容的新颖性和实用性，在论述数字化设计与制造技术的基本原理、关键技术和应用方法的基础上，结合常用数字化设计与制造软件系统应用介绍，学习数字造型、性能分析仿真、数字化制造、虚拟产品开发、增材制造与逆向工程所涉及的数字化设计与制造技术和软件系统，并通过数字化设计与制造技术软件系统的应用，较为完整地理解和掌握数字化设计与制造技术。

　　本书体系结构与内容安排如下：

　　第 1 章在介绍智能制造概念的基础上，分析数字化设计与制造的基本内涵、技术关键和发展概况，学习了解数字化设计与制造技术的特点和发展趋势。

第 2 章从数字化产品开发过程入手，探讨数字化设计与制造系统的理论基础，重点讨论数字化设计与制造技术的功能和内涵、参数化造型技术、计算机图形处理技术以及产品数据交换标准与接口技术等。

第 3 章从机械产品设计制造环境的要求出发，讨论几何造型的理论基础、几何造型方法、实体造型方法、曲线曲面造型方法等数字化造型的理论基础与技术方法。

第 4 章介绍特征的概念、分类及特征造型的特点，并结合目前常用的基于特征的数字化造型软件，详细论述了从草图设计、零件造型、装配造型到生成工程图的基于特征的数字化造型过程。

第 5 章介绍数字化仿真分析技术与应用，重点是数字化仿真的基本方法和理论，结合 ANSYS 软件论述了有限元分析的基本原理和分析步骤、数字样机技术和 CAE 应用实例。

第 6 章着重论述数字化制造中的关键技术，包括计算机辅助工艺设计技术、数控加工技术、数控编程技术、数控加工仿真技术，介绍常用的数控系统及数控加工仿真实例。

第 7 章从虚拟产品开发过程入手，介绍了虚拟现实的概念、组成结构、发展及分类，重点探讨虚拟现实中的关键技术，包括硬件组成及开发工具，并结合工程实际探讨虚拟现实技术在产品设计与制造中的应用。

第 8 章论述逆向工程的概念及逆向工程技术的应用，重点介绍了逆向工程中的数据采集技术和数据处理技术，并以燃气轮机叶片为例，详细介绍了反求过程中检测平台搭建、数据采集及处理的详细步骤。

第 9 章介绍增材制造的技术原理、增材制造典型工艺技术、增材制造中的数据处理、增材制造的应用领域以及增材制造技术面临的挑战与发展趋势。

第 10 章在讨论智能制造模式发展背景的基础上，介绍智能制造的概念和内涵，分析智能制造的关键技术，讨论数字化工厂和智能工厂等实施智能制造的新模式，分析智能制造的发展趋势。

本书由四川大学机械工程学院徐雷副教授、殷鸣副教授和殷国富教授编著。其中，第 1、10 章由殷国富教授编写，第 2、3、4、5、7 章由徐雷副教授编写，第 6、8、9 章由殷鸣副教授编写，徐雷副教授负责全书文字统稿工作。本书在编写过程中参考了作者近年来参与和承担国家工信部智能制造新模式应用项目和四川省智能制造专项计划、四川省科技支撑计划、四川省省级财政智能制造专项等相关课题的工作成果，同时参考了国内外许多专家学者的文献资料，四川大学研究生院学术学位研究生教材建设项目以及示范性专业学位研究生实践基地建设项目为本书的出版提供了资助，四川大学出版社的编辑为本书的出版付出了辛勤的劳动，谨此致谢。由于数字化设计与制造技术内容十分丰富，技术日新月异，书中内容难以全面反映这一技术领域的全貌，不妥之处在所难免，诚请批评指正。

作 者

2019 年 5 月

目　录

第1章 数字化设计与制造技术概述

以新一代信息技术与制造业深度融合发展为主要特征的产业变革在全球范围内孕育兴起，数字化、网络化、智能化日益成为制造业发展的主要趋势。为了打造具有国际竞争力的制造业，我国在 2015 年印发《中国制造 2025》，实施"中国制造 2025"战略规划，智能制造是其主攻方向，而数字化设计与制造则是实施智能制造的关键共性技术。本章在介绍智能制造概念的基础上，分析数字化设计与制造的基本内涵、技术关键和发展概况，学习了解数字化设计与制造技术的特点和发展趋势。

1.1 制造业发展概况

制造是指对原材料进行加工或再加工，以及对零部件进行装配的过程。通常，按照生产方式连续性的不同，制造分为流程制造与离散制造。制造业是指对制造资源（物料、能源、设备、工具、资金、技术、信息和人力等），按照市场要求，通过制造过程，转化为可供人们使用和利用的大型工具、工业品及生活消费产品的行业。

1. 发展制造业的意义

制造业是国民经济的主体，是立国之本、兴国之器、强国之基，在国民经济中发挥主要作用。18 世纪中叶开启工业文明以来，世界强国的兴衰史和中华民族的奋斗史一再证明，没有强大的制造业，就没有国家和民族的强盛。目前，中国凭借巨大的制造业总量成为名副其实的"世界工厂"。我国制造业在取得巨大成绩的同时，也面临着诸多亟待解决的问题，迫切需要实现由"制造业大国"向"制造业强国"的转变，实现制造业产业的转型升级。

2. 制造业格局面临的变化

在新一轮科技革命和产业变革中，国际产业分工格局正在重塑，全球制造业格局面临重大调整。新一代信息技术与制造业深度融合，正在引发影响深远的产业变革，形成新的生产方式、产业形态、商业模式和经济增长点。目前，世界工业大国都在加大科技创新力度，重点方向表现在以下几个方面：

一是推动增材制造（3D 打印）、移动互联网、云计算、大数据、生物工程、新能源、新材料等领域取得新突破。

二是推动基于信息物理系统的智能装备、智能工厂等智能制造方式发生变革。

三是发展网络众包、协同设计、大规模个性化定制、精准供应链管理、全生命周期管理、电子商务等新型产业价值链体系。

四是研发智能机床、智能家电、智能汽车等智能终端产品，不断拓展制造业新领域。

3. 制造业变革的主要特征和面临的挑战

随着全球经济一体化进程的加快以及新一代信息技术的迅猛发展，全球正在兴起新一轮工业革命。现代制造业变革的主要特征表现在以下几方面：生产方式上，呈现出数字化、网络化、智能化、个性化、本地化、绿色化等特征；分工方式上，呈现出服务化、专业化、产品链一体化、产业链分工细分化等特征；产业组织方式上，呈现出网络化、平台化、扁平化的特点；商业模式上，将从以厂商为中心转向以消费者为中心，体验和个性成为制造业竞争力的重要体现和利润的重要来源。

伴随新一轮工业革命的发展，现代制造企业面临以下挑战：产品技术创新加强，智能化程度提高，生命周期缩短；全球市场竞争加剧和快速响应市场需求，交货期成为重要竞争因素；用户需求个性化，多品种、变批量生产比例增大，大规模、个性化定制生产正在形成。

4. 我国制造业创新发展迎来重大机遇

新中国成立尤其是改革开放以来，我国制造业持续快速发展，建成了门类齐全、独立完整的产业体系，成为支撑我国经济社会发展的重要基石和促进世界经济发展的重要力量。持续的技术创新，提高了我国制造业的综合竞争力。载人航天、载人深潜、大型飞机、北斗卫星导航、超级计算机、高铁装备、百万千瓦级发电装备、万米深海石油钻探设备等一批重大技术装备取得突破，形成了若干具有国际竞争力的优势产业和骨干企业，有力推动了工业化和现代化进程，显著增强了综合国力。

但我国仍处于工业化进程中，与世界先进水平相比，我国制造业仍然大而不强，关键核心技术与高端装备对外依存度高，以企业为主体的制造业创新体系不完善，在自主创新能力、资源利用效率、产业结构水平、信息化程度、质量效益等方面差距明显，转型升级和跨越发展的任务紧迫而艰巨。

1.2 "中国制造2025"战略规划

1. 实施"中国制造2025"战略规划

为赢得新一轮的世界竞争，加速我国制造业转型升级、提质增效，实现从"制造大国"向"制造强国"的转变，2015年5月19日，国务院正式印发《中国制造2025》，这是我国实施制造强国战略的第一个十年行动纲领，也是我国建设制造强国的纲领性文件。《中国制造2025》提出了未来制造业发展的目标、重点领域、主要任务和战略支撑，有利于指导中国制造业探索新的发展思路和路径。

《中国制造2025》的总体思路是坚持走中国特色新型工业化道路，以促进制造业创新发展为主题，以提质增效为中心，以信息技术与制造技术深度融合的数字化、网络化、智能化制造为主线，以推进智能制造为主攻方向，提高产品创新设计能力，完善制造业技术创新体系，强化工业基础能力，提高综合集成水平，促进产业转型升级，培育有中国特色的制造文化，实现制造业由大变强的历史跨越。

未来十年，我国制造业发展的着力点不在于追求更高的增速，而是要按照"创新驱动、质量为先、绿色发展、结构优化、人才为本"的总体要求，着力提升发展的质量和效益。

2. 智能制造的内涵

2016 年 12 月 8 日，工业和信息化部发布的《智能制造发展规划（2016—2020 年）》给出了一个比较全面的智能制造描述性定义：智能制造是基于新一代信息通信技术与先进制造技术深度融合，贯穿于设计、生产、管理、服务等制造活动的各个环节，具有自感知、自学习、自决策、自执行、自适应等功能的新型生产方式。

《智能制造发展规划（2016—2020 年）》提出的智能制造发展指导思想：牢固树立创新、协调、绿色、开放、共享的发展理念，全面落实《中国制造 2025》和推进供给侧结构性改革部署，将发展智能制造作为长期坚持的战略任务，分类分层指导，分行业、分步骤持续推进，"十三五"期间同步实施数字化制造普及、智能化制造示范引领，以构建新型制造体系为目标，以实施智能制造工程为重要抓手，着力提升关键技术装备安全可控能力，着力增强基础支撑能力，着力提升集成应用水平，着力探索培育新模式，着力营造良好发展环境，为培育经济增长新动能、打造我国制造业竞争新优势、建设制造强国奠定扎实的基础。

智能制造包括三个方面的内容：一是研发一批智能化产品；二是将信息技术应用于制造业生产经营管理的全过程，使生产和管理过程实现智能化；三是在微观企业层面实现信息的充分交流和共享，建立工业互联网或物联网。实施智能制造的重点任务体现在智能产品、智能装备、智能制造及智能生产模式等方面。智能制造具有以智能工厂为载体，以关键制造环节智能化为核心，以端到端数据流为基础，以网络互联为支撑等特征。推动智能制造，能够有效缩短产品研制周期，提高生产效率和产品质量，降低运营成本和资源能源消耗，并促进基于互联网的众创、众包、众筹等新业态、新模式的孕育发展。实施智能制造的目的是实现整个制造业价值链的智能化和创新，是信息化与数字化深度融合的进一步提升。

3. 数字化工厂

数字化车间是智能制造新模式的一种具体实现形式。数字化工厂（Digitalized Factory）是一种全新的制造模式，是利用产品三维数字模型来定义和优化产品的制造过程，向制造作业所有环节的各类操作者提供数字化的制造指令和作业指导信息；在制造作业中，操作者也用数字化的手段和装置向上层业务过程反馈数字化的作业状态信息。

数字化工厂简化了制造全生命周期中信息传递的转换过程，使制造过程的效率和效能最大化。数字化工厂前所未有地将制造的全过程，包括思维的、作业的、物流的浪费降到最低程度，是全新的生产方式。

4. 数字化设计与制造是智能制造的关键技术

智能制造是信息化、数字化等发展到一定程度后逐步形成的产物，数字化设计与制造则是关键的技术基础。

智能制造的核心：在制造企业中全面推行数字化设计与制造技术，通过在产品全生命周期中的各个环节普及与深化计算机辅助技术、系统及集成技术的应用，使企业的设计、制造、管理技术水平全面提升，促进传统产业在各个方面的技术更新，使企业在持续动态多变、不可预测的全球性市场竞争环境中生存发展，并不断地扩大其竞争优势。

未来数字化制造技术将向着智能化的方向发展。数字化是手段，要实现智能设计、智能工艺、智能加工、智能装配、智能管理等产品研制的各个环节，提高设计制造管理全过程的质量和效率。

5. 传统设计与制造和数字化设计与制造的比较

信息技术与计算机技术的发展促进了当代世界制造技术的发展，先进制造技术大部分是信息技术与计算机技术在制造领域的应用。制造企业信息化与数字化的目的是改造与提高传统的制造技术，为企业提供先进制造技术，满足产品创新和管理创新的信息化需求。

数字化的生产方式正在从根本上动摇传统制造业的基础，催生了一场制造业的技术革命。产品信息的描述和在制造各个环节之间的传递，从 2D 平面图形向 3D 数字模式转换，是人类制造工程历史上的一次重大革命，有利于预先精确定义、模拟和优化，加快传统制造向智能制造演进的速度。传统设计与制造和数字化设计与制造在信息处理方式和效果方面的比较如图 1.1 所示。传统制造企业应用数字化设计与制造技术有利于企业的转型升级。

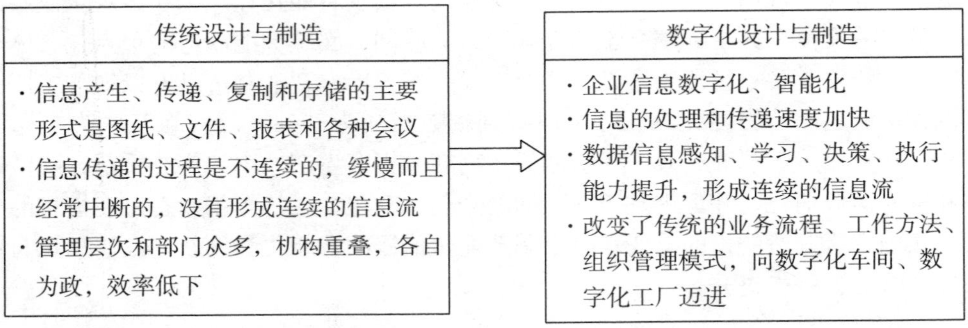

传统设计与制造	数字化设计与制造
·信息产生、传递、复制和存储的主要形式是图纸、文件、报表和各种会议 ·信息传递的过程是不连续的，缓慢而且经常中断的，没有形成连续的信息流 ·管理层次和部门众多，机构重叠，各自为政，效率低下	·企业信息数字化、智能化 ·信息的处理和传递速度加快 ·数据信息感知、学习、决策、执行能力提升，形成连续的信息流 ·改变了传统的业务流程、工作方法、组织管理模式，向数字化车间、数字化工厂迈进

图 1.1　传统设计与制造向数字化设计与制造的转变

1.3　数字化设计与制造技术概况

数字化设计与制造技术是指采用数字化方式，利用计算机软硬件及网络环境，以提高产品开发质量和效率为目标的相关设计制造方法和软件系统有机集成的产品开发技术，即在网络和计算机辅助下，通过产品数据模型，全面模拟产品的设计、分析、装配、制造等过程。数字化设计与制造技术不仅贯穿于企业生产的全过程，而且涉及企业的设备布置、物流物料、生产计划、成本分析等多个方面。与传统产品开发手段相比，它强调计算机、数字化信息、网络技术以及智能算法在产品开发中的作用。

数字化设计与制造技术的应用可以提高企业产品开发能力，缩短产品研制周期，降低开发成本，实现最佳设计目标和企业间的协作，使企业能在最短时间内组织全球范围的设计制造资源开发出新产品，提高企业的竞争能力。

1. 数字化技术

随着计算机技术、信息技术和网络技术的发展，数字化思维（离散思维）方式成为当今人类分析工程问题的主要手段。

数字化是利用数字技术对传统的技术内容和体系进行改造的进程。数字化的核心是离散化，其本质是将连续的物理现象，模糊的不确定现象，设计制造过程的物理量和伴随制造过程而出现和产生的几何量，设计制造环境，个人的知识、经验和能力离散化，进而实现数字化。

数字化技术就是以计算机硬/软件、周边设备、协议和网络为基础的信息离散化表述、定量、感知、传递、存储、处理、控制、联网的集成技术。其用于制造业可包括数字化设计与制造技术和数字化产品两部分。将数字化技术用于支持产品全生命周期的制造活动和企业的全局优化运作就是数字化制造技术；将数字化技术注入工业产品就形成了数字化产品。

数字化技术的发展深刻地改变了制造业，极大地增强了人类处理和利用信息的能力，已经成为现代生产力发展的主导因素。它不但在改变着人类的经济生活，而且以其强大的渗透力进入社会生活的方方面面。可以认为，数字化技术的应用程度已经成为衡量一个国家或地区的国际竞争力、现代化程度、经济成长能力的重要标志。

2. 数字化设计与制造产生的背景

在计算机技术出现之前，机械产品的设计与加工一直都采取图纸设计和手工加工的方式，这种传统的产品设计与制造方式使得产品在质量上完全依赖于产品设计人员与加工人员的专业技术水平，生产数量则完全依赖于产品加工人员的熟练程度。随着工业社会的不断发展，人们对机械产品的质量提出了更高的要求，同时数量上的需求也在不断增长。为了适应社会对机械产品在质量与数量上的需求，同时也为了能进一步降低机械产品的生产成本，人们在努力寻求一种全新的机械产品设计与加工方式。20 世纪四五十年代以来计算机技术的出现及其发展，特别是计算机图形学的出现，让人们看到了变革传统机械产品设计与生产方式的曙光。于是，数字化设计与制造方式应运而生，人们逐步将机械产品的设计与加工任务交给计算机来处理，使得机械产品的设计周期缩短，产品质量与数量基本摆脱了对于设计与加工人员的依赖，并降低了产品的生产成本。

3. 数字化研发

数字化研发是指在产品的设计与制造过程中充分利用数字化技术，实现数据/信息的快速流动和各个阶段的无缝连接，从根本上解决传统产品设计制造过程中不同阶段间转换时数据/信息失真的问题。传统的企业数据/信息处理方式有企业资源管理（Enterprise Resource Planning，ERP）、产品数据管理（Product Data Management，PDM）等，这些方式在一定程度上实现了对产品设计与制造数据/信息的处理，帮助企业统一了数据/信息传递的格式，提高了企业的设计制造效率。但是这些方式都存在一些不足，如数据/信息的格式不统一，不同应用场合有不同的标准；应用范围受到限制，大部分都局限于特定的企业或研究所内部使用；范围较窄，多是集中在某些特定的行业中。这些缺点决定了上述处理方式并不能满足目前对于制造业底层信息资源数字化的需求。

数字化研发设计工具和平台是数字化研发的一个重要方向，也是解决制造业信息数字化的重要手段。数字化研发设计工具平台的核心是底层的数据和信息的数字化，而这些数据和信息被不同的平台和工具分割为不同类型、不同用途的碎片，分散在各个平台和应用场景中，无法得到充分的整合和使用。数字化研发设计工具和平台以"集成设计"为核心，综合集成设计过程、工具、方法、规范、知识和数据等，提供面向设计仿真人员的综合集成的"设计仿真环境"，可以贯穿多个研发阶段、多专业部门和多学科领域的协同研发流程，控制产品研发的业务过程，传递数据。数字化研发设计工具和平台以各种专业软件工具为分析设计手段，以工程数据库为支撑，以项目、流程管理为过程控制机制，以模板为知识固化方式，进行各专业设计分析的集成和协调，从而实现数字化研发设计。

4. 数字化设计与制造的特点

波音 777 的设计与制造是国际上公认的数字化设计与制造的典范，实现了更好、更快、更符合要求制造出创新产品，达到了缩短研发周期 40% 以上的目标。波音 787 是国际上最先进的科技产品之一，其最重要的一个特点是采用的复合材料超过了 50%，并且广泛采用了数字化设计与制造技术，实现了数字化设计、数字化制造、数字化研发、数字化全生命周期，把数字化设计与制造发展到了新的高度。大量的产品研发实例表明，数字化设计与制造的主要特点有以下几个方面：

（1）减少设计过程中实物模型的制造。传统设计在产品研制中需经过反复多次的"样机生产、样机测试、修改设计"，这不仅耗费物力、财力，而且使产品研制周期延长。数字化设计则在制造物理样机之前，针对数字化模型进行仿真分析与测试，可排除某些设计的不合理性。

（2）基于虚拟样机技术的计算机仿真分析可以反复进行产品各种性能的分析测试，在真实物理系统建立之前预测其行为效果，从而可以从不同结构或不同参数的模型结果比较中选择最佳模型。对于机械产品的研制来说，计算机仿真能够提高产品质量，缩短产品开发周期，降低产品开发成本，完成复杂产品的操作和使用训练。

（3）易于实现设计的并行化和网络化。相对于传统设计过程的串行化，数字化设计可以让一项设计工作由多个设计队伍在不同的地域分头并行设计、共同装配，进行网络化协同作业，这在提高产品设计质量与速度方面具有重要的意义。

（4）数字化制造可精确地预测和评价产品的可制造性、加工时间、制造周期、生产成本、零件的加工质量、产品质量和制造系统运行性能、零件和产品的可制造性分析、生产规划与工艺规划的评价与确认、敏捷企业和分散化网络生产系统中合作伙伴的选择、生产过程和制造系统设计与优化。

1.4 数字化设计与制造的内涵与体系

数字化设计与制造是一个较大的技术范畴，通常包括数字化设计、数字化工艺、数字化制造、数字化管理以及数字化资源等技术内容，如图 1.2 所示。

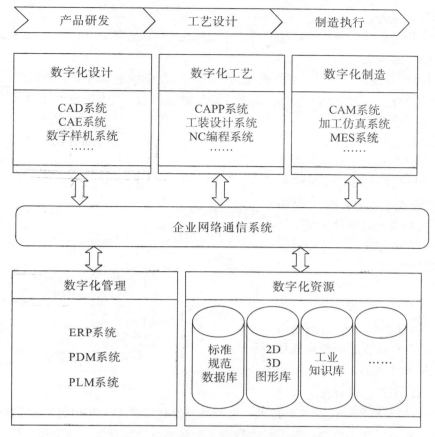

图 1.2　数字化设计与制造的技术内容体系

　　数字化设计与制造本质上是产品设计与制造信息的数字化，是将产品的结构特征、材料特征、制造特征和功能特征统一起来，应用数字技术对设计与制造所涉及的所有对象和活动进行表达、处理和控制，从而在数字空间中完成产品设计与制造过程，即制造对象、状态与过程的数字化表征，制造信息的可靠获取及其传递，以及不同层面的数字化模型与仿真。

　　从企业应用数字化技术和软件系统来看，数字化设计与制造主要包括用于制造企业的计算机辅助设计（CAD）、计算机辅助制造（CAM）、计算机辅助工艺设计（CAPP）、计算机辅助工程分析（CAE）、产品数据管理（PDM）等内容。数字化设计与制造的内涵是支持企业的产品开发全过程，支持企业的产品创新设计、数据管理、产品开发流程的控制与优化等。总体上来说，产品建模是基础，优化设计是主体，数控技术是工具，数据管理是核心。

1.4.1　数字化设计技术

　　数字化设计是通过数字化的手段来改造传统的产品设计方法，旨在建立一套基于计算机技术、网络信息技术，支持产品开发与生产全过程的设计方法。数字化设计的目标是支持产品开发全过程、支持产品创新设计、支持产品相关数据管理、支持产品开发流程的控制与优化等。

数字化设计的基础是计算机辅助设计（Computer Aided Design，CAD）技术。

1. CAD 的定义

CAD 是工程技术人员以计算机系统为工具，综合应用多学科专业知识进行产品设计、分析和优化等过程问题求解的先进数字信息处理技术，是专家创新能力与计算机硬件功能有机结合的产物。

2. CAD 系统功能模型

产品设计包括需求分析、概念设计、详细设计、工程绘图等环节，它们构成了 CAD 的主要内容。计算机辅助产品设计过程是指从接受产品功能定义开始到设计完成产品的结构形状、功能、精度等技术要求，并且最终以零件图、装配图的形式作为可见媒体表现出来的过程。CAD 系统功能模型如图 1.3 所示，主要是通过硬件和软件的合理组织来体现的。

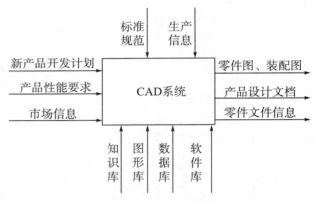

图 1.3　CAD 系统功能模型

3. CAD 工作过程分析

CAD 系统是应用现代计算机技术，以产品信息建模为基础，以计算机图形处理为手段，以工程数据库为核心，对产品进行定义、描述和结构设计，用工程计算方法进行性能分析和仿真等设计活动的信息处理系统。人们通常将 CAD 系统的功能归纳为建立几何模型、分析计算、动态仿真和自动绘图四个方面，因而需要计算分析方法库、图形库、数据库、设计资源等的支持（图 1.4）。

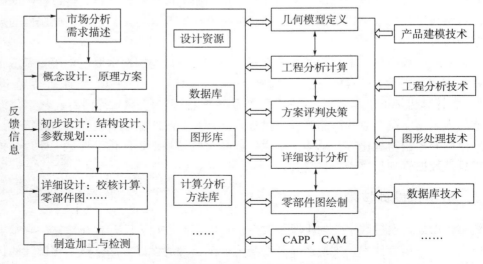

图 1.4　产品设计过程与 CAD 系统工作过程

CAD 系统工作过程如下：①通过 CAD 系统人机交互界面输入设计要求，构造出设计产品的几何模型，并将相关信息存储于数据库中。②运用计算分析方法库的计算分析，包括有限元分析和优化设计，同时确定设计方案和零部件的性能参数。③通过人机交互方式对设计结果进行评判决策和实时修改，直至达到设计要求为止。利用图形库支持工具绘制所需图形，生成各种文档。④设计结果可直接进入 CAPP 或 CAM 阶段。CAD 系统工作过程中涉及的 CAD 基础技术有产品建模技术、图形处理技术、工程分析技术、数据库技术、文档处理技术、软件设计技术等。

4. CAD 系统中软件应具有的基本功能

CAD 软件系统是由系统软件、支撑软件及应用软件组成的。虽然不同的 CAD 系统可有不同的功能要求，但就机械产品 CAD 系统来讲，其应具有以下基本功能：

（1）产品几何造型功能。产品几何造型软件是 CAD 系统的核心，因为 CAD 任务的后续处理均是在几何造型的基础上进行的，所以几何造型功能的强弱在较大程度上反映了 CAD 系统功能的强弱。通常几何造型分为线框造型、曲面造型和实体造型。为了 CAD/CAM 集成系统的需要，还要求造型系统具有特征造型的功能。

（2）2D 与 3D 图形处理功能，用以满足产品总体设计 3D 造型和结构设计时输出 2D 图的需要。

（3）3D 运动机构分析与仿真功能，检验 3D 复杂空间布局的问题。

（4）有限元分析功能。机械产品中零部件的强度和振动计算，热传导和热变形的分析计算，以及流体动力学分析计算等，可用有限元法进行分析求解。

（5）优化设计功能。产品设计过程实际上是寻优的过程，也就是在某些条件的限制下，使产品的实际指标达到最佳。

（6）工程绘图功能。设计中将图形转换成数据信息并输入计算机，计算机对此数据进行处理后，再以图形信息的方式交互与输出。

（7）数据管理功能。CAD 系统在设计过程中要处理的数据不仅数量大，而且类型也较多，其中有数值型数据和非数值型数据，也有随着设计过程不断变化的数据（即动态数据）。为了统一管理这些数据，在 CAD 系统中应有工程数据管理系统。

1.4.2　数字化分析技术

数字化分析技术的内涵是计算机辅助工程分析（Computer Aided Engineering，CAE）技术和计算机仿真技术。

现代复杂机电产品的发展，要求工程师在设计阶段就能精确地预测出产品的技术性能，并需要对结构的静、动力强度以及温度场等技术参数进行分析计算。例如，分析计算核反应堆的温度场，确定传热和冷却系统是否合理；分析涡轮机叶片内的流体动力学参数，以提高其运转效率。把这些都归结到求解物理问题的控制偏微分方程式往往是不可能的。近年来在计算机技术和数值分析方法支持下发展起来的有限元分析（Finite Element Analysis，FEA）方法则为解决这些复杂的工程分析计算问题提供了有效的途径。

CAE 研究是以计算机强大的数字计算功能进行产品性能分析计算的学科，是产品设计过程中的重要环节。CAE 是以计算力学为基础，以计算机仿真模拟为手段的工程分析技术。人们通常将 CAE 归入广义的 CAD 功能中，作为实现产品性能分析与优化设计的主要支持模型。

CAE 有以下主要内容：

（1）有限元法（FEM）与网格自动生成。用有限元法对产品结构的静、动态特性及强度、振动、热变形、磁场强度、流场等进行分析和研究，并自动生成有限元网格，从而为用户精确研究产品结构的受力，以及用深浅不同颜色描述应力或磁力分布提供分析技术。有限元网格，特别是复杂的三维模型有限元网格的自动划分能力是十分重要的。

（2）优化设计，即研究用参数优化法进行方案优选。这是 CAE 系统应具有的基本功能。优化设计是保证现代化产品设计具有高速度、高质量和良好的市场销售前景的主要技术手段之一。

（3）三维运动机构的分析和仿真。研究机构的运动学特性，即对运动机构（如凸轮连杆机构）的运动参数、运动轨迹、干涉校核进行研究，以及用仿真技术研究运动系统的某些性质，能够为人们设计运动机构提供直观、可以仿真或交互的设计技术。

计算机仿真技术是以相似原理、信息技术、系统技术及相应领域的专业技术为基础，以计算机和各种物理效应设备为工具，利用系统模型对实际的或设想的系统进行试验研究的一门综合性技术。该技术通过建立某一过程或某一系统的模型来描述该过程或该系统，用计算机仿真实验来刻画系统的机械力学等特征，得出数量指标，为设计者提供关于这一过程或系统的定量分析结果，作为决策的理论依据。

1.4.3　数字化工艺技术

数字化工艺设计的主要内容是计算机辅助工艺规划技术，即 CAPP 技术。

CAPP 即工艺设计人员利用计算机完成零件的工艺规划设计，它接受来自 CAD 系统的零件信息，包括几何信息和工艺制造信息，再由工艺设计人员运用工艺设计知识，设计合理的加工路线，选择优化的加工参数和加工设备。工艺规划设计是一项很复杂的高度智能化的活动，经验性强，涉及面广，既与经验性的决策思维相关，又受现场加工环境的限制。设计一个零件的工艺路线，要根据零件最终的形状、精度要求、加工现场的设备情况（如机床和刀、夹、量具），设计它的加工路线，再考虑零件材料特性、设备的加工能力及加工经济性，优化加工参数，最后向加工车间传送成熟的工艺文件，向管理部门提供加工工时信息和设备利用情况。CAPP 系统功能模型如图 1.5 所示。

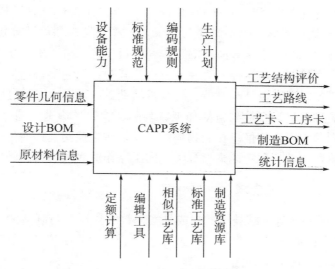

图 1.5　CAPP **系统功能模型**

1.4.4　数字化制造技术

数字化制造是指对制造过程进行数字化描述而在数字空间中完成产品的制造过程，是计算机数字技术、网络信息技术与制造技术不断融合、发展和应用的结果，也是制造企业制造系统和生产系统不断实现数字化的必然。

数字化制造技术早期主要表现为计算机辅助制造（Computer Aided Manufacture，CAM）技术。根据 CAD 模型自动生成零件加工的数控代码，对加工过程进行动态模拟，同时完成加工时的干涉和碰撞检查。CAM 系统和数字化装备结合可以实现无纸化生产，为数字化车间的实现奠定基础。CAM 中最核心的技术是数控技术。

产品制造是从工艺设计开始，经加工、检测、装配直至进入市场的过程。在这个过程中，工艺设计是基础，它决定了工序规划、刀具夹具、材料计划以及采用数控机床时的加工编程等，然后进行加工、检验与装配。实现这些环节信息处理的计算机系统就构成了 CAM 系统。因此可以说，CAM 是指计算机在产品制造方面应用技术的总称。

在 CAM 过程中主要包括两类软件：CAPP 与数控编程（NC Programming，NCP）。当前对 CAM 软件的范畴划分存在一些差异。一种是狭义的理解，将 CAM 软件看作 NCP。现在大部分商品化的所谓 CAM 软件，实际上都是 NCP。狭义的 CAM，是指由 CAD 系统向 CAM 系统提供零件信息，CAPP 系统向 CAM 系统提供加工工艺信息和工艺参数，CAM 系统根据工艺流程和几何尺寸、精度要求，产生刀位文件，最终生成 NC 加工程序。CAM 系统功能模型如图 1.6 所示。另一种是广义的理

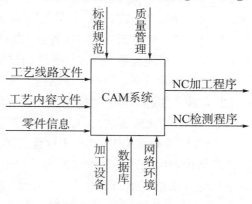

图 1.6　CAM **系统功能模型**

解，即认为 CAM 包括了 CAPP 与 NCP 的内容，所以往往将 CAD/CAPP/CAM 集成系统称为 CAD/CAM 集成系统。另一种更为广义的 CAM 是指利用计算机辅助完成从毛坯到产品制造过程中的所有直接和间接的工作，包括工艺准备、生产作业计划、物流过程的运行控制、生产控制、质量控制等主要方面，其中，工艺准备包括计算机辅助工艺过程设计、计算机辅助工装设计与制造、计算机辅助 NC 程序、工时定额和材料定额的编制等内容；物流过程的运行控制包括加工、装配、检验、输送、储存等物流的管理，根据生产作业计划的生产进度信息控制物料的流动；质量控制是指通过生产现场检测数据，当发现偏离或即将偏离预定质量指标时，向工序作业级发出指令予以校正。

1.4.5　CAD/CAM 集成技术

CAD、CAE、CAM 等系统技术的集成是实现数字化设计与制造的关键，通常表现为 CAD/CAM 集成技术。

1. CAD/CAM 集成的必要性

上述介绍的 CAD、CAE、CAPP、CAM 独立系统分别对产品设计自动化、产品性能分析计算自动化、工艺过程设计自动化和数控编程自动化起到了重要的作用。但是，采用这些各自独立的系统，不能实现系统之间信息的自动传递和交换。例如，用 CAD 系统进行产品设计的结果，只能输出图纸和有关技术文档，这些信息不能直接为 CAPP 系统所接受，进行工艺过程设计时，还需由人工将这些图样、文档等纸面上的文件转换成 CAPP 系统所需的输入数据，并通过人机交互的方式输入给 CAPP 系统进行处理，处理的结果是输出零件加工的工艺规程。利用独立的 CAM 系统进行计算机辅助数控编程时，同样需要以人工方式将 CAD 或 CAPP 系统输出的纸面文件转换成 CAM 系统所需的输入文件和数据，然后再输入 CAM 系统。

各独立系统所产生的信息需经人工转换，这不但影响工程设计效率的进一步提高，而且在人工转换过程中难免发生错误，给生产带来极大的危害。为此，自 20 世纪 80 年代后期，有关专家就开始研究 CAD、CAPP 和 CAM 之间数据和信息的自动化传递与转换问题，即 CAD/CAPP/CAM 集成技术，目前这一技术已达到了实用的水平。

2. CAD/CAM 集成系统

CAD/CAM 是集几何建模、三维绘图、有限元分析、产品装配、公差分析、机构运动学分析、动力学分析、NC 自动编程等功能分系统于一体的集成软件系统。在系统中由数据库进行统一的数据管理，使各分系统间全关联，支持并行工程，并提供产品数据管理功能，使信息描述完整，从文件管理到过程管理都纳入有效的管理机制之中，为用户建造了一个统一界面风格、统一数据结构、统一操作方式的工程设计环境，协助用户完成大部分工作，而不用过于担心功能分系统间的数据传输限制、结构不统一等问题。

3. CAD/CAM 集成的目的

CAD 过程与 CAPP、CAM 过程的集成系统的基本工作步骤如下：①CAD 过程设计产品结构，绘制产品图形，并为 CAPP、CAM 过程准备设计数据；②生成标准化的数据结构（如生成 STEP 文件），并经过接口进行数据转换；③CAPP 系统直接读入 CAD 系统生成并经过转换的数据，生成零件加工工艺规程；④CAM 系统读入 CAPP

系统生成并经过转换的数据，生成加工零件的数控程序。

CAD/CAPP/CAM 集成的目的在于：①实现完整的产品定义数据的数据交换；②便于计算机辅助技术有关数据的准备；③实现复杂技术数据的快速交换；④避免重复性的工作（如重复的产品描述等）；⑤便于计算机支持技术数据的传送和调度；⑥为在计算机网络环境下实施远程异地设计与制造提供有效的技术支持。

1.4.6　产品数据管理技术

企业数字化技术的推广应用，必然产生大量的数字信息，产品设计、工艺和经营管理过程中涉及的各类图纸、技术文档、工艺卡片、生产单、更改单、采购单、成本核算单和材料清单等均需统一管理，须采用 PDM（产品数据管理）技术。

PDM 用于管理所有与产品相关的信息和过程，它与产品生命周期的每一个阶段相互联系，是面向设计与制造的信息和面向生产管理的信息流之间的桥梁，是实现产品设计、制造与管理并行工程的基础，从根本上解决了各个环节数据交换和共享的问题。ERP（企业资源计划）是关系到企业综合资源信息计划和管理的重要手段，并将对企业的经营决策发挥重要作用。因此，数字化技术的这些深化应用，概括起来就是 CAD/CAE/CAM/CAPP/PDM/ERP，其实质就是实现企业生产全生命周期的数字化、网络化和集成化。可以认为，这是现阶段开展制造业信息化工作的主要内容。

1.4.7　产品生命周期管理技术

产品生命周期管理（Product Lifecycle Management，PLM）是指从人们对产品的需求开始，到产品淘汰报废的全部生命历程。PLM 是一种先进的企业信息化思想，是实现数字化设计与制造系统、数字化工厂的核心支撑平台，可以让人们思考在激烈的市场竞争中，如何用最有效的方式和手段来为企业增加收入和降低成本。

PLM 系统是一种应用于在单一地点的企业内部、分散在多个地点的企业内部，以及在产品研发领域具有协作关系的企业之间的，支持产品全生命周期的信息的创建、管理、分发和应用的一系列应用解决方案软件系统，能够集成与产品相关的人力资源、流程、应用系统和信息。

按照 CIMdata 的定义，PLM 主要包含三部分，即 CAx 软件（产品创新的工具类软件）、CPDM 软件（产品创新的管理类软件，包括 PDM 和在网上共享产品模型信息的协同软件等）和相关的咨询服务。PLM 包含的主要内容：基础技术和标准（例如 XML、可视化、协同和企业应用集成），信息创建和分析的工具（例如 CAD、CAPP、CAM、CAE 等），核心功能（例如知识库、图形库、数据仓库、文档和内容管理、工作流和任务管理等），应用功能（例如配置管理、配方管理、合规），面向业务/行业的解决方案和服务等。

1.5　CAD/CAM 系统概况

CAD/CAM 系统是以计算机硬件为基础，以系统软件和支撑软件为主体，以应用软件为核心组成的面向工程设计问题的信息处理系统，总体上是由硬件（Hardware）和软件（Software）所组成的。硬件是 CAD 系统的物质基础，软件是信息处理的载体。面对高速发展的计算机技术，CAD/CAM 系统在理论方法、体系结构与实施技术上均在不断更新和发展。

1.5.1 CAD/CAM 系统的硬件设备

硬件是指一切可以触摸到的物理设备。对于一个 CAD/CAM 系统来说，可以根据系统的应用范围和相应的软件规模，选用不同规模、不同结构、不同功能的计算机、外部设备及其生产加工设备，如图 1.7 所示。人们通常将用户进行 CAD 作业的独立硬件环境称为 CAD 工作站。CAD 工作站除具有主机外，还配备了图形显示器、数字化仪、绘图机、打印机等交互式输入输出设备。

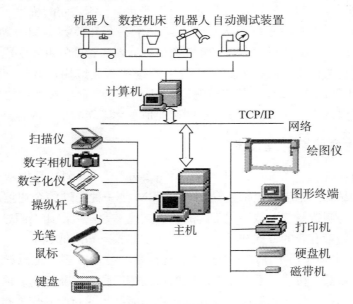

图 1.7 CAD/CAM 硬件系统的组成

在 CAD/CAM 系统中，硬件应具有以下几项基本功能。

1. 计算功能

CAD/CAM 系统除了要进行各种数值的计算外，还要有较强的图形处理能力。图形处理过程中计算量大，计算精度要求高。这些数值计算及图形处理的计算功能是由计算机来实现的，所以 CAD/CAM 系统中的计算机应具有高速数值计算及图形处理能力。

2. 存储功能

实现 CAD/CAM 的前提条件是把设计对象的几何信息和拓扑信息存入计算机内，并要求对这些信息进行实时处理。在计算机辅助机械设计中，当进行复杂的三维形体有限元分析时，计算精度要求较高，需要对有限元网格进行细化，这对存储空间的要求将很快地增加，所以 CAD/CAM 系统必须具有较大的存储量。

3. 输入输出功能

在 CAD/CAM 工作过程中，要把有关的设计信息（几何信息、拓扑信息等）和各种命令输入计算机中。经过计算机的各种处理，当获得满意的设计结果时，就要根据设计要求输出设计结果，如绘出图样等。另外，在系统处理过程中，设计者可能随时需要了解中间结果，这时也需要输出计算数据等。总之，为方便用户使用，CAD/CAM 系统应具有较好的输入输出功能。

4. 交互功能

在 CAD/CAM 工作过程中，一般总要通过人机对话（即交互作用）进行各种操作，以实现修改、定值及拾取等活动来达到理想的设计要求。可以说，人机交互功能是 CAD/CAM 系统的一个主要特点。

1.5.2　CAD/CAM 系统的软件体系结构

软件是用于求解某一问题并充分发挥计算机计算分析功能和交流通信功能的程序的总称。这些程序的运行不同于普通数学中的解题过程，它们的作用是利用计算机本身的逻辑功能，合理地组织整个解题流程，简化或者代替在各个环节中人所承担的工作，从而达到充分发挥机器效率，便于用户掌握计算机的目的。软件是整个计算机系统的"灵魂"。CAD/CAM 系统的软件可分为系统软件、支撑软件和应用软件三个层次。

1. 系统软件

系统软件主要用于计算机的管理、维护、控制以及计算机程序的翻译、装入与运行，它包括各类操作系统和语言编译系统。操作系统包括 Windows、Linux、UNIX 等。语言编译系统用于将高级语言编写的程序翻译成计算机能够直接执行的机器指令，目前 CAD 系统应用得最多的语言编译系统包括 Visual Basic、Visual C/C＋＋、Visual J＋＋等。

2. 支撑软件

支撑软件是为满足 CAD/CAM 工作中一些用户的共同需要而开发的通用软件。由于计算机应用领域迅速扩大，支撑软件的开发研制已有了很大的进展，商品化支撑软件层出不穷，通常可分为下列几类：

（1）计算机图形系统（Computer Graphics System）。它用来绘制或显示由直线、圆弧或曲线组成的二维、三维图形，如早期美国的 PLOT－10 等。后来该系统日趋向标准化方向发展，出现了如 GKS、PHIGS 和 GL 等系统，并发展成为计算机的系统软件。

（2）工程绘图系统（Drawing Systems）。它支持不同专业的应用图形软件开发，具有基本图形元素绘制（点、线、圆等）、图形变换（缩放、平衡、旋转等）、编辑（增、删、改等）、存储、显示控制以及人机交互、输入输出设备驱动等功能。目前，计算机上广泛应用的 AutoCAD 就属于这类支撑软件。

（3）几何建模软件（Geometry Modeling）。它为用户提供了一个完整、准确地描述和显示三维几何形状的方法和工具，具有消隐、着色、浓淡处理、实体参数计算、质量特性计算等功能。CAD/CAM 中的几何建模软件有 I－DEAS、Pro/E、UG 等。

（4）有限元分析软件。它利用有限元法对产品或结构进行静态、动态、热特性分析，通常包括前置处理（单元自动剖分、显示有限元网格等）、计算分析及后置处理（将计算分析结果形象化为变形图、应力应变色彩浓淡图及应力曲线等）三个部分。目前世界上已投入使用的比较著名的商品化有限元分析程序有 COSMOS、NASTRAN、ANSYS、ADAMS、SAP、MARC、PATRAN、ASKA、DYNA3D 等。这些软件从集成性上可划分为集成型和独立型两大类。集成型主要是指 CAE 软件与 CAD/CAM 软件集成在一起，成为一个综合型的集设计、分析、制造于一体的 CAD/CAE/CAM 系统。目前市场上流行的 CAD/CAM 软件大都具有 CAE 功能，如 SDRC 公司的 I−DEAS 软件、EDS/Unigraphics 公司的 UG 软件等。

（5）优化方法软件。这是将优化技术用于工程设计，综合多种优化计算方法，为求解数学模型提供强有力数学工具的软件，其目的为选择最优方案，取得最优解。

（6）数据库系统软件。CAD/CAM 系统上几乎所有的应用都离不开数据，而提高CAD/CAM 系统的集成化程度主要取决于数据库系统的水平，所以选择合适的数据库管理系统对 CAD/CAM 影响较大。目前比较流行的数据库管理系统有 ORACLE、Sybase等。

（7）系统运动学/动力学模拟仿真软件。仿真技术是一种建立真实系统的计算机模型的技术。利用模型分析系统的行为而不建立实际系统，在产品设计时，实时、并行地模拟产品生产或各部分运行的全过程，以预测产品的性能、制造过程和可制造性。动力学模拟可以仿真分析机械系统在某一特定质量特性和力学特性作用下系统运动和力的动态特性，运动学模拟可根据系统的机械运动关系来仿真计算系统的运动特性。这类软件在 CAD/CAM/CAE 技术领域得到了广泛的应用，例如 ADAMS 机械系统动力学自动分析软件。

3. 应用软件

用户利用计算机所提供的各种系统软件、支撑软件编制的解决用户各种实际问题的程序称为应用软件。目前，在模具设计、机械零件设计、机械传动设计、建筑设计、服装设计以及飞机和汽车的外形设计等领域都已开发出相应的应用软件，但都有一定的专用性。应用软件种类繁多，适用范围不尽相同，但可以逐步将它们标准化、模块化，形成解决各种典型问题的应用程序。开发应用软件是 CAD 工作者的一项重要工作。

1.5.3　常用 CAD/CAM 软件系统

目前，基于三维实体建模、参数化设计、特征造型等特性的 CAD/CAM 软件系统在国内已获得广泛的应用。常用的 CAD/CAM 系统主要是 AutoCAD、Inventor、Solidworks、Solid Edge、Pro/E、UG 等软件系统。常用的有限元分析和动力学仿真软件有 NASTRAN、ANSYS、COSMOS、ABAQUS、ADAMS 等。CAM 软件中有代表性的是 SurfCAM、SmartCAM、MasterCAD、WorkNC、Cimatron 和 DelCAM 等。下面简单介绍一些常用的 CAD/CAM 系统功能。

1. Pro/E

Pro/E 是美国参数技术公司（PTC）开发的 CAD/CAM 软件，在中国也有较多用户。它采用面向对象的统一数据库和全参数化造型技术，为三维实体造型提供了优良的平台。其工业设计方案可以直接读取内部的零件和装配文件。原始造型被修改后，具有自动更新的功能。其 MOLDESIGN 模块用于建立几何外形，产生模具的模芯和腔体，产生精加工零件和完善的模具装配文件。新近发布的 20.0 版本，提供最佳加工路径控制和智能化加工路径创建，允许 NC 编程人员控制整体的加工路径直到最细节的部分。该软件还支持高速加工和多轴加工，带有多种图形文件接口。

2. UG

UG（Unigrphics NX）是美国 EDS 公司发布的 CAD/CAE/CAM 一体化软件，采用 Parasolid 实体建模核心技术。UG 可以运行于 Windows NT 平台，无论装配图还是零件图设计，都是从三维实体造型开始，可视化程度很高。三维实体生成后，可自动生成二维视图，如三视图、轴侧图、剖视图等。其三维 CAD 是参数化的，一个零件尺寸的修改可致使相关零件随之变化。该软件还具有人机交互方式下的有限元求解程序，可以进行应力、应变及位移分析。UG 的 CAM 模块功能非常强大，它提供了一种产生精确刀具路径的方法。该模块允许用户通过观察刀具运动来图形化地编辑刀具轨迹，如延伸、修剪等，它所带的后置处理模块支持多种数控系统。UG 具有多种图形文件接口，可用于复杂形体的造型设计，特别适合于大型企业和研究所使用，被广泛运用于汽车业、航空业、模具加工及设计业、医疗器材产业等。

3. CATIA

CATIA 是达索公司开发的高档 CAD/CAM 软件。作为世界领先的 CAD/CAM 软件，CATIA 可以帮助用户完成大到飞机、小到螺丝刀的设计与制造，它提供了完备的设计能力：从 2D 到 3D 到技术指标化建模。同时，作为一个完全集成化的软件系统，CATIA 将机械设计、工程分析及仿真和加工等功能有机结合起来，为用户提供严密的无纸工作环境，从而达到缩短设计生产时间、提高加工质量及降低费用的目的。CATIA 软件以其强大的曲面设计功能而在飞机、汽车、轮船等设计领域内享有很高的声誉。CATIA 的曲面造型功能体现在它提供了极丰富的造型工具来支持用户的造型需求。其特有的高次 Bezier 曲线曲面功能，次数能达到 15，可满足特殊行业对曲面光滑性的苛刻要求。

4. SolidWorks

SolidWorks 公司推出的基于 Windows 平台的微机三维设计软件 SolidWorks 使用了特征管理员（Feature Manager）等先进技术，是机械产品 3D 与 2D 设计的有效工具。同时，还可以组成一个以 SolidWorks 为核心的、完整的集成环境，实现动态模拟、结构分析、运动分析、数控加工和工程数据管理等功能。Cosmos/Works 作为有限元分析，不仅能对单个机械零件进行结构分析，还可以直接对整个装配体进行分析。由于 Cosmos/Works 是在 SolidWorks 的环境下运行的，因此零部件之间的边界条件是由 SolidWorks 的装配关系自动确定的，无须手工加载。DesignWorks 是专业化的运动学和动力学分析模块，它不仅能直接读取 SolidWorks 的装配关系，自动定义铰链，而且可以计算反力，并将反力自动加载到零部件上，对零部件进行结构分析。CAMWorks 是世界上第一个基于特征和知识库的加工模块，它能在 SolidWorks 实体上直接提取加工特征，并调用知识库的加工特征，自动产生标准的加工工艺，实现实体切削过程模拟，最终生成机床加工指令。

5. SolidEdge

SolidEdge 是采用 Unigraphics Solutions 的 Parasolid 造型内核作为软件核心，并基于 Windows 操作系统的微机平台参数化三维实体造型系统，具有零件、装配、工程图和钣金、塑料模具、铸造设计以及产品渲染、文本与管理的能力。SolidEdge 的 STREAM 技术利用逻辑推理和决策概念来动态捕捉工程师的设计意图，提高了造型效率和易用性。与 SolidEdge 集成的 PDM 软件 SmartTeam 是由 Smart Solutions 公司以面向对象技术为基础开发的，具有设计版本、产品结构、产品流程、企业信息安全和多种文档浏览等功能。

6. Inventor

Inventor 是美国 AutoDesk 公司的产品，该软件具有结合 2D 与 3D 设计、机电混合设计、工程导向设计、易学易用等特点。它不仅是一个功能强大的三维工具，而且是将设计与制造集成的有效手段。由于 Inventor 可以将现有的二维设计集成到三维设计环境中，因此可以方便地将二维设计的数据转成三维设计需要的数据。

7. MasterCAM

MasterCAM 是一种应用广泛的中低档 CAD/CAM 软件，由美国 CNC Software 公司开发，V5.0 以上运行于 Windows 或 Windows NT。该软件三维造型功能稍差，但操作简便实用，容易学习。新的加工任选项使用户具有更大的灵活性，如提供多曲面径向切削和将刀具轨迹投影到数量不限的曲面上等功能。这个软件还包括新的 C 轴编程功能，可顺利地将铣削和车削结合。其他功能，如直径和端面切削、自动 C 轴横向钻孔、自动切削与刀具平面设定等，有助于零件的高效生产。其后处理程序支持铣削、车削、线切割、激光加工以及多轴加工。另外，MasterCAM 提供多种图形文件接口，如 SAT、IGES、VDA、DXF、CADL 以及 STL 等。该软件由于价格便宜，应用广泛，同时具有很强的 CAM 功能，因此成为现在应用最广的 CAM 应用软件。

8. SurfCAM

SurfCAM 是美国加州 Surfware 公司开发的基于 Windows 的数控编程系统，附有全新透视图基底的自动化彩色编辑功能，可迅速而又简捷地将一个模型分解为型芯和型腔，从而节省复杂零件的编程时间。该软件的 CAM 功能具有自动化的恒定 Z 水平粗加工和精加工功能，可以使用圆头、球头和方头立铣刀在一系列 Z 水平面上对零件进行无撞伤的曲面切削。对某些作业来说，这种加工方法可以提高粗加工效率和减少精加工时间。另外，Surfware 公司和 SolidWorks 公司签有合作协议，SolidWorks 的设计部分将成为 SurfCAM 的设计前端，SurfCAM 将直接挂在 SolidWorks 的菜单下，两者相辅相成。

9. EdgeCAM

EdgeCAM 是英国 PathTrace 工程系统公司开发的一套智能数控编程系统，是在 CAM 领域里非常具有代表性的实体加工编程系统。EdgeCAM 作为新一代的智能数控编程系统，可完全在 Windows 环境下开发，保留了 Windows 应用程序的全部特点和风格，无论是界面布局还是操作习惯，都非常容易为新手所接受。EdgeCAM 软件的应用范围广泛，支持车、铣、车铣复合、线切割的编程操作。

1.6　数字化设计技术发展历程

1.6.1　制造业市场竞争的发展概况

市场竞争是制造业永恒的话题。从一百多年前福特（Ford）汽车的生产线开始，为提高企业的整体效益，针对不同时期的竞争焦点，在制造业产生和应用了不同的技术和管理模式（表 1.1），集成化的信息技术、自动化技术、制造技术和管理技术起着越来越主要的作用。21 世纪制造业的竞争将是以知识为基础的新产品竞争。用 CAD/CAM、数字化设计与制造、虚拟制造等高新技术实现制造业信息化，是提高机械制造企业创新能力和市场竞争能力的一条有效途径。

表 1.1　不同时期制造业竞争的焦点、相应的技术特征和管理模式

时期	制造业竞争的焦点	相应的技术特征和管理模式
早期	降低产品成本	流水线、标准化
20 世纪 50—70 年代	提高企业整体效率及产品质量	统计过程控制（Statistic Process Control，SPC）、数控（NC）技术和 CAD/CAM……
20 世纪 80—90 年代初	全面满足用户在交货期（Time to Market）、质量（Quality）、价格（Cost）、服务（Service）等方面的要求，称为 TQCS	JIT（Just in Time）、CAD/CAM、MRP Ⅱ、CIMS…… 特点：信息集成
20 世纪 90 年代	在 TQCS 与可持续发展条件下快速开发质量、性价比高的新产品	CAD/CAPP/CAM/PDM、并行工程（Concurrent Engineering，CE）、敏捷制造（Agile Manufacturing，AM） 特点：过程集成
21 世纪	以知识为基础、技术创新为特征的新产品	现代集成制造系统（Contemporary Integrated Manufacturing System）、虚拟制造（Virtual Manufacturing）、网络化制造（Network Manufacturing）、数字化车间、数字化工厂、智能制造新模式 特点：制造数字化、智能化

1.6.2　数字化设计与制造技术的发展历程

加工飞机复杂型面零件的社会需求使世界上第一台数控机床于 1952 年在美国麻省理工学院研制成功并很快投入航空工业使用。数控机床的出现使 CAM 先于 CAD 诞生，当时的 CAM 侧重于数控加工自动编程。随后，CAD 与 CAM 分别按照各自的技术特征进行研究、发展和应用，其发展历程可分为以下五个阶段。

1. CAD/CAM 技术诞生时期

20 世纪 60 年代，CAD 的主要技术特点是交互式二维绘图和三维线框模型，即利

用解析几何的方法定义有关图素（如点、线、圆等），用来绘制或显示由直线、圆弧组成的图形。这一时期里最有代表意义的事件是 1962 年美国学者伊凡·苏泽兰特（Ivan Sutherland）研究出了名为 Sketchpad 的交互式图形系统，能在屏幕上进行图形设计与修改，由此出现了 CAD 这一术语。1964 年，美国通用汽车公司宣布了它们的 DAC-1 系统；1965 年，洛克希德飞机公司推出了 CADAM 系统，贝尔电话公司宣布了 GRAPHIC-1 系统；等等。初期的图形系统只能表达几何信息，不能描述形体的拓扑关系和表面信息，所以无法实现 CAM、CAE。而在制造领域，1962 年在机床数控技术的基础上研制成功了第一台工业机器人，实现了物料搬运的自动化；1996 年出现了用大型通用计算机直接控制多台数控机床的 DNC 系统。

自 20 世纪 50 年代起，各 CAx 工具（CAD/CAE/CAM 等）开始出现并逐步得到应用，标志着数字化设计的开始。

2. CAD/CAM 技术理论发展与初步应用时期

20 世纪 70 年代，CAD 的主要技术特征是自由曲线曲面生成算法和表面造型理论。汽车和飞机工业的发展促进了自由曲线曲面的研究，Bezier、B 样条法等成功算法被应用于 CAD 系统。法国达索飞机制造公司推出的三维曲面造型系统 CATIA 实现了曲面加工的 CAD/CAM 一体化。随后存储管式显示器以其低廉的价格进入市场，CAD 系统的成本下降了许多，出现了将硬软件放在一起成套出售给用户的方式，即所谓的 Turnkey 系统（交钥匙系统），并很快形成了 CAD/CAM 产业。虽然表面造型技术可解决 CAM 表面加工的问题，但不能表达形体的质量、重心等特征，不利于实施 CAE 方法。20 世纪 60 年代末期到 70 年代初期，莫林公司建造了一条由计算机集中控制的自动化制造系统，包括 6 台加工中心和 1 条由计算机控制的自动运输线，可进行 24 小时连续加工，并可用计算机编制 NC 程序、作业计划和统计报表。美国的辛辛那提公司研制了柔性制造系统（Flexible Manufacture System，FMS）。

3. CAD/CAM 技术成熟与应用时期

20 世纪 80 年代，CAD 的主要技术特征是实体造型（Solid Modeling）理论和几何建模（Geometric Modeling）方法。设计制造对 CAD/CAM 提出了各种各样的要求，导致了新理论、新算法的不断涌现。实体建模的边界表示法（B-Rep）和构造实体几何数表示法（CSG）在软件开发上得到应用。SDRC 公司推出的 I-DEAS 是基于实体造型技术的 CAD/CAM 软件，能进行三维造型、自由曲面设计和有限元分析等工程应用。实体造型技术能够表达零件的全部形体信息，有助于 CAD、CAM、CAE 的集成，被认为是新一代 CAD 系统在技术上的突破性进展。与此同时，计算机硬件及输出设备也有很大发展，工程工作站和微机得到广泛应用，形成了许多工程工作站和网络环境下高性能的 CAD/CAM 集成系统，其代表性的系统有 CADDS5、UG Ⅱ、Intergraph、CATIA、EUCLID、Pro/E 等，在微机上运行的 CAD 系统有 AutoCAD、Microstation 等。同时，相应的软件技术如数据库技术、有限元分析、优化设计等也迅速发展。这些商品化软件的出现促进了 CAD/CAM 技术的推广及应用，使其从大中型企业向小型企业发展。在此期间，还相应出现了一些与制造过程相关的计算机辅助技术，如计算机辅助工艺规程设计（CAPP）、计算机辅助工程设计（CAED）和计算机辅助质量控制

（CAQ）等。然而，作为单项技术，CAD/CAM 只能带来局部效益。进入 20 世纪 80 年代以后，人们在上述计算机辅助技术的基础上，又致力于计算机集成制造系统的研究。计算机集成制造系统是一种总体高效益、高柔性的智能化制造系统。

4. CAD/CAM 技术集成发展与广泛应用时期

20 世纪 90 年代以来，CAD 技术基础理论主要是以 PTC 的 Pro/E 为代表的参数化造型理论和以 SDRC 的 I-DEAS 为代表的变量化造型理论，形成了基于特征的实体建模技术，为建立产品信息模型奠定了基础。SDRC 公司于 1993 年 3 月正式公布了一个集成化 CAD/CAE/CAM 系统的最新版本 Master Series，它以实体造型系统为核心，集设计、仿真、加工、测试、数据库为一体，可以实现比较完美的集成。

Pro/E 系统以统一的数据库为轴线，以实体造型为核心，把从设计到生产的全过程（包括造型、装配、布线、绘图、标准件库、特征库、数控编程、有限元、电器设计、钣金设计、曲面设计、工程管理等）集成在一起。Pro/E 的造型系统综合考虑了线框模型、表面模型、实体模型、参数化造型及特征造型，它的绘图模型能直接从实体模型上产生双向一致的标准工程图，并具有标注尺寸和公差等能力。

CAD/CAM 技术已不再停留于过去单一模式、单一功能、单一领域的水平，而向着标准化、集成化、智能化的方向发展。为了实现系统的集成，资源共享和产品生产与组织管理的高度自动化，提高产品的竞争能力，就需在企业、集团内的 CAD/CAM 系统之间或各子系统之间进行统一的数据交换。为此，一些工业先进国家和国际标准化组织都在从事标准接口的开发工作。与此同时，面向对象技术、并行工程思想、分布式环境技术及人工智能技术的研究，都有利于 CAD/CAM 技术向高水平发展。

CAD/CAM 技术发展的另一个特点是从零部件 CAD 建模发展到面向产品的 CAD 建模。产品为满足用户多样化的要求，常常需要改动其中一个或几个主要参数，也就是所谓的系列化、多样化的设计。例如，对轿车来说，车门数、轴距、车身长是全局参数，如果这些总体参数中的一个参数发生了改变，譬如对同一类型的小轿车，将每侧双门改为单门，尽管只改变了其中个别的总体参数，但无疑都会引起该产品从上向下的变动。这种更改和对新方案的评估，在采用传统的设计方案时需要消耗大量的人力、物力和时间。

为了提高企业的产品更新开发能力，缩短产品的开发周期，UGS 公司在 UG 软件中采用了复合建模技术后，提出了针对产品级参数化设计技术 WAVE（What Alternative Value Engineering）。它是参数化造型技术与系统工程的有机结合，提供了实际工程产品设计中所需要的自顶向下的全相关产品级设计环境。其方法是：①定义产品的总体参数（或称全局参数）表；②定义该产品中零件间的控制结构关系（类似于装配结构关系）；③建立该产品零部件之间的相关性，即几何形体元素的链接性。由此可见，利用 WAVE 技术可将产品的总体设计和零部件的详细设计组成一个全相关的整体，当某个总体参数发生改变时，产品会按照原来设定的控制结构、几何关联性和设计准则，自动地更新相关的零部件，以适应市场快速变化的要求。

经过多年的技术发展和市场竞争，现在主流高端的 CAD/CAM/CAE 集成软件系统主要是 PTC 公司的 Pro/E，UGS 公司的 UG，IBM/Dassault 公司的 CATIA。

5. 制造业信息化工程技术发展时期

信息化成为企业发展不可缺少的手段。"九五"规划以来，我国制造企业加强信息资源开发利用，统一数据标准，建立企业数据中心，实现信息资源整合与应用系统集成，突出信息资源开发利用在制造工业信息化建设中的核心地位，解决设计、制造、经营各核心业务系统的整合问题，提高设计制造一体化水平，建设 CAD/CAM 集成平台。为此，在"九五"期间我国组织实施了 CAD/CIMS 应用工程，极大地促进了 CAD/CAM/CAE 技术在制造业中的推广应用，取得了一系列显著的成效。

制造业信息化工程是实施以信息化带动工业化的重要举措。进入 21 世纪，我国在"十五"期间组织实施了制造业信息化工程（Manufacturing Information Engineering）专项，将信息技术、自动化技术、现代管理技术与制造技术相结合，重点进行数字化设计、数字化生产、数字化装备和数字化管理的推广应用，带动产品设计方法和工具的创新，企业管理模式的创新，企业间协作关系的创新，实现产品设计与制造和企业管理的信息化、生产过程控制的智能化、制造装备的数字化、服务的网络化，提升我国制造业的竞争力。

"十一五"期间持续大力推进制造业信息化，以企业为主体，开展设计、制造、管理的集成应用示范，实施制造业信息化工程，提升企业集成应用水平，在数字化设计、数字化建造和数字化管理方面取得了一系列成果，数字化制造技术在我国制造企业已经获得大量应用。主要表现在三个方面：一是 CAD/CAPP/CAE/CAM 的推广应用，改变了传统的设计生产、制作模式，已经成为我国现代制造业发展的重要技术特征；二是 ERP/PDM 的推广应用；三是 CIMS 的推广应用。

"十二五"期间重点加强现代信息技术的综合运用，加快产业升级改造，提升装备制造的信息化综合集成能力，支持跨部门、跨地区业务协同，实现设计、制造与经营一体化、数字化和智能化管理，推进信息化与工业化深度融合。通过近年来的努力，信息技术在企业生产经营和管理的主要领域、主要环节得到充分有效应用，业务流程优化再造和产业链协同能力显著增强，重点骨干企业实现向综合集成应用的转变，研发设计创新能力、生产集约化和管理现代化水平有了很大的提升，推动设计数字化、制造装备数字化、生产过程数字化、管理数字化和企业数字化等方面的发展。

6. 发展智能制造模式的新阶段

围绕推动我国工业产品从价值链低端向高端跃升，我国组织实施了"高档数控机床与基础制造装备"等科技重大专项以及智能制造装备发展专项、物联网发展专项、"数控一代"装备创新工程行动计划，引导和支持信息通信技术融入重大装备和成套装备中，推动产品结构优化升级。重大装备自主创新能力日渐增强，智能仪表、智能机器人、增材制造等新兴产业快速发展。

"中国制造 2025"是国务院于 2015 年 5 月公布的强化高端制造业的国家战略规划，是把中国建设为制造强国的三个十年战略中第一个十年的行动纲领，是在新的国际国内环境下，我国立足于国际产业变革大势，做出的全面提升中国制造业发展质量和水平的重大战略部署。其根本目标在于改变中国制造业大而不强的局面，通过十年的努力，使中国迈入制造强国行列，为到 2045 年将中国建成具有全球引领和影响力的制造强国奠定坚实基础。

"中国制造2025"战略规划指出：加快推动新一代信息技术与制造技术融合发展，把智能制造作为"两化"深度融合的主攻方向；着力发展智能装备和智能产品，推进生产过程智能化，培育新型生产方式，提升企业研发、生产、管理和服务的智能化水平。今后一个时期的重点是推行数字化、网络化、智能化制造。高度重视发展数控系统、伺服电机、传感器、测量仪表等关键部件，以及高档数控机床、工业机器人、3D制造装备等关键装备；突破一批"数控一代"机械产品和智能制造装备；推进数字化车间、数字化工厂、数字化企业的试点和应用。

智能制造正成为新一轮产业竞争的制高点。新一代信息技术的持续演进，推动着制造业产品、装备、工艺、管理、服务的智能化，高度智能化产品的商业化步伐不断加快。跨领域、协同化、网络化的创新平台正在重组传统的制造业创新体系。智能制造将是今后一个时期制造业转型升级、提质增效的重要推动方式，是中国制造业未来的发展方向。

1.7　数字化设计与制造技术的发展趋势

人类已进入信息知识经济时代，现代制造系统和技术为知识产业提供了先进的生产模式、管理体系、技术和装备，它是知识产业的基础。数字化设计与制造技术在现代制造系统中起着举足轻重的作用，伴随着制造业信息化的进程，将获得更大的发展和更广泛的应用。今后一个时期，我们认为数字化设计与制造技术的发展趋势如下。

1. 新一代信息技术加速推动制造业生产方式的持续变革

新一代信息技术与制造业融合发展，是新一轮科技革命和产业变革的主线，是德国工业4.0、美国工业互联网的核心。

新一代信息技术的持续演进，推动着制造业产品、装备、工艺、管理、服务的智能化，高度智能化产品的商业化步伐不断加快。跨领域、协同化、网络化的创新平台正在重组传统的制造业创新体系。

互联网日益融入媒体、教育、医疗、物流、金融等领域各环节，推动形成新的消费理念、商业模式和产业形态。工业互联网快速发展，新的生产方式、产业形态和商业模式不断涌现。信息经济新形态、新模式竞相浮现。互联网日益成为创新驱动发展的先导力量。创新主体互动、创新资源组织和创新成果转化更加网络化、全球化和快捷化，开启了以融合创新、系统创新、迭代创新、大众创新、微创新为突出特征的创新时代。

2. 基于知识的协同创新设计技术和产品开发平台

具有丰富的知识库支持的智能化设计、工艺制造开发系统，可以在功能、质量、可靠性与成本方面提供最优产品。而完全集成与优化的设计与工艺研究开发系统，能够广泛采用模拟仿真技术，使得产品及零部件做到一次研发成功。产品创新设计平台以支持虚拟设计和性能评价，构建融合产品零件、部件和总装三维建模、参数优化设计、有限元分析、优化设计、试验检测产品和图文管理为一体的创新设计的集成应用系统。

进一步发展协同创新技术，基于数字化、智能化原理的创新设计技术，以智能、协同为特征的先进设计系统平台的研究和应用，需要加强设计领域共性关键技术研发，攻克数字化设计、过程集成设计、复杂过程和系统设计等共性技术研究，建设、完善创新设计生态系统和有世界影响力的创新设计集群。新一代信息技术与制造业加速融合和跨界融合，以无线、宽带、移动、泛在为特征的网络建设和应用，推动着群体性技术突破，新一代感知、传输、存储、计算技术加速融合创新，物联网、模式识别、语义分析、深度学习、虚拟现实共同驱使人类智能迈向更高境界。

3. 基于虚拟现实的数字样机技术

基于虚拟现实的虚拟设计制造 CAD/CAM 系统是一种在计算机网络环境下实现异地、异构系统的集成技术，虚拟设计、虚拟制造、虚拟企业在这一集成环境层次上有广泛的应用前景，是满足敏捷制造企业、动态联盟企业建模需要的 CAD/CAM 技术。

数字化设计与制造系统平台将成为面向企业、面向产品全过程的 CAD/CAM/CAE/PDM 体系，要建立企业级的协同工作的虚拟产品开发环境（Virtual Product Development，VPD）。这种企业级的协同工作环境需要将工业工程原理、产品建模与分析技术、PDM 技术以及 PLM 技术和可视化能力集成在一起，形成一体化的数字样机产品开发环境。

4. 多学科协同设计与仿真技术及其集成平台

复杂产品开发是机械、电子、控制等多学科交叉和协作的系统工程，实现多学科设计综合和优化、建立多学科协同设计与仿真平台是 CAD/CAM 技术发展的重要方向。机电产品的开发设计不仅用到机械科学的理论与知识（力学、材料、工艺等），而且用到电磁学、光学、控制理论等；不仅要考虑技术因素，而且要考虑经济、心理、环境、卫生及社会等方面的因素。多学科、多功能综合产品开发技术，强调多学科协作，通过集成相关领域的多种设计与仿真工具，进行多目标、全性能的优化设计，以追求机电产品动静态热特性、效率、精度、使用寿命、可靠性、制造成本与制造周期的最佳组合，实现产品开发的多目标、全性能优化设计。

5. 面向产品全生命周期的数字化技术

为了最大限度地发挥信息化系统的整体优势和综合效益，制造业数字化的最终目标应是面向产品全生命周期的数字化，满足从市场分析、设计、制造、销售、服务到回收整个生命周期内各个环节的功能需求。面向全生命周期的数字化是单元技术、集成技术应用的更高形式，它需要新一代信息技术、网络协同技术、人工智能技术、增强现实技术等现代技术的支撑，同时体现网络化制造、并行工程、数字制造等现代制造哲理。

总之，随着网络协同技术和增强现实技术的发展，数字化设计与制造系统将更加广泛地采用越来越开放的体系结构，以及基于大数据的信息管理和智能化设计与制造等技术，最终发展成为集设计绘图、分析计算、智能决策、产品可视化、数据交换、远程异地协同作业为一体的综合型系统。对 CAD/CAM 系统的应用将从单纯的设计制造领域演化为对产品全生命周期的设计与管理，这一技术也必将走向更广大工程技术人员的桌面。

6. 智能制造技术创新及应用贯穿制造业全过程

数字化设计与制造技术的加速融合使得制造业的设计、生产、管理、服务各个环节日趋智能化，智能制造正引领新一轮的制造业革命。这主要体现在以下四个方面：一是建模与仿真使产品设计日趋智能化；二是以工业机器人为代表的智能制造装备在生产过程中的应用日趋广泛；三是全球供应链管理创新加速；四是智能服务业模式加速形成。

发展数字化制造与控制集成的智能工厂是制造业发展的重要趋势。智能工厂是在数字化工厂的基础上，利用物联网技术和设备监控技术加强信息管理和服务。未来将通过大数据与分析平台，将云计算中由大型工业机器产生的数据转化为实时信息（云端智能工厂），并加上绿色智能的手段和智能系统等新兴技术，构建一个高效节能、绿色环保、环境舒适的人性化工厂。

智能工厂的核心是工业化和信息化的高度融合，其基本特征主要有制造过程管控可视化、系统监管全方位及制造绿色化三个层面。

（1）制造过程管控可视化。由于智能工厂高度的整合性，在产品制造过程中，包括原料管控及流程，均可直接实时展示于控制者眼前，相关数据均可保留在数据库中，让管理者得以有完整信息进行后续规划，可根据信息的整合建立产品制造的智能组合。

（2）系统监管全方位。通过物联网概念，以传感器作链接使制造设备具有感知能力，系统可进行识别、分析、推理、决策以及控制。

（3）制造绿色化。除了在制造上利用环保材料、留意污染等问题，并与上下游厂商间，从资源、材料、设计、制造、废弃物回收到再利用处理，以形成绿色产品生命周期管理的循环外，还将制造绿色化延伸至绿色供应链的协同管理、绿色制程管理与智慧环境监控等，协助上下游厂商与客户之间共同创造符合环保的绿色产品。

习题

1. 分析论述为什么发布"中国制造 2025"战略规划，"中国制造 2025"的总体思路是什么。

2. 如何理解智能制造的定义？分析论述《智能制造发展规划（2016—2020 年）》提出的智能制造发展指导思想，概述智能制造包括的主要内容。

3. 为什么说数字化设计与制造是智能制造的关键技术？比较传统设计制造与数字化设计制造的异同。

4. CAD 与 CAD/CAM 的定义是什么？CAD/CAM 系统应具备哪些功能？

5. 结合你所了解的制造企业应用数字化设计软件系统的实例，具体分析该软件系统的工作流程。

6. CAD/CAM 支撑软件应包含哪些功能模块？请结合了解市场上商品化的 CAD/CAM 软件系统（如 Pro/E、UG 等），分析讨论某一软件的具体功能模块，写出相应的分析评述报告。

7. 收集整理数字化设计与制造技术的最新文献资料，总结数字化设计与制造技术的最新进展。

8. 通过市场调查，设计适用于中小型制造企业的数字化设计与制造软件系统的实施方案。

第 2 章　数字化设计与制造基础技术

本章从产品数字化开发过程入手，探讨了数字化设计与制造系统的功能和内涵，重点讨论数字化设计与制造技术的理论基础，参数化造型技术、计算机图形处理技术以及产品数据交换标准与接口技术等。

2.1　数字化产品开发技术

从计算机科学的角度来看，设计与制造的过程是一个关于产品信息的产生、处理、交换和管理的过程。

2.1.1　数字化产品开发过程

产品开发源于对用户和市场的需求分析。从市场需求到最终产品主要经历了两个过程：设计过程和制造过程。

不论新产品设计还是产品改型设计，其设计过程都是一个创造性思维的过程。当设计师接到一个新的设计任务时，首先要进行产品的总体方案构思，通过分析设计要求，参考、比较国内外同类产品的性能特点，确定出新设计的总体方案、结构和实现方法。然后分别进行各个零部件的详细设计，从产品构思、概念表达、结构设计、力学性能分析到最终的技术要求和制造工艺的编制等，设计中的各个环节均需要设计师运用设计知识，经过计算、分析、综合等创造性思维过程，将设计要求转化为对产品结构、组成、性能参数、制造工艺等的定义和表示，最后得到产品的设计结果。因此，机械结构设计过程主要包括概念设计与分析、结构设计与分析、工程图纸绘制、产品技术要求的确定及相关产品设计文档的生成等。

制造过程始于产品设计文档。完成设计工作之后，需对产品的几何形状和制造要求做进一步分析，设计产品的加工工艺规程（Process Planning）和生产计划（Production Planning），设计、制造和采购工装夹具，根据物料需求计划（Material Requirement Planning，MRP）完成原材料、毛坯或成品零件的采购，编制数控加工程序，完成相关零部件的制造和装配，最后将检测合格的产品进行包装。

从数字化产品开发过程可知：

第一，设计与制造过程可以划分为几个阶段，各个阶段可包含若干个步骤，具有相对的独立性。这个规律的存在，为程式化工作的计算机引入设计与制造领域，实现数字化设计与制造提供了客观可能性。

第二，由于设计过程的复杂性，设计工作尤其是在性能分析计算、模拟、仿真、实体装配等方面，极需要与计算机技术相结合。

第三，产品的设计与制造系统是一个各环节相互依存且信息交换频繁的系统，需要一种有效的信息处理和交互反馈工具的支持。

2.1.2　数字化设计与制造系统的内涵

从广义上说，数字化设计与制造技术包括产品构思、二维绘图、三维几何设计、有限元分析、数控加工、仿真模拟、产品数据管理、网络数据库以及这些技术的集成。

因此，数字化设计与制造系统的主要任务包括以下几个方面。

1. 数字化建模

在产品设计构思阶段，系统能够描述基本几何实体及实体间的关系；能够提供基本体素，以便为用户提供所设计产品的几何形状、大小，进行零件的结构设计以及零部件的装配；能够动态地显示三维图形，解决三维几何建模中复杂的空间布局问题。另外，还能够进行消隐、彩色浓淡处理等。利用几何建模的功能，用户不仅能构造各种产品的几何模型，而且能随时观察、修改模型或检验零部件装配的结果。几何建模技术是数字化设计与制造系统的核心，它为产品的设计、制造提供基本数据，同时也为其他模块提供原始的信息。还可以已有的产品实物、影像、数据模型或数控加工程序为基础，利用测量设备或图像处理技术获取产品的三维坐标数据和结构信息，在计算机中重建产品的数字化模型，通过对产品结构、尺寸、工艺、材料等方面的分析和改进，得到与原有产品相似或更优的产品，这就是通过逆向工程进行的数字化建模。

在数字化建模领域，应用虚拟现实技术，以计算机仿真技术为基础，在计算机中构建数字化的产品虚拟原型，利用虚拟原型对产品的结果、外观和性能作评价，替代传统的物理原型和物理样机实验，从而有效缩短产品的开发周期，降低产品的开发成本。

2. 数字化分析及仿真

采用优化算法、有限元分析法或仿真软件，可以对产品的形状、结构及性能进行分析、预测、评价和优化，根据分析结果对数字化模型进行修改和完善。有限元法是一种数值近似解方法，用来求解复杂结构形状零件的静态、动态特性，以及强度、振动、热变形、磁场、温度场强度和应力分布状态等。在进行静态、动态特性分析计算之前，系统根据产品结构特点划分网格，标出单元号、节点号，并将划分的结果显示在屏幕上。进行分析计算之后，系统又将计算结果以图形、文件的形式输出，例如应力分布图、温度场分布图、位移变形曲线等，使用户方便、直观地看到分析的结果。

优化设计可以在某些条件的限制下，使产品或工程设计中的预定指标达到最优。优化包括总体方案的优化、产品零件结构的优化、工艺参数的优化等。优化设计是现代设计方法学中一个重要的组成部分。

仿真方法可以通过建立一个工程设计的实际系统模型，例如机构、机械手、机器人等，通过运行仿真软件，代替、模拟真实系统的运行，用以预测产品的性能、产品的制造过程和产品的可制造性。

3. 数字化制造

在数字化模型的基础上，制订工艺规划和作业计划，采购原材料，准备工装夹具，编制数控加工程序，完成零部件的加工，经过质量检测、装配和包装等环节，完成产品的制造。

数字化制造技术是以产品制造中的工艺规划、过程控制为目标，以计算机作为直接工具来控制生产装备，实现产品加工和生产的相关技术。其中的关键技术包括成组技术、计算机辅助工艺规划、数控编程、快速原型。设计的目的是加工制造，而工艺设计是为产品的加工制造提供指导性的文件，因此 CAPP 是设计与加工的中间环节。CAPP 系统应当根据建模后生成的产品信息及制造要求，自动决策出加工该产品所采用的加工方法、加工步骤、加工设备及加工参数。CAPP 的设计结果一方面能被生产实际所用，生成工艺卡片文件；另一方面能直接输出一些信息，被制造系统中的 NC 自动编程系统接收、识别，直接转换为刀位文件。

数控编程的基本步骤通常包括：①手工或计算机辅助编程，生成源程序；②前处理，将源程序翻译成可执行的计算机指令，经计算求出刀位文件；③后处理，将刀位文件转换成零件的数控加工程序，最后输入数控机床中。

快速原型技术的发展可以由产品的数字化模型通过增材制造快速制造出产品原型，通过快速原型对产品结构、形状和性能进行评估。快速原型已经成为数字化制造的重要研究内容。

4. 数字化管理

产品的开发过程涉及订单、人力资源、财务、成本、设备、库存等企业资源计划管理、供应链管理、产品数据管理、客户关系管理等环节。这些环节直接与产品开发相关，直接影响产品的开发效率和质量。数字化管理技术在计算机和网络环境的支持下，实现管理信息和管理方式的数字化，有效降低管理成本和生产成本。

将计算机技术、网络技术、数据库技术用于产品设计、制造、管理和销售的全过程，各种数字化开发技术不断交叉融合，构建了完整的数字化开发集成环境。具体来说，数字化设计与制造系统的内涵如图 2.1 所示，它主要包括数字化设计、数字化制造、数字化管理、信息集成化、制造网络化与资源共享和优化等内容。

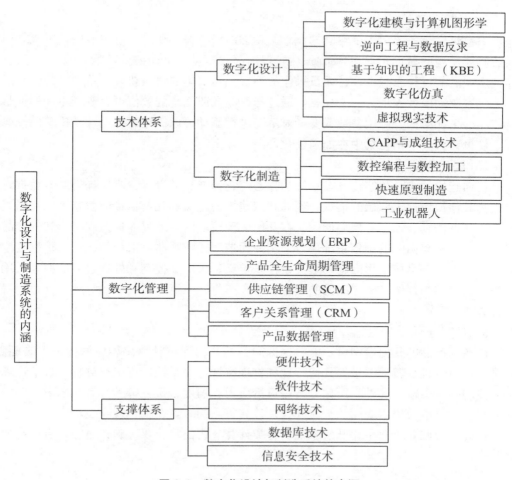

图 2.1　数字化设计与制造系统的内涵

2.2　数字化设计与制造系统的功能

　　人们利用计算机作为主要技术手段，对产品从构思到投放市场的整个过程中的信息进行分析和处理，生成和运用各种数字信息和图形信息，进行产品的设计与制造。数字化设计与制造技术不是传统设计、制造流程和方法的简单映像，也不局限于在个别步骤或环节中使用计算机作为工具，它是将计算机科学、信息技术与工程领域的专业技术以及人的智慧和经验知识有机结合起来，在设计、制造的全过程中各尽所长，尽可能地利用计算机系统来完成那些重复性高、劳动量大、计算复杂以及单纯靠人工难以完成的工作，辅助而非代替工程技术人员完成产品的设计与制造任务，以期获得最佳效果。

　　在数字化环境下，产品开发主要包括功能定义、结构设计、工艺参数优化、数控编程及加工仿真、工程数据管理等内容，最后以零件图、装配图、仿真分析报告、工艺规程、数控加工程序等形式表达设计结果。

　　数字化设计与制造系统需要具备的主要功能包括以下几个方面。

1. 轮廓与草绘

参数化设计系统引入了轮廓的概念。轮廓由若干首尾相接的直线或曲线组成，用来表达实体模型的截面形状（Section）或扫描路径（Trajectory）。轮廓概念的引入直接体现出产品的设计思想，设计人员操作的不仅仅是简单的线条要素。草图中的轮廓尺寸均为参数驱动或者表现为一个变量，通过修改参数或变量的数值可以改变零件的形状或者产品的拓扑结构。利用参数或变量对草图进行驱动可以简化草图设计及造型的修改过程，使设计人员的精力集中在如何优化产品设计上。

2. 几何建模

几何建模技术是数字化开发系统的核心，它为产品的设计、制造提供基本数据，同时也为其他模块提供原始的信息，例如几何建模所定义的几何模型的信息可供有限元分析、绘图、仿真、加工等模块调用。在几何建模模块内，不仅能构造规则形状的产品模型，对于复杂表面的造型，系统还可采用曲面造型或雕塑曲面造型的方法，根据给定的离散数据或有关具体工程问题的边界条件来定义、生成、控制和处理过渡曲面，或用扫描的方法得到扫视体，建立曲面的模型。汽车车身、飞机机翼、船舶等的设计，均采用此种方法。

3. 计算分析

构造了产品的几何模型后，能够根据产品的几何形状计算出相应的体积、表面积、质量、重心位置、转动惯量等几何特性和物理特性，为系统进行工程分析和数值计算提供必要的基本参数。此外，结构分析需进行应力、温度、位移等的计算和图形处理中变换矩阵的运算以及体素之间的交、并、差计算等，同时，在工艺规程设计中还有工艺参数的计算，因此要求数字化开发系统对各类计算分析的算法要正确、全面，有较高的计算精度。

4. 装配图及其爆炸图

一般而言，产品是由多个零件按照一定的结构、功能或配合关系装配而成的有机体。装配体生成就是通过模拟产品的实际装配，在计算机中生成产品装配体的过程。此外，在装配体基础上还可以进行产品的运动学和动力学仿真，分析零部件设计中尺寸、结构、间隙、公差的设计是否合理，检查零部件之间是否存在运动干涉等现象。

装配模型的场景模式（Scene Mode），也称爆炸图模式。为了清楚地表达一个装配，将部件沿其装配的路线拉开，就形成所谓的爆炸图（Explode）。爆炸图可以显示出各构件之间的装配关系。在场景模型中不能编辑构件和它们之间的约束关系，但可以编辑爆炸图中构件间的位置及表示装配关系的轨迹。爆炸图能形象地表示各构件间的装配关系，便于用户按图组装和维修，多用于产品的说明插图。

5. 工程绘图

产品设计的结果往往是以工程图的形式表达出来，数字化开发过程中的某些中间结果也是通过图形表达的。数字化开发系统一方面应具备从几何造型的三维图形直接向二维图形转换的功能；另一方面还需有处理二维图形的能力，包括基本图元的生成、标注尺寸、图形的编辑（比例变换、平移、图形拷贝、图形删除等）以及显示控制、附加技术条件等功能，保证生成既满足生产实际要求，也符合国家标准的机械图。

首先，从三维实体模型生成的二维工程图与三维模型（零件、装配件）之间具有全相关性。在造型过程中增加和删除特征都会自动反映到对应的工程图上。而用传统方法绘制的工程图，是工程师头脑中的产品模型在平面图纸上的表达，所以二维工程图上的错误有可能是头脑中产品模型建立有误，也有可能是模型在表达上有误。我们在工程图纸上无法分辨，这无疑大大地增加了查找错误的难度。其次，用三维模型生成二维工程图具有一定程度的智能化，用户无须考虑诸如投影变换、曲面相贯、轴测图等问题，计算机会自动按用户要求完成这些工作。但是如何组织视图，生成符合国家标准的、美观的图纸，仍需要一定的知识和经验。

6. 结构分析和优化设计

有限元法是一种数值近似求解方法，用来解决复杂结构形状零件的静态、动态特性，以及强度、振动、热变形、磁场、温度场强度和应力分布状态等的计算分析问题。有限元分析以三维的数字化模型为基础，通过划分网格单元，设置载荷和边界条件，建立有限元分析模型。进行分析计算之后，计算结果以图形、文件的形式输出，例如应力分布图、温度场分布图、位移变形曲线等，使用户能够方便、直观地看到分析的结果，从而判断产品设计是否合理，是否存在需要修改的参数和结构特征。

数字化开发系统应具有优化求解的功能，也就是在某些条件限制下，使产品或工程设计中的预定指标达到最优。优化包括总体方案的优化、产品零件结构的优化、工艺参数的优化等。优化设计是现代设计方法学中一个重要的组成部分。

7. 数控（Numerical Control，NC）编程及加工仿真功能

设计是为了加工制造，目前数控加工已经成为机械制造的基本工艺手段。根据零件的结构特征和加工工艺要求，定义刀具路径，设置工艺参数，并通过后处理生成刀具轨迹，产生能驱动数控设备的数控程序。

利用数控加工仿真系统从软件上实现零件试切的加工模拟，避免了现场调试带来的人力、物力的投入以及加工设备损坏等风险，减少了制造费用，缩短了产品设计周期。模拟仿真通常有加工轨迹仿真，机械运动学模拟，机器人仿真，工件、刀具、机床的碰撞、干涉检验等。

8. 数据交换功能

随着产品数字化开发手段的广泛应用，同一产品的开发可能会在不同的数字化开发软件中进行，这就存在在不同的数字化开发软件中进行数据交换，甚至在异构跨平台的软件中进行数据交换的问题。因此，数字化开发软件应该具备必要的数据交换功能，不仅能接收其他系统生成的数据模型，而且能将本系统的数据模型转换成其他系统能够接收的数据模型，实现数据的共享。目前的数字化开发软件都提供了能将其生成的模型转换成各种不同标准文件的转换接口，不仅可以进行三维模型的转换，而且可以进行二维矢量图形和光栅图像的转换。

9. 二次开发功能

随着计算机软硬件技术的飞速发展，数字化设计与制造技术不再仅仅满足图形处理、工程分析、数据管理与交换、文档处理等技术的需求，而是向支持产品自动化设计的设计理论、设计方法、设计环境、设计工具等各种相关技术发展。

二次开发技术是指在通用数字化开发软件的基础上进行程序设计，形成在原有软件基础上的一个新模块，就是在研究产品设计知识和通用数字化软件融合的基础上，使软件对产品的设计更加方便、简单、准确，从而实现设计知识的重用，缩短产品开发周期，提高技术创新能力。为提高某类产品的开发效率或针对某种类型企业的产品特点，主流的数字化开发软件均提供多种二次开发工具，用户可以根据具体产品的研发需求，开发或定制工艺流程，提供有针对性的解决方案。

2.3　参数化造型技术

采用传统造型方法建立的几何模型具有确定的形状及大小。模型建立后，零件形状和尺寸的编辑、修改过程烦琐，难以满足产品变异设计和系列化开发的需求。因此，一般将这类设计软件称为静态造型系统或几何驱动系统（Geometry-driven System）。

参数化造型使用约束来定义和修改几何模型。约束反映了设计时要考虑的因素，包括尺寸约束、拓扑约束和工程约束（如应力、性能）等。参数化设计中的参数与约束之间具有一定关系。当输入一组新的参数数值，而保持各参数之间原有的约束关系时，就可以获得一个新的几何模型。因此，使用参数化造型软件，设计人员在更新或修改产品模型时，无须考虑几何元素之间能否保持原有的约束条件，从而可以根据产品需要动态地、创造性地进行新产品设计。因此，人们将这种设计软件称为动态造型系统或参数驱动系统。其工作原理如图 2.2 所示。

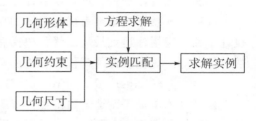

图 2.2　参数设计系统原理框图

参数化造型的主要技术特点有以下几个方面。

1. 轮廓（Profile）

在一般的非参数化的计算机辅助绘图系统中，所有的线条，如直线、圆弧等各不相干。也就是说，所有的线条都不会因为相邻的线条被删除、修改而受影响。计算机中的任何线条仅仅代表其本身的大小、位置、颜色和线型。设计人员像审视纸面上的工程图一样观察屏幕上的图形。这样的系统除了帮助设计人员绘制外观漂亮的图形线条以外，丝毫不关心图形（图纸）所表达的真正意义。从这一点上讲，计算机辅助绘图系统远不如工厂描图员在设计工作中所起的作用，因为具备一定制图知识的描图员在描图的同时至少可以帮助设计师改正违反机械制图规则的错误，而一般的计算机辅助绘图系统却做不到这一点。参数化设计系统引入了轮廓的概念。轮廓由若干首尾相接的直线或曲线组成，用来表达实体模型的截面形状或扫描路径。轮廓上的线段（直线或曲线）不能断开、错位或者交叉。整个轮廓可以是封闭的，也可以不封闭。虽然轮廓与生成轮廓的原始线条看上去几乎一模一样，但是它们有本质的区别。轮廓上的线段不能随便被移到别处，而生成轮廓的原始线条可以随便地被拆散和移走。这些原始线条与通常的二维绘图系统中的线条在本质上是一样的。

2. 约束（Constraint）

约束是指利用一些法则或限制条件来规定构成实体的元素之间的关系。约束可分为尺寸约束和几何拓扑约束。尺寸约束一般指对大小、角度、直径、半径、坐标位置等可以具体测量的数值量进行限制；几何拓扑约束一般指对平行、垂直、共线、相切等非数值的几何关系进行限制；也可以形成一个简单的关系式约束，如一条边与另一条边的长度相等，某圆心的坐标分别等于另一矩形的长、宽，等等。全尺寸约束是将形状和尺寸联合起来考虑，通过尺寸约束来实现对几何形状的控制。造型必须以完整的尺寸参数为出发点（全约束），既不能漏注尺寸（欠约束），也不能多注尺寸（过约束）。

3. 数据相关

对形体某一模块尺寸参数的修改会导致其他相关模块中的相关尺寸得以全面更新。采用这种计算的理由在于：它彻底克服了自由建模的无约束状态，几何形状均以尺寸的形式牢牢地被控制住。如打算修改零件形状，只需编辑一下尺寸的数值即可实现。尺寸驱动在道理上是容易理解的，尤其对于那些习惯于看图纸和以尺寸来描述零件的设计者是十分合适的。

4. 相互制约

所有的零件在装配过程中都不是孤立存在的，在参数化设计系统中，一个零件的尺寸可以用其他零件的尺寸和位置参数来确定，这样做可以保证这些零件装配后自动具有相吻合的尺寸，从而减少人为的疏忽。如齿轮的轴孔直径和键槽宽度可以根据轴上的相应尺寸参数来确定。

目前，参数化造型软件可以分为两类：一类是尺寸驱动系统，另一类是变量设计系统。

2.3.1　尺寸驱动系统

尺寸驱动系统（Dimension-driven System）也就是以前普遍称为的参数化造型系统（Parametric Modeling System），是指先用一组参数来定义几何图形（体素）的尺寸数值并约定尺寸关系，然后提供给设计者进行几何造型使用。参数的求解较简单，参数与设计对象的控制尺寸有显式的对应关系，设计结果的修改受到尺寸驱动（Dimension Driven）。

尺寸驱动系统的主要设计思想：如果给轮廓加上尺寸，同时明确线段之间的约束，那么计算机就可以根据这些尺寸和约束控制轮廓的位置、形状和大小。计算机如何根据尺寸和约束正确地控制轮廓是参数化的一个技术关键，它采用预定义的方法建立图形的几何约束集，并指定一组尺寸作为参数与几何约束集相联系。尺寸驱动的几何模型由几何元素、几何约束和几何拓扑三部分组成。当修改某一尺寸时，系统自动检索该尺寸值进行调整，得到新模型。再检查所有几何元素是否满足约束，如果不满足，则拓扑关系保持不变，按尺寸约束递归修改几何模型，直到满足全部约束为止。实现尺寸驱动对设计人员来讲具有重要的意义。尺寸驱动把设计图形的直观性和设计尺寸的精确性有机地统一起来。如果设计人员明确了设计尺寸，计算机就把这个尺寸所体现的大小和位置信息直观地反馈给设计人员，设计人员可以迅速地发现不合理的尺寸。此外，在结构设计中设计人员可以在屏幕上大致勾勒出设计要素的位置和大小，计算机会自动将位置和大小尺寸化，供设计人员参考，设计人员可以在适当的时候修改这些尺寸。生产中参数设计常用于设计对象的结构形状比较定型的产品（实例），系列化标准件就属于这一类型。计算方程组中的方程是根据设计对象的工程原理而建立的求解参数的方程式，例如根据齿轮组的齿数与模数计算中心距等。

对于系列化、通用化和标准化的定型产品，如模具、夹具、液压缸、组合机床、阀门等，其产品设计所采用的数学模型及产品结构都是相对固定不变的，所不同的只是产品的结构尺寸有差异，而结构尺寸的差异是由于相同数目及类型的已知条件在不同规格的产品设计中取不同值造成的。对这类产品进行设计时，可以将已知条件和随着产品规格而变化的基本参数用相应的变量代替，然后根据这些已知条件和基本参数，由计算机自动查询图形数据库，再由专门的绘图生成软件自动地设计出图形，并输出到屏幕上。

例如，图 2.3（a）为在正方形垫片上开圆形孔，图 2.3（b）为在圆形垫片上开正方形孔。这两个零件虽然看上去结构差异很大，但通过圆的直径 D 及正方形的边长 L 这两个变量的变化可以使这两种结构相互转化，即可以采用同一个参数化绘图程序进行设计。另外，如图 2.3（c）和图 2.3（d）所示，通过设置参数可以改变法兰盘上孔的数目和排列类型，甚至用圆周均匀分布的其他形素替代孔，并且孔或其他形素是否在同一圆周上，是否均匀分布，都可以通过参数来设置。又如，如图 2.4 所示的图形以 P 为基点，如以常数 H，W，$H/2$，R，A 标注后，则图形唯一确定；而将它们作为变量后，赋予变量不同的常数值，即改变图形元素间的尺寸约束时，将得到由四条直线段和一段圆弧确定的不同形状的图形，但直线间的相交关系、垂直关系、平行关系及直线与圆弧间的相切关系保持不变，即结构约束不变。注意：圆弧的圆心无须标注，否则图形过约束；如果上述五个变量中缺少任一个或基点不定，则图形欠约束。在过约束和欠约束的情况下，均会导致图形的结构约束和尺寸约束不一致，进而不能正确建立参数化模型。

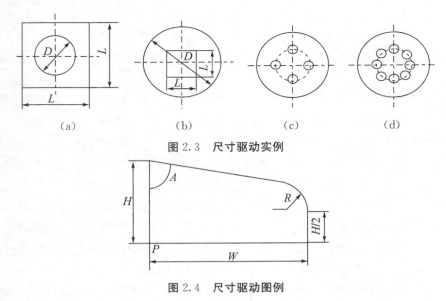

(a) (b) (c) (d)

图 2.3　尺寸驱动实例

图 2.4　尺寸驱动图例

2.3.2　变量设计系统

从前一节的分析可知，尺寸驱动的基本步骤：用户先给定几个参数，系统再根据这些参数解算结果并绘图。例如，当向计算机输入长方体的长、高、宽后即可生成一个具体的长方体。这种参数设计依赖于一个潜在的约束，可以说"长方体"本身就是一个约束。在这种潜在约束下，参数设计受到制约，无法修改约束，也无法通过施加约束来实现特定的目标，例如要从长方体这一参数设计程序生成一个六面体是无法实现的。变量设计的研究目标就是通过主动施加约束来实现变量化设计的目的，并且它还能解决欠约束和过约束的问题。

变量设计的原理如图 2.5 所示。图中，几何形体指构成物体的直线、圆等几何图素；几何约束包括尺寸约束和拓扑约束；几何尺寸指每次赋给系统的一组具体尺寸值；工程约束表达设计对象的原理、性能等；约束管理用来确定约束状态，识别约束不足或过约束等问题；约束分解可将约束划分为较小方程组，通过联立求解得到每个几何元素特定点（如直线上的两端点）的坐标，从而得到一个具体的几何模型。除了采用代数联立方程求解外，尚可采用推理方法逐步求解。

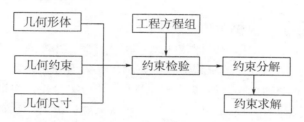

图 2.5　变量设计的原理

变量化造型技术的主要技术特点如下。

1. 几何约束（Geometry Constrain）

变量化技术是在尺寸驱动基础上进一步改进后提出的设计思想。变量化技术将参数化技术中所需定义的尺寸"参数"进一步区分为形状约束和尺寸约束，而不是像尺寸驱动那样只用尺寸来约束全部几何形状。采用这种技术的理由在于：在大量新产品开发的概念设计阶段，设计者首先考虑的是设计思想及概念，并将其体现于某些几何形状之中。这些几何形状的准确尺寸和各形状之间严格的尺寸定位关系在设计的初始阶段还很难完全确定，所以自然希望在设计的初始阶段允许尺寸约束的存在。此外，在设计的初始阶段，整个零件的尺寸基准及参数控制方式还很难决定，只有当获得更多具体概念后，再一步步借助已知条件逐步确定怎样处理才是最佳方案。

2. 工程关系（Engineering Relationship）

工程关系中，如质量、载荷、力、可靠性等关键设计参数，在参数化系统中不能作为约束条件直接与几何方程联立求解，需以另外的手段处理，而变量设计则可将工程关系作为约束条件与几何方程联立求解，无须另建模型处理。

3. 约束模型的求解方法

变量几何法是一种约束模型的代数求解方法，它将几何模型定义成一系列特征点，并以特征点坐标为变量形成一个非线性约束方程组。当约束发生变化时，利用迭代方法求解方程组，就可求出一系列新的特征点，从而生成新的几何模型。模型越复杂，约束越多，非线性方程组的规模越大，约束变化时求解方程组就越困难，而且构造具有唯一解的约束也不容易，故该法常用于较简单的平面模型。

变量几何法的两个重要概念是约束和自由度。约束是对几何元素大小、位置和方向的限制，分为尺寸约束和几何约束两类。尺寸约束限制元素的大小，如对长度、半径和相交角度的限制；几何约束限制元素的方位或相对位置关系。自由度是用来衡量模型的约束是否充分。如果自由度大于零，则表明约束不足，或没有足够的约束方程使约束方程组有唯一解，这时几何模型存在多种变化形式。

2.3.3 尺寸驱动系统与变量设计系统的比较

尺寸驱动系统与变量设计系统的共同点在于它们都属于基于约束的实体造型系统，都强调基于特征的设计和全数据相关，并可实现尺寸驱动设计修改，也都提供方法与手段来解决设计时所必须考虑的几何约束和尺寸关系等问题，但它们在约束的管理和处理机制上存在许多不同之处。

1. 基本区别——约束的处理

尺寸驱动系统在设计全过程中将形状和尺寸联合起来一并考虑，通过尺寸约束来实现对几何形状的控制；变量设计系统将形状约束和尺寸约束分开处理。

尺寸驱动系统在非全约束时，造型系统不许可执行后续操作；变量设计系统由于可适应各种约束状况，操作者可以先决定感兴趣的形状，然后再给一些必要的尺寸，尺寸是否注全并不影响后续操作。

尺寸驱动系统中的工程关系不直接参与约束管理，而是由单独的处理器外置处理；而在变量设计系统中，工程关系可以作为约束直接与几何方程耦合，最后再通过约束解算器统一解算。

由于尺寸驱动系统苛求全约束，每一个方程式必须是显函数，即所使用的变量必须在前面的方程式内已经定义过并赋值于某尺寸参数，因此其几何方程的求解只能是顺序求解；变量设计系统为适应各种约束条件，采用联立求解的数学手段，方程求解无所谓顺序。

尺寸驱动系统解决的是特定情况（全约束）下的几何图形问题，表现形式是尺寸驱动几何形状修改；变量设计系统解决的是任意约束情况下的产品设计问题，不仅可以做到尺寸驱动（Dimension Driven），而且可以实现约束驱动（Constraint Driven），即由工程关系来驱动几何形状的改变，这对产品结构优化是十分有益的。

2. 处理方式的区别

尺寸驱动系统的造型过程是一个类似于工程师读图纸的过程，从关键尺寸、形体尺寸、定位尺寸直到参考尺寸，待全部被看懂（输入计算机）后，形体自然在脑海中（屏幕上）形成。造型过程严格遵循软件运行机制，不允许尺寸欠约束，亦不可逆序求解。只有尺寸驱动这一种修改手段，那么究竟改变哪一个（或哪几个）尺寸会使形状朝着自己满意的方向改变呢？这并不容易判断。

变量设计系统的指导思想：设计者可以采用先形状后尺寸的设计方式，允许采用不完全尺寸约束，只给出必要的设计条件，就能保证设计的正确性和效率性，系统分担了很多繁杂的工作。造型过程是一个类似于工程师在脑海里思考设计方案的过程，满足设计要求的几何形状是第一位的，尺寸细节是后来才逐步完善的。设计过程相当自由宽松，设计者可以有更多的时间和精力去考虑设计方案，而无须过多关心软件的内在机制和设计规则限制，这符合工程师的创造性思维规律，所以变量设计系统的应用领域也更广。除了一般的系列化零件设计外，利用变量设计系统在做概念设计时会显得特别得心应手，所以也比较适用于新产品的开发和老产品的改型创新设计。

2.4　计算机图形处理技术

在 CAD 工作站中，对象的几何表示是以计算机图形学为基础的。计算机图形学可以定义对象以及不同视图的生成、表示和处理。对象和不同视图的表示可借助计算机软、硬件及图形处理设备来实现。

计算机绘图技术起源于 20 世纪 50 年代，以后随着计算机软、硬件技术的不断进步和图形处理技术的出现，计算机图形处理技术得到迅速发展。1950 年，世界上第一台图形显示器"旋风一号"在美国问世，解决了图形处理问题。1958 年，美国Calcomp公司制成滚筒式绘图仪，Gerber 公司制成平板式绘图仪，解决了图形输出问题。1963 年，I. E. Sutherland 提出并实现了一个人机交互图形系统（Sketchpad 系统），首次使用了 Computer Graphics（计算机图形学）这个专用名词，全面揭开了计算机绘图研究的序幕。20 世纪 90 年代，计算机图形处理技术进入开放式、标准化、集成化和智能化的发展时期。光栅扫描式大屏幕彩色图像终端、工程扫描仪、静电绘图机等设备的功能已很完善，计算机图形处理发展到三维实体设计，大量有实用价值的图形系统及功能良好的输入、输出设备相继普及、投入使用并获得效益，以微机为基础的计算机绘图系统得到普及应用。

计算机图形学的工程应用领域很广。利用计算机图形学，可以增强用户与计算机之间的交互能力。计算机图形学是简化了的可视化输出与复杂数据以及科学计算之间连接的桥梁。一幅简单的图形可以代替大量的数据表格，能够为用户快速解释数量与特性等信息。例如，人们能够在计算机上模拟并预测汽车的碰撞问题，模拟减速器在不同速度、载荷和工程环境下的性能等。

2.4.1　图形的概念

从图形的实际形式来看，可称为图形的有人类眼睛所看到的景物，用摄影机、录像机等装置获得的照片，用绘图仪绘制的工程图，各种人工美术绘图和雕塑品，用数学方法描述的图形（包括几何图形、代数方程或分析表达式所确定的图形）。狭义地说，只有最后一类才被称为图形，而前面一些则分别称为景象、图像、图画和形象等。因计算机图形处理的范围早已超出用数学方法描述的图形，故若要用一个统一的名称来表达各类景物、图片、图画、形象等所表示的含意，则"图形"比较合适，它既包含图像的含义，又包括几何形状的含义。

从构成图形的要素来看，图形是由点、线、面、体等几何要素和明暗、灰度、色彩等非几何要素构成的。例如，一幅黑白照片上的图像是由不同灰度的点构成的，几何方程 $x^2+y^2=R^2$ 确定的图形则是用一定灰度、色彩且满足这个方程的点所构成的。因此，计算机图形学研究的图形不仅有形状，而且有明暗、灰度和色彩，这是与数学中研究的图形的不同之处，它比数学中描述的图形更为具体。但它仍是一种抽象，因为一个玻璃杯与一个塑料杯只要形状一样，透明度一样，从计算机图形学的观点来看，它们的图形就应该是一样的。

因此，计算机图形学中所研究的图形是从客观世界的物体中抽象出来的带有灰度或色彩、具有特定形状的图或形。在计算机中表示一个图形常用的方法有点阵法和参数法两种。

点阵法是用具有灰度或色彩的点阵来表示图形的一种方法，它强调图形由哪些点组成，并具有什么灰度或色彩。例如，通常的二维灰度图像就可用以下矩阵表示：

$$[\boldsymbol{P}]_{n\times m} \qquad\qquad (2-1)$$

其中，$\boldsymbol{P}_{ij}(i=1,2,\cdots,n;j=1,2,\cdots,m)$ 表示图像在 (x_i,y_j) 处的灰度。

参数法是以计算机中所记录图形的形状参数与属性参数表示图形的一种方法。形状参数可以是描述图形形状的方程的系数、线段的起点和终点等，属性参数则包括灰度、色彩、线型等非几何属性。

人们通常把参数法描述的图形叫作参数图形（简称图形），而把点阵法描述的图形叫作像素图形（简称图像）。习惯上也把图形叫作矢量图形（Vector Graphics），把图像叫作光栅图形（Raster Graphics）。CAD 系统从诞生到现在一直保留着以矢量图形的形式存储图形信息的特色，其他的图像软件如 Paint 和 PhotoShop，都以光栅图形的形式存储图形信息。光栅图形与矢量图形的区别可由图 2.6 看出。图 2.6（a）和图 2.6（b）分别是用 Word 绘制的矢量图形和用 Paint 绘制的光栅图形，从中看不出它们有多大的区别。但是将图形放大后，如图 2.6（c）和图 2.6（d）所示，光栅图形变得模糊，而矢量图形可以任意缩放而不会影响图形的输出质量。

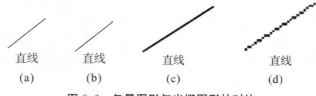

| 直线 | 直线 | 直线 | 直线 |
| (a) | (b) | (c) | (d) |

图 2.6　矢量图形与光栅图形的对比

计算机图形学的研究任务就是利用计算机来处理图形的输入、生成、显示、输出、变换以及图形的组合、分解和运算。

2.4.2　图形系统与图形系统标准

计算机图形系统是 CAD 软件或其他图形应用软件的重要组成部分。计算机图形系统包括硬件和软件两大部分，硬件部分包括图形的输入、输出设备和图形控制器等，软件部分主要包括图形的显示、交互技术、模型管理和数据存取交换等方面。对于一个图形应用程序的用户而言，其面对的是在特定图形系统环境上开发的一个具体的应用系统。对于一个图形应用程序开发人员而言，其一般面对的是三种不同的界面，有三种不同的任务：一是设备相关界面，需要开发一个与设备无关的图形服务软件；二是与设备无关的系统环境，需要开发一个应用系统支持工具包；三是应用环境，应据此开发一个实用的图形应用系统。

1. 图形系统的基本功能与层次结构

一个计算机图形应用系统应该具有的最基本的功能有以下几点：

（1）运算功能。它包括定义图形的各种元素属性、各种坐标系及几何变换等。

（2）数据交换功能。它包括图形数据的存储与恢复、图形数据的编辑以及不同系统之间的图形数据交换等。

（3）交互功能。它提供人机对话的手段，使图形能够实时地、动态地交互生成。

（4）输入功能。它接收图形数据的输入，而且输入设备应该是多种多样的。

（5）输出功能。它实现在图形输出设备上产生逼真的图形。

不同的计算机图形系统根据应用要求的不同，在结构和配置上有一定的差别。早期的图形系统没有层次形式，应用程序人员开发图形软件受系统的配置影响很大，从而导致图形系统的开发周期长，而且不便于移植。计算机图形的标准化进程使得图形系统逐步具有层次概念，并且各层具有标准的接口形式，从而提高了图形应用系统的研制速度和使用效益。图 2.7 是基于图形标准化的形式而得出的一个图形系统的层次图。

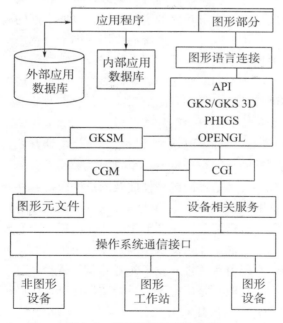

图 2.7　图形系统的层次结构

API（Application Programming Interface）是一个与设备无关的图形软件工具，它提供了丰富的图形操作，包括图形的输出元素及元素属性，图形的数据结构以及编辑图形的各种变换，图形的输入和输出等操作。API 通常是用诸如 C、PASCAL、FORTRAN 等高级编程语言编写的子程序包。语言连接（Language Binding）是一个十分有用的接口，它使得用单一语言编写的 API 子程序包能被其他语言所调用。CGI（Computer Graphics Interface）是设备相关图形服务与设备无关图形操作之间的接口，它提供一系列与标准设备无关的图形操作命令。CGI 通常直接制作在图形卡上，它的实现一般是与设备相关的。CGM（Computer Graphics Metafile）定义了一个标准的图形元文件（Metafile）格式，用 CGM 格式存储的图形数据可以在不同的图形系统之间进行交换。基于图 2.7 所示的标准化应用图形系统的层次结构，CAD 应用系统开发人员就可以在对系统环境不甚了解的情况下高效地开发应用系统，同时也便于人们移植已经开发的应用系统，甚至 API 系统也可以进行移植。同样，只要图形硬件的驱动程序是标准的，CGI 系统也可以进行移植。

2. 图形系统标准

图形系统标准化一直是计算机图形学的重要研究课题。由于图形是一种范围很广而又很复杂的数据，因而对它的描述和处理也是复杂的。图形系统的作用是简化应用程序的设计。由于图形系统较难独立于 I/O 设备、主机、工作语言和应用领域，因此图形系统研制成本高、可移植性差成为一个严重问题。为使图形系统可移植，必须解决以下几个问题：

（1）独立于设备。交互式图形系统中有多种输入、输出设备，作为标准的通用图形系统，在应用程序设计这一级应具有对图形设备的相对无关性。

（2）独立于机器。图形系统应能在不同类型的计算机主机上运行。

（3）独立于语言。程序员在编写应用程序来表达算法和数据结构时，通常采用高级语言，通用图形系统应是具有图形功能的子程序组，以便不同的高级语言调用。

（4）独立于不同的应用领域。图形系统的应用范围十分宽广，若所开发的系统只适用于某一领域，在其他场合下使用就要作很大的修改，则会付出巨大的代价，为此要求通用图形系统标准应独立于不同的应用领域，即提供一个不同层次的图形功能组。

实现绝对的程序可移植性（使一个图形系统不做任何修改便可在任意设备上运行）是很困难的，但只作少量修改即可运行是能够做到的。标准化的图形系统为解决上述几个问题打下了良好的基础。国际上已从 20 世纪 70 年代中期开始着手图形系统的标准化工作。制定图形系统标准的目的在于以下几个方面：

（1）解决图形系统的可移植性问题，使涉及图形的应用程序易于在不同的系统环境间移植，便于图形数据的变换和传送，降低图形软件研制的成本，缩短研制周期。

（2）有助于应用程序员理解和使用图形学方法，给用户带来极大的方便。

（3）为厂家设计制造智能工作站提供指南，使其可依据此标准决定将哪些图形功能组合到智能工作站中，可以避免软件开发工作者的重复劳动。

图形标准化工作的主要收获是确定了为进行图形标准化而必须遵循的若干准则，并在图形学的各个领域（如图形应用程序的用户接口、图形数据的传输、图形设备接口等）进行了标准化的研究。从目前来看，计算机图形标准化主要包括以下几个方面的内容：

（1）应用程序员接口 API 标准化。ISO 提供了三个标准，它们是 GKS、GKS 3D 和 PHIGS。

（2）语言连接规范，诸如 FORTRAN、C、Ada、PASCAL 与 GKS、GKS 3D、

PHIGS 的连接标准。

（3）计算机图形接口的标准化，包括 CGI、CGI−3D。

（4）图形数据交换标准。在这方面引入了元文件的概念，定义了 CGM、CGM−3D 标准。

2.4.3　图形变换与处理

图形变换是计算机图形学的基础内容之一，指将图形的几何信息经过几何变换后产生新的图形。例如，将图形投影到计算机上，通常人们希望能够改变图形的比例，以便更清晰地看到某些细节；也许需要将图形旋转一定角度，得到对象的更佳视图；或者需要将一个图形平移到另一个位置，以便在不同环境中显示。对于动态装配体而言，在每一次运动中需要不同的平移和转动。通过图形变换也可由简单图形生成复杂图形，可用二维图形表示三维形体。图形变换既可以看作是图形不动而坐标系变动，变动后该图形在新的坐标系下具有新的坐标值；也可以看作是坐标系不动而图形变动，变动后的图形在坐标系中的坐标值发生变化。而这两种情况的本质是一样的，两种变换矩阵互为逆矩阵。本节所讨论的几何变换属于后一种情况。

对于线框图形的变换，通常是以点变换为基础，把图形的一系列顶点作几何变换后，连接新的顶点序列即可产生新的变换后的图形。连接这些点时，必须保持原来的拓扑关系。对于用参数方程描述的图形，可以通过参数方程几何变换，实现对图形的变换。

1. 变换矩阵

一个对象或几何体可以用位于若干平面上的一系列点来表示。设矩阵 C_{old} 表示一组数据，现在定义一个操作数 T，使其与矩阵 C_{old} 相乘而得到一个新矩阵 C_{new}，即

$$C_{new} = T \cdot C_{old} \tag{2-2}$$

式中，T 称为变换矩阵。该矩阵可以是绕一点或轴的旋转、移动至指定的目的地、缩放、投影，或者是这些变换的组合。变换的基本原则是矩阵相乘，但是只有当第一个矩阵的列数与第二个矩阵的行数相等时，这两个矩阵才能相乘。

2. 齐次坐标

在图形学中，为实现图形变换通常采用齐次坐标系来表示坐标值，这样可方便地用变换矩阵实现对图形的变换。所谓齐次坐标表示法，就是由 $n+1$ 维矢量表示一个 n 维空间的点，即 n 维空间的一个点通常采用位置矢量的形式表示为 $P(P_1 P_2 \cdots P_n)$，它唯一地对应了 n 维空间的一个点。此时点 P 的齐次坐标表示法为 $P(hP_1 hP_2 \cdots hP_n h)$，其中 $h \neq 0$。这时 h 的取值不同，一个 n 维空间位置的点在 $n+1$ 维齐次空间内将对应无穷多个位置矢量。从 n 维空间映射到 $n+1$ 维空间是一对多的变换。假设二维图形变换前点的坐标为 $(x, y, 1)$，变换后为 $(x^*, y^*, 1)$；三维图形变换前点的坐标为 $(x, y, z, 1)$，变换后为 $(x^*, y^*, z^*, 1)$。

在图形学中，如 $(12, 8, 4)$，$(6, 4, 2)$，$(3, 2, 1)$ 均表示 $(3, 2)$ 这一点的齐次坐标。当取 $h=1$ 时，空间位置矢量 $(P_1 P_2 \cdots P_n 1)$ 称为齐次坐标的规格化形式。例如，对二维空间直角坐标系内点的位置矢量 $(x\ \ y)$ 用三维齐次空间直角坐标系内对应点的位置矢量 $(x\ \ y\ \ 1)$ 表示。在图形变换中，一般都选取这种齐次

坐标的规格化形式，使正常坐标和齐次坐标表示的点一一对应，其几何意义是将二维平面上的点 $(x，y)$ 移到三维齐次空间 $z=1$ 的平面上。从图2.8可以看出规格化三维齐次坐标系的几何意义。

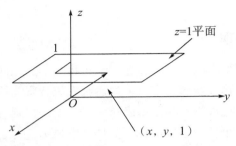

图2.8　规格化三维齐次坐标系的几何意义

在图形变换中引入齐次坐标表示的好处如下：

第一，使各种变换具有统一的变换矩阵格式，并可以将这些变换结合在一起进行组合变换，同时也便于计算。例如，二维、三维的变换矩阵分别为

$$\text{二维：} \boldsymbol{T}_{2D} = \begin{bmatrix} a & d & g \\ b & e & h \\ c & f & i \end{bmatrix} \qquad \text{三维：} \boldsymbol{T}_{3D} = \begin{bmatrix} a_{11} & a_{12} & a_{13} & a_{14} \\ a_{21} & a_{22} & a_{23} & a_{24} \\ a_{31} & a_{32} & a_{33} & a_{34} \\ a_{41} & a_{42} & a_{43} & a_{44} \end{bmatrix}$$

第二，齐次坐标可以表示无穷远点。例如在 $n+1$ 维中，$h=0$ 的齐次坐标实际上表示了一个 n 维的无穷远点。对二维的齐次坐标 $(a，b，h)$，当 $h \to 0$ 时，表示直线 $ax+by=0$ 上的连续点 $(x，y)$ 逐渐趋近于无穷远点。在三维情况下，利用齐次坐标可以表示视点在世界坐标系原点时的投影变换，其几何意义会更加清晰。

3. 坐标系

从定义零件的几何形状到图形设备生成相应图形，一般都需要建立相应的坐标系来描述图形，并通过坐标变换来实现图形的表达（图2.9）。按形体结构特点建立的坐标系统称为世界坐标，多用右手直角坐标系。图形设备、绘图机、显示器等有自己相对独立的坐标系，用来绘制或显示图形，通常使用左手直角坐标系。坐标轴的单位与图形设备本身有关，例如，图形显示器使用光栅单位，绘图机使用长度单位。在三维形体透视图的生成过程中，还需要使用视点坐标系，它也是一个左手直角坐标系，坐标原点位于视点位置，该坐标的一个坐标方向与视线方向一致。

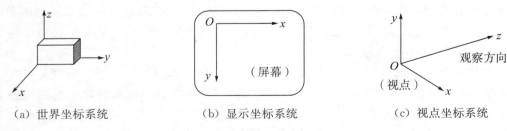

（a）世界坐标系　　　　　（b）显示坐标系　　　　（c）视点坐标系

图2.9　常见的三种坐标系

4. 二维图形变换

二维图形几何变换矩阵可用下式表示：

$$[x^* \quad y^* \quad 1] = [x \quad y \quad 1]\boldsymbol{T}_{2D} \tag{2-3}$$

其中，$\boldsymbol{T}_{2D} = \begin{bmatrix} a & d & g \\ b & e & h \\ c & f & i \end{bmatrix}$，$\begin{bmatrix} a & d \\ b & e \end{bmatrix}$ 对图形产生缩放、旋转、对称、错切等变换；

$[c \quad f]$ 对图形进行平移变换；$\begin{bmatrix} g \\ h \end{bmatrix}$ 对图形进行投影变换：x 轴在 l/g 处产生一个灭点，y 轴在 l/h 处产生一个灭点；$[i]$ 对整个图形作伸缩变换。

常用的二维图形变换矩阵见表 2.1。复杂的二维图形变换可以由表中矩阵乘积组合而成，变换的结果与组合的顺序有关。

表 2.1 典型的二维图形变换

矩　阵	说　明	变换名称	示意图
$\begin{bmatrix} 1 & 0 & 0 \\ 0 & 1 & 0 \\ 0 & 0 & 1 \end{bmatrix}$	定义二维空间的直角坐标系；（1，0，0）表示 x 轴的无穷远点；（0，1，0）表示 y 轴的无穷远点；（0，0，1）表示坐标原点	恒等变换	
$\begin{bmatrix} 1 & 0 & 0 \\ 0 & 1 & 0 \\ T_x & T_y & 1 \end{bmatrix}$	沿 x 轴平移 T_x，沿 y 轴平移 T_y	平移变换	
$\begin{bmatrix} S_x & 0 & 0 \\ 0 & S_y & 0 \\ 0 & 0 & 1 \end{bmatrix}$	$S_x = S_y = 1$ 时为恒等变换；$S_x = S_y > 1$ 时为 x 轴和 y 轴方向等比例放大；$S_x = S_y < 1$ 时缩小；$S_x \neq S_y$ 时各方向不等比例缩放	比例变换	$S_x>1$，$S_y>1$时
$\begin{bmatrix} a & d & 0 \\ b & e & 0 \\ 0 & 0 & 1 \end{bmatrix}$	$b=d=0$，$a=-1$，$e=1$	y 轴对称变换	2为1的$y=x$对称变换 3为1的x轴对称变换
	$b=d=0$，$a=1$，$e=-1$	x 轴对称变换	
	$b=d=0$，$a=e=-1$	原点对称变换	
	$b=d=1$，$a=e=0$	$y=x$ 对称变换	
	$b=d=-1$，$a=e=0$	$y=-x$ 对称变换	

矩　阵	说　明	变换名称	示意图
$\begin{bmatrix} \cos\theta & \sin\theta & 0 \\ -\sin\theta & \cos\theta & 0 \\ 0 & 0 & 1 \end{bmatrix}$	θ 为 xOy 平面中逆时针为正计数的角度	旋转变换	
$\begin{bmatrix} 1 & d & 0 \\ b & 1 & 0 \\ 0 & 0 & 1 \end{bmatrix}$	$d=0$，$b\neq0$，沿 x 轴方向错切；$d\neq0$，$b=0$，沿 y 轴方向错切；$d\neq0$，$b\neq0$，沿 x 轴和 y 轴两个方向同时错切	错切变换	

5. 三维图形变换

三维图形几何变换矩阵可用式（2-4）表示：

$$[x^* \quad y^* \quad z^* \quad 1] = [x \quad y \quad z \quad 1]\boldsymbol{T}_{3D} \qquad (2-4)$$

其中，$\boldsymbol{T}_{3D} = \begin{bmatrix} a_{11} & a_{12} & a_{13} & a_{14} \\ a_{21} & a_{22} & a_{23} & a_{24} \\ a_{31} & a_{32} & a_{33} & a_{34} \\ a_{41} & a_{42} & a_{43} & a_{44} \end{bmatrix}$，$\begin{bmatrix} a_{11} & a_{12} & a_{13} \\ a_{21} & a_{22} & a_{23} \\ a_{31} & a_{32} & a_{33} \end{bmatrix}$ 产生比例、旋转、错切变换；

$[a_{41} \quad a_{42} \quad a_{43}]$ 产生平移变换；$\begin{bmatrix} a_{14} \\ a_{24} \\ a_{34} \end{bmatrix}$ 产生投影变换；$[a_{44}]$ 产生整体比例变换。

常用的几种三维图形变换矩阵列于表2.2，其中省略了变换的示意图，可参见二维图形变换。在三维图形变换中也列出了三维形体的投影变换矩阵。所谓投影变换，就是把三维物体变为二维图形的过程。

表 2.2　典型的三维图形变换

矩　阵	说　明	变换名称
$\begin{bmatrix} 1 & 0 & 0 & 0 \\ 0 & 1 & 0 & 0 \\ 0 & 0 & 1 & 0 \\ T_x & T_y & T_z & 1 \end{bmatrix}$	沿 x 轴移动 T_x；沿 y 轴移动 T_y；沿 z 轴平移 T_z。$T_x=T_y=T_z$时，为恒等变换矩阵，代表三维空间坐标系，意义同二维情况	平移变换
$\begin{bmatrix} S_x & 0 & 0 & 0 \\ 0 & S_y & 0 & 0 \\ 0 & 0 & S_z & 0 \\ 0 & 0 & 0 & 1 \end{bmatrix}$	沿 x 轴方向放缩 S_x 倍；沿 y 轴方向放缩 S_y 倍；沿 z 轴方向放缩 S_z 倍	比例变换
$\begin{bmatrix} 1 & 0 & 0 & 0 \\ 0 & \cos\theta & \sin\theta & 0 \\ 0 & -\sin\theta & \cos\theta & 0 \\ 0 & 0 & 0 & 1 \end{bmatrix}$	绕 x 轴旋转角度 θ，以右手螺旋方向为正	x 轴旋转变换

矩　阵	说　明	变换名称
$\begin{bmatrix} \cos\theta & 0 & -\sin\theta & 0 \\ 0 & 1 & 0 & 0 \\ \sin\theta & 0 & \cos\theta & 0 \\ 0 & 0 & 0 & 1 \end{bmatrix}$	绕 y 轴旋转角度 θ，以右手螺旋方向为正	y 轴旋转变换
$\begin{bmatrix} \cos\theta & \sin\theta & 0 & 0 \\ -\sin\theta & \cos\theta & 0 & 0 \\ 0 & 0 & 1 & 0 \\ 0 & 0 & 0 & 1 \end{bmatrix}$	绕 z 轴旋转角度 θ，以右手螺旋方向为正	z 轴旋转变换
$\begin{bmatrix} -1 & 0 & 0 & 0 \\ 0 & 0 & 0 & 0 \\ 0 & 1 & 0 & 0 \\ a-t_x & b-t_z & 0 & 1 \end{bmatrix}$	正投影到 xOz 平面中，并且沿 x 轴和 z 轴方向移动 t_x，t_z 以便观察，中心在 (a,b) 处	主视图
$\begin{bmatrix} -1 & 0 & 0 & 0 \\ 0 & -1 & 0 & 0 \\ 0 & 0 & 0 & 0 \\ a+t_x & b+t_y & 0 & 1 \end{bmatrix}$	正投影到 xOy 平面中，并且沿 x 轴和 y 轴方向移动 t_x，t_y 以便观察，中心在 (a,b) 处	俯视图
$\begin{bmatrix} 0 & 0 & 0 & 0 \\ 1 & 0 & 0 & 0 \\ 0 & 1 & 0 & 0 \\ a+t_y & b+t_z & 0 & 1 \end{bmatrix}$	正投影到 yOz 平面中，并且沿 y 轴和 z 轴方向移动 t_y，t_z 以便观察，中心在 (a,b) 处	侧视图
$\begin{bmatrix} \cos\theta & 0 & -\sin\theta\sin\varphi & 0 \\ -\sin\theta & 0 & -\cos\theta\sin\varphi & 0 \\ 0 & 0 & \cos\varphi & 0 \\ 0 & 0 & 0 & 1 \end{bmatrix}$	θ 是立体绕 z 轴正转角度；φ 是立体绕 x 轴逆转角度。$\theta=45°$，$\varphi=35°15'$ 时为正等测变换；$\theta=45°$，$\varphi=19°28'$ 时为正二测变换	正轴测投影变换
$\begin{bmatrix} 1 & 0 & 0 & 0 \\ -0.3535 & 0 & -0.3535 & 0 \\ 0 & 0 & 1 & 0 \\ 0 & 0 & 0 & 1 \end{bmatrix}$	沿 y 轴缩短 0.5，轴测轴 y 与水平线夹角为 $45°$	斜二测投影变换
$\begin{bmatrix} 1 & 0 & 0 & 0 \\ 0 & 1 & 0 & 0 \\ -\dfrac{x_c}{z_c} & -\dfrac{y_c}{z_c} & 0 & -\dfrac{1}{z_c} \\ 0 & 0 & 0 & 1 \end{bmatrix}$	视点为 $P_c(x_c,y_c,z_c)$，投影平面为 xOy，三维图形上一点 $P(x,y,z)$ 投影为 (X_s,Y_s)	一点透视投影变换

2.5　产品数据交换标准与接口技术

由于市场上有非常多的软件共存，为了在这些软件之间取长补短，也为了保护用户的劳动成果，数据交换非常重要。数据交换根据操作环境的不同分为以下三类：

（1）不同操作系统软件之间的交换，如 UNIX 与 Windows 程序间数据的交换；有相当多的 CAD/CAM 软件运行于 UNIX 而不是 Windows 操作系统，进行数据交换必须采用中性的数据交换文件，即在不同的操作系统间交换数据需要将文件从一个操作系统传送到另一个操作系统，传输过程需要使用 ftp 命令，这个命令所有的操作系统都支持。

(2) 同种操作系统中不同软件之间的交换，如 I-DEAS 与 Pro/E 数据间的交换。

(3) 同种软件之间的数据交换。

根据数据性质的不同，数据交换可分为以下三类：

(1) 三维模型数据之间的交换。

目前，大部分大型 CAD 软件能够输入输出 IGES、STEP、VDA 格式的文件，从而可以交换三维的曲线、曲面和实体。IGES 数据交换格式的应用比较广泛，几乎所有的 CAD 系统都支持。STEP 是国际标准化组织定义的数据交换格式，是三维数据交换的发展方向。VDA 也是一种重要的数据交换文件。随着 ACIS 图形核心（ACIS Geometry Kernal）技术的广泛使用，扩展名为 SAT 的 ACIS 中性数据交换文件可能成为在不同 CAD 软件之间交换实体数据的标准。现在有的系统支持 VRML。VRML 是一种虚拟现实语言，适用于远程数据交互的场合。

(2) 二维矢量图形之间的交换。

DWF（Drawing Web Format）文件是一个高度压缩的二维矢量文件，它能够在 Web 服务器上发布。用户可以使用 Web 浏览器，例如 Navigator 或 Internet Explorer 在 Internet 上查看 DWF 格式的文件。

用户可以将输出到 DWF 文件的图形的精度设置为 36 位到 32 位之间，缺省值为 20 位。一般来说，对于简单的图形，输出精度的高低并没有明显的差别，但对于复杂的图形，用户最好选用高一点的精度。当然，这是以牺牲输出文件的数据读取时间为代价的。

在 CAD 领域虽然有一些标准来保证用户在不同的 CAD 软件之间传递图形文件，但效果并不显著。由 Autodesk 公司开发的中性数据交换文件 DXF（Drawing Exchange Format）格式，现已成为传递图形文件事实上的标准，得到大多数 CAD 系统的支持。用 DXF 格式建立的文件可被写成标准的 ASCII 码，从而可在任何计算机上阅读。

Windows 的图形元文件（Metafile）不像位图，它是一个矢量图形。当它被输入到基于 Windows 的应用程序之中时，可以在没有任何精度损失的前提下被缩放和打印。Windows 的图形元文件的扩展名为 WMF。

Postscript 是一种由 Adobe System 开发的页描述语言，它主要用在桌面印刷领域，并且只能用 Postscript 打印机来打印。Postscript 文件的扩展名为 EPS。

(3) 光栅图像之间的交换。

BMP 文件是最常见的光栅文件。光栅文件也叫作点阵图，文件的字节比较长。由于 BMP 文件占用太多的磁盘，所以人们发明了各种压缩文件格式，如 JPEG、TIFF 等，其压缩率很高，但有一定的图像失真。

2.5.1　标准接口

数据交换标准起始于美国国家标准和技术研究所（National Institute of Standards and Technology，NIST）研制的 IGES。美国空军在 IGES 的基础上开发了一个从设计到制作的产品数据接口 PDDI（Product Definition Data Interface）。与 PDDI 相衔接，

NIST 开发了 PDES（Product Data Exchange Specification）。欧洲信息技术研究与发展战略计划（ESPRIT）开发了计算机辅助设计接口 CADI（Computer Aided Design Interface）。最终大家认识到 CAD 软件需要一个规范的，能够对产品全生命周期内产生的所有数据进行交换的统一格式，这就是 ISO 正在为之努力的 STEP 标准。

标准接口是已经被国际标准化组织或某些国家的标准化部门所采用，具有开放性、规范性和权威性的标准，其中最具有代表性的是 IGES 标准 和 STEP 标准。

1. IGES 标准

IGES 标准是在 CAD 领域应用最广泛，也是最成熟的标准，市场上几乎所有的 CAD 软件都提供 IGES 接口。它是 NIST 研制的，早在 20 世纪 80 年代就被纳入美国国家标准（ANSIY 14.26M）。我国在 90 年代初将 IGES 纳入国家标准（GB/T 14213—93）。

在 IGES 标准中，用于描述产品数据的基本单元是实体。IGES 1.0 版本中有几何实体、注释实体和结构实体三种；2.0 版本扩大了几何实体的范围，能进行有限元模型数据的传输；3.0 版本增加了更多的制造用非图形信息；4.0 版本增加了实体造型中的 CSG 表示；5.0 版本增加了一致性需求。IGES 标准不仅包含描叙产品数据的实体，而且规定了用于数据传输的格式，它还可以用 ASCII 码和二进制这两种格式来表示。ASCII 格式可有两种类型：固定行长格式和压缩格式。二进制格式采用字节结构，适用于传输大文件。IGES 文件是由任意行数所组成的顺序文件，一个文件可由 5~6 个独立的段组成，分别是标记段、起始段、全局段、目录条目段、参数数据段和结束段。

IGES 的特点是数据格式相对简单，当发现使用 IGES 接口进行数据交换所得到的结果有问题时，用户对结果进行修补较为容易。但是 IGES 标准存在四个方面的问题：

（1）数据传输存在不完备性，往往一个 CAD 系统在读、写一个 IGES 文件时会有部分数据丢失。

（2）一些语法结构具有二义性。

（3）交换文件所占的存储空间太大，影响了数据文件处理的速度。

（4）不能适应在产品生命周期的不同阶段中数据的多样性和复杂性。

2. STEP 标准

STEP 标准是解决制造业当前产品数据共享难题的重要标准，它为 CAD 系统提供中性产品数据的公共资源和应用模型，并规定了产品设计、分析、制造、检验和产品支持过程中所需的几何、拓扑、公差、关系、属性和性能等数据，还包括一些与处理有关的数据。

STEP 标准为三层结构，包括应用层、逻辑层和物理层。在应用层，采用形式定义语言描述了各应用领域的需求模型。逻辑层对应用层的需求模型进行分析，形成统一的、不矛盾的集成产品信息模型（Integrate Product Information Model，IPIM），再转换成 Express 语言描叙，用于与物理层联系。在物理层，IPIM 被转化成计算机能够实现的形式，如数据库、知识库或交换文件格式。

ISO 10303 产品数据的表达与交换是由 ISO/TCT 84/SC 4 工业数据分技术委员会制定的一套系列标准。我国正逐渐把它转化为国家标准（GB/T 16656）。

STEP 确定的项目共有 36 个，SC 4 将这 36 个部分分成以下六组：

（1）描述方法（Description Methods）。

（2）集成资源（Integrated Resource）。

（3）应用协议（Application Protocols）。

（4）抽象测试套件（Abstract Test Suites）。

（5）实现方法（Implementation Methods）。

（6）一致性测试（Conformance Testing）。

现在，STEP 标准的基础部分已经很成熟。到目前为止，国际市场上有实力的 CAD 系统几乎都配备了 STEP 数据交换接口。与 IGES 标准相比较，STEP 标准的优点是它针对不同的领域制定了相应的应用协议，以解决 IGES 标准适应面窄的问题。根据标准化组织制定的 STEP 应用协议，该标准所覆盖的领域除了包括目前已经成为正式的国际标准的二维工程图、三维配置控制设计以外，还将包括一般机械设计和工艺、电工电气、电子工程、造船、建筑、汽车制造、流程工厂等。

2.5.2　业界接口

在软件的发展过程中，由于当时没有完全满足要求的标准接口，但又需要和其他软件进行数据的共享和交换，于是诞生了有影响的、被业界认可的通用接口规范，例如，二维 CAD 软件中有 AutoCAD 公司的 DXF，三维 CAD 软件中有 Spatial Technology 公司的 ACIS SAT，EDS 公司的 Parasolid X_T。

1. DXF

DXF 是包含了对 AutoCAD 图形上各种实体及绘图环境的详细描述的 ASCII 文件，其二进制为 DXB。主要用于：

（1）同版本的 AutoCAD 之间的图形转换。

（2）与其他二维 CAD 系统之间的图形转换。

2. ACIS SAT

ACIS 是美国 Spatial Technology 公司推出的三维几何造型引擎，它集线框、曲面和实体造型于一体，并允许这三种表示共存于统一的数据结构中，为各种三维造型应用的开发提供了几何造型平台。许多著名的大型系统都是以 ACIS 作为造型内核的，如 AutoCAD、CADKEY、MDT、TurboCAD 等。

ACIS 提供两种模型存储文件格式：以 ASCII 文本格式存储的 SAT（Save as Text）文件和以二进制格式存储的 SAB（Save as Binary）文件。

3. Parasolid X_T

EDS 公司的 Parasolid 是与 ACIS、DesignBase 等系统齐名的商用几何造型系统，可以提供精确的几何边界表达（B-Rep），能在以它为几何核心的 CAD 系统间可靠地传递几何和拓扑信息。它的拓扑实体包括点、边界、片、环、面、壳体、区域、体，如 UG、SolidWorks、SolidEdge 等都采用其作为内核。

2.5.3　单一的专用接口

为了扩大市场和兼容其他软件厂商的模型，有些 CAD 软件专门开发了读取和写入其他软件模型格式文件的接口，例如，CAXA 电子图板能直接读取 AutoCAD 的 DWG 文件，I－DEAS、ANSYS 可以直接读取来自 CATIA、UG、Pro/E 的文件，SolidWorks 可以读取 SAT、X_T 文件。CAD 软件之间的数据交换技术，是由于人们刚开始开发各领域软件时没有认识到各种数据模型的集成性而造成的，如果需要进行不同软件间的数据交换，目前建议的一般原则如下：

（1）如果有专用接口，就使用专用接口，因为专用接口都是具有针对性开发的，数据传输时信息丢失最少。

（2）如果没有专用接口，尽可能使用输出软件内核系统的事实通用接口。例如，需要将 CAD 的数据输出到有限元分析软件 ANSYS 中，由于在 ANSYS 软件中能够读取多种中间格式的文件（IGES、SAT、Parasolid 等），如果中间模型文件是从 SolidWorks 软件中导出的，应使用 Parasolid（SolidWorks 软件使用的几何内核是 Parasolid）接口；如果是从 MDT 软件中导出的，就应该使用 SAT（MDT 软件使用的几何内核是 ACIS）接口。这样做数据丢失比较少。

（3）使用标准通用接口。从目前来看，几乎所有的 CAD 软件中都同时配备有 IGES、STEP 转换接口。

必须注意，不论使用哪种接口，都需要确保两端软件的接口版本和参数尽量一致，只有这样才能获得较高的数据传输精度。

2.5.4　CAD 软件数据交换的实现

数据交换的实现一般有以下三种方式。

1. 直接开发转换程序

当采用标准转换方式不能解决问题，或者没有找到合适的文件转换工具时，对于大量待转换文档，可以直接进行格式转换程序的开发。这种方式耗费的人力和机时较多，而且需要相关 CAD 软件的开发资源。

2. 手动实现

根据转换关系描述数据表，查询到可以进行格式转换的软件，可通过 CAD 系统软件进行转换。以 UG 13.0 为例，首先将待转换文件拷贝到安装有 UG 的计算机上，运行 UG，创建一个新的模型文件或者打开一个模型文件，然后选择菜单项，从弹出的菜单中选择要输入的类型，即可导入源文件。

3. 由程序自动实现

当 CAD 文件格式转换在 PDM 或其他集成系统、文件共享系统中应用时，能够实现文件格式自动转换是非常方便和必要的。一般来说，自动转换功能的实现依赖于 CAD 系统能够提供有效的开发工具。所幸的是，常见的 CAD 系统都提供了开发接口，比如 Pro/E 的 Pro/DEVELOP、AutoCAD 的 ADS 等。利用这些接口，我们就可以实现文件格式的自动转换了。

习题

1. 数字化设计与制造系统需要具备哪些主要功能？

2. 参数化造型系统的主要技术特点是什么？

3. 尺寸驱动系统与变量设计系统的主要区别在哪里？

4. 产品数据交换的意义是什么？目前有哪些常用的交换接口？

5. 图形的概念及描述图形的方法有哪些？

6. 为什么要制定和采用计算机图形标准？已经由 ISO 批准的计算机图形标准软件有哪些？

7. 证明 $\boldsymbol{T} = \begin{bmatrix} \dfrac{1+t^2}{1+t^2} & \dfrac{2t}{1+t^2} \\ \dfrac{-2t}{1+t^2} & \dfrac{1-t^2}{1+t^2} \end{bmatrix}$ 表示一个旋转变换。

第3章 产品数字化造型理论基础

产品数字化造型是研究如何以数学方法在计算机内部用数字方式表达物体的形态、属性、相互关系以及仿真物体特定状态的技术方法，是产品设计与制造数字化的关键技术之一。产品数字化造型技术的核心是几何建模技术，已由早期的几何建模（线框建模、曲面建模、实体建模）发展到目前的基于特征的参数化、变量化造型技术。本章从机械产品设计与制造环境的要求出发，讨论三维几何造型的理论基础、几何造型、实体造型、曲线曲面造型等技术方法。

3.1 产品模型与造型技术的基本概念

模型是实际或想象中的物体或现象的数学表示，它给出对象的结构和性能的描述，并能产生相应的图形。产品模型是在三维欧氏空间中建立的实际产品或将要投产的产品的几何模型，是对产品进行计算、分析和模拟的基础。

3.1.1 产品模型

产品模型（Product Modeling）是对具有某种功能的产品（已生产的实际产品或将要生产的产品）在三维欧氏空间建立起它的数学模型，然后在某种媒介上表示这种数学模型。这个数学模型所表达的文件就成为设计与制造过程中许多任务的依据。在传统制造过程中，表达媒介是工程图纸。在以计算机为基础的现代制造系统的制造环境下，表达产品数学模型的媒介就要求由计算机（其存储媒介）所代替。因此，产品模型是产品CAD、CAPP、CAM 的核心，它包括了产品的定义信息、与产品设计和制造有关的技术和管理信息等，其中既有形状信息，又有非形状信息，其体系结构如图 3.1 所示。

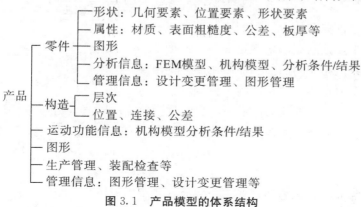

图 3.1 产品模型的体系结构

3.1.2 几何造型技术

现实世界中的产品是由不同类型的几何形体、属性以及形体之间的相互关系构成的集合体。几何造型（Geometric Modeling）研究如何用数学方法在计算机中表达物理或工程对象的形状、属性及其相互关系，以及如何在计算机中模拟该对象的特定状态，并将为各种不同的后续应用提供信息。例如，由模型产生有限元网格，由模型编制数控加工代码，由模型进行碰撞、干涉检查等。

几何造型技术研究几何外形的数学描述、三维几何形体的计算机表示与建立、几何信息处理与几何数据管理以及几何图形显示的理论、方法和技术。几何造型技术的研究始于 20 世纪 60 年代。60 年代，研究重点是线框造型技术；70 年代，研究重点是自由曲面造型及实体造型技术；80 年代以后，研究重点是参数化造型及特征造型技术。

3.2 三维几何造型的理论基础

3.2.1 形体的定义

任何复杂形体都是由基本几何元素构成的。几何造型就是通过对几何元素进行各种变换、处理以及集合运算，生成所需几何模型的过程。图 3.2 描述了构成三维几何形体的几何元素及其层次结构。

1. 点

点通常分为端点、交点、切点和孤立点等。二维坐标系中的点可用 (x, y) 或 $[x(t), y(t)]$ 来表示，三维空间中的点可用 (x, y, z) 或 $[x(t), y(t), z(t)]$ 来表示，n 维空间中的点在各次坐标系下可用 $n+1$ 维表示。点是几何造型中最基本的元素，任何形体都可用有序的点集表示，计算机处理形体的实质是对点集与其连接关系的处理。在形体定义中，一般不允许存在孤立点。在自由曲线和曲面中常用到三种类型的点：控制点、型值点和插值点。其中，控制点用来确定曲线、曲面的位置和形状，但相应的曲面和曲线则不一定经过控制点；型值点用于确定曲线、曲面的位

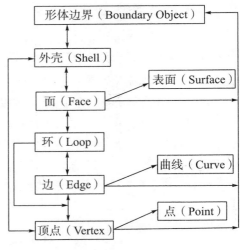

图 3.2　形体层次结构

置和形状，而且相应的曲线和曲面一定要经过型值点；插值点则是为了提高曲线和曲面的输出精度，或为了便于修改曲线和曲面的形状，而在型值点或控制点之间插入的一系列点。

2. 边

边是两个邻面（正则形体）或多个邻面（非正则形体）的交线。直线边由两个端点

确定；曲线边由一系列型值点或控制点描述，也可用方程表示，但曲线通常是通过一系列的型值点或控制点来定义，并以显式或隐式方程式来表示。

3.　面

面是二维几何元素，是形体上一个有限、非零的区域，由一个外环和若干个内环界定其范围（但可以无内环）。面有方向性，一般用其外法矢方向作为该面的正向，反之为反向。区分正、反向在面面求交、交线分类、真实图形显示等应用中是很重要的。几何造型中的面常分为平面、二次面、双三次参数曲面等形式。

4.　环

环是有序、有向边组成面的封闭边界。环有内外之分，确定面的最大外边界的环称为外环，通常其边按逆时针方向排序，确定面中内孔等边界的环称为内环，与外环排序方向相反，按顺时针方向排序。按这一定义，在面上沿一个环前进，其左侧总是面内，右侧总是面外。

5.　体

体是由封闭表面围成的空间，也是三维空间中非空、有界的封闭子集，其边界是有限面的并集。

6.　壳

壳是由一组连续的面围成的。其中，实体的边界称为外壳；如果壳所包围的空间是空集，则为内壳。一个体至少由一个壳组成，也可能由多个壳组成。

3.2.2　形体的几何信息和拓扑信息

一个完整的几何模型包括两个主要概念，即拓扑元素（Topological Element）和几何元素（Geometric Element）。几何元素具有几何意义，包括点、线、面等，具有确定的位置和度量值（长度、面积等）。我们知道，用数学表达式可以描述几何元素在空间中的位置及大小。

但是，数学表达式中的几何元素是无界的。实际应用时，需要将数学表达式和边界条件结合起来。拓扑元素表示几何模型的拓扑信息，包括点、线、面之间的连接关系、邻近关系及边界关系。有了拓扑关系，就允许三维实体做弹性运动，可以随意地伸张扭曲。因此，对于两个形状、大小不一样的实体，它们的拓扑关系却有可能等价。

从拓扑信息的角度看，顶点、边和面是构成模型的三种基本几何要素。从几何信息的角度看，这三种基本几何要素分别对应于点、直线（或曲线）、平面（或曲面）。上述三种基本元素之间存在着多种可能的连接关系。以平面构成的立方体为例，它的顶点、边和面的连接关系共有九种：面相邻性、面－顶点包含性、面－边包含性、顶点－面相邻性、顶点相邻性、顶点－边相邻性、边－面相邻性、边－顶点相邻性、边相邻性。

3.2.3　正则形体

为保证几何造型的可靠性和可加工性，要求形体上任意一点的足够小的邻域在拓扑上应是一个等价的封闭圆，即围绕该点的形体邻域在二维空间中可构成一个并连通域。

我们把满足这一定义的形体称为正则形体。在设计中，不构建多余的图形对象或不漏建应有的图形对象是设计的目标。例如，在图3.3（a）中可以看到有一个多余的悬面。这是两个实体经过普通的集合运算"交"后经常发生的。悬面在构建实体时是不需要的。普通集合运算的基本算法不能保证各种情况下得到理想实体，因为有可能生成带有悬边、悬面或悬点的低维对象，如图3.3（b）、图3.3（c）所示。

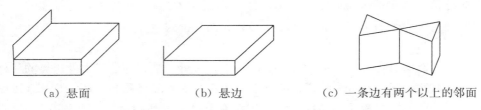

（a）悬面　　　　　　　（b）悬边　　　　　（c）一条边有两个以上的邻面

图3.3　非正则形体示例

为了避免出现这种悬伸图形对象，有必要使用正则化的布尔集合算子来构建图形对象，其过程如图3.4所示。这些算子经过数学定义，使实体的操作始终建立不带悬点、悬边或者悬面的闭合实体。正则化的算子用上标 * 表示，例如：

$$正则化的并集算子 = \cup^*$$
$$正则化的交集算子 = \cap^*$$
$$正则化的差集算子 = -^*$$

正则化的运算定义如下：

$$（A \ op^* \ B）= 闭包[内部（A \ op \ B）]$$

其中，op 代表集合运算子，如"$\cup$""$\cap$""$-$"。

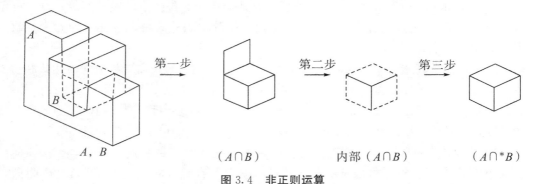

图3.4　非正则运算

例如，$A \cap^* B$ 在实际运算中要经过以下步骤：

第一步，由普遍布尔交集 $A \cap B$ 算出交集体对象加上低维的悬面、悬边或悬点。

第二步，找到（$A \cap B$）内部空间点的集合 = 内部（A）$\cap$ 内部（B）。

第三步，增加（$A \cap B$）的边界点（这些也是面、边和点，但仅仅是 A 与 B 交集内部点的相邻点），最后形成的图形呈闭合状。

正则化消除所有悬伸的低维图形对象，这些对象不与新对象内部任何点相邻接，但正则化保留了边界上的所有点。

3.2.4　型体

不同的实体造型系统中，造型过程中所用的要素可能会有差异，但一般均包括基本实体、附加型体、构造几何体三种，统称型体。

基本实体能够在实体造型系统中独立创建，其本身可以是一个简单的零件，也可以与其他的实体和附加形体进一步构造实体模型。基本型体又分为三类。

1. 体素

由造型系统定义的简单型体称为体素（Primitive）。

体素是指最基本的形体，如长方体、楔形体、圆柱体、圆锥体、球体、圆环等。体素是实体造型的基本元素。体素十分简单，概念也清楚，所以对初学二维造型的用户来讲容易接受。体素可以是用一些确定的尺寸参数控制其最终位置和形状的一组单元实体，也可以是由参数定义的一条（或一组）截面轮廓线沿一条（或一组）空间参数曲线做扫描运动而产生的形体。现有造型系统为用户提供了基本体素，这些体素的尺寸、形状、位置、方向由用户输入较少的参数值来确定。例如，大多数系统提供长方形体素，用户可输入长、宽、高和原始位置参数，系统可以检查这些参数的正确性和有效性。

体素的定义方法分为两类，分别为定义无界体素和定义有界体素。无界体素用半空间域定义，这时体素是在有限个半空间内集合组成。例如，一个圆柱体可以表示为三个半空间的交集。有界体素可用 B-Rep 表示，也可用与之相似的数据结构表示。它们均可以清楚地表示出组合成体素的面、边、点等。

2. 扫描体

扫描体是实体造型系统中最基本的生成实体的方法。扫描体都有一个表征其外形的截面形状。按照扫描方式的不同，可分为直线扫描、回转扫描、路径扫描和混合扫描。

3. 雕刻体

雕刻体需要用复杂的雕刻曲面生成实体，雕刻造型具有非常灵活的曲面造型方法。

附加形体本身不能作为独立的实体而形成零件，必须附加在其他的实体之上。常见的附加型体有倒角、倒圆角等。

构造几何体又称为虚体，用来协助其他造型要素的定位。典型的构造几何体有虚平面、虚轴线和虚点。

3.2.5　布尔运算

几何建模中，集合运算的理论依据是集合论中的交（Intersection）、并（Union）、差（Difference）等运算，是用来把简单形体（体素）组成复杂形体的工具。设有形体 A 和 B，则集合运算定义如下（图 3.5）：

$C=A\cap B=B\cap A$，交集，形体 C 包含所有 A 和 B 的共同点；

$C=A\cup B=B\cup A$，并集，形体 C 包含 A 和 B 的所有点；

$C=A-B$，差集，形体 C 包含从 A 中减去 A 和 B 共同点的其余点；

$C=B-A$，差集，形体 C 包含从 B 中减去 A 和 B 共同点的其余点。

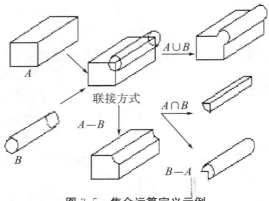

图 3.5 集合运算定义示例

进行集合操作后，几何形体应保持边界良好，并应保持初始形状的维数。图 3.6 所示的 $A \cap B$ 是具有良好边界的体素，但经过交运算后，形成了一个没有内部点集的直线，不再是二维实体。尽管这样的集合运算在数学上是正确的，但有时引用在几何上是不适当的。运用正则集和正则集合运算的理论可以有效解决上述问题。总之，集合运算仍是几何建模的基本运算方法，我们可用它去构造较复杂的形体，这也是目前许多几何建模系统采用的基本方法。

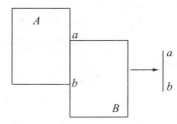

图 3.6 $A \cap B$ 产生退化的结果

3.3 几何造型方法

3.3.1 线框模型

线框模型（Wire Frame Modeling）是几何造型中最简单的一种模型 ［图 3.7（a）］，由物体上的点、直线和曲线组成。

（a）线框模型　　　（b）表面模型　　　（c）实体模型

图 3.7 模型的三种表示方法

线框模型数据结构的关键在于正确地描述每一线框的棱边，它在计算机内部是以点表和边表来表达和存储的。因此，每个线框模型的数据结构中都包含两个表：一张是顶点表（表 3.1），描述每个顶点的编号和坐标；另一张是棱线表（表 3.2），记录每一棱边起点和终点的编号。图 3.8 记录了线框模型的数据结构。

表 3.1　顶点表

顶点	坐标值		
	x	y	z
1	0	0	1
2	1	0	1
3	1	1	1
4	0	1	1
5	0	0	0
6	1	0	0
7	1	1	0
8	0	1	0

表 3.2　棱线表

棱线	顶点号	
1	1	2
2	2	3
3	3	4
4	4	1
5	5	6
6	6	7
7	7	8
8	8	5
9	1	5
10	2	6
11	3	7
12	4	8

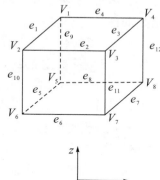

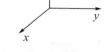

图 3.8　线框模型表示

物体是边表和点表相应的三维映射，所以可以产生任意视图，且视图之间能够保持正确的投影关系，还可以生成任意视点或视向的透视图、轴测图。另外，线框模型还具有数据结构简单、运算速度快的特点。

但是线框模型也有一些缺点。因为最终模型是一个有很多连线的图像，因而可能很难看清楚，例如：①一些线条应该隐藏（也许位于物体的背面），但在线框模型中却是可见的，这样当对象形状复杂、棱线过多时，若显示所有棱线将会导致模型观察困难，引起理解错误。②对于某些线框模型，人们很难判断对象的真实形状，会产生歧义（"二义性"），即表示的图形有时含义不确切。例如，在一个立方体上如果存在有孔，则孔是盲孔还是通孔含义就不清楚。③线框模型不能进行物体几何特性（体积、面积、质量、惯性矩等）计算，不能满足表面特性的组合、存储及多坐标数控加工刀具轨迹的生成等方面的要求。另外，由于它仅仅给出了物体的框架结构，没有表面信息，故不能进行隐藏线、面的消除。

尽管线框模型缺少实体表现的优点，但仍然是很有用的。线框模型的软件内部关系简单，容易理解，因而适合于与用户有关的特殊用途。同样，这种表示法的计算机算法一般在线性代数、动力学和机器人课程中常见。

3.3.2　表面模型

表面模型（Surface Modeling）是以物体的各个表面为单位来表示其形体特征的[图 3.7（b）]，能够精确地确定对象面上任意一点的坐标值。面的信息对于产品的设计和制造过程具有重要意义。物体的真实形状、物性（体积、质量等）、划分有限元网格、数控编程时刀具的轨迹坐标等都可由物体面的信息来确定。表面模型结构的产生，应该归功于航空和汽车制造业的需求，因为再用线段、圆弧这样简单的图形元素描述飞机、汽车的外形已经很不现实，必须用更先进的手段来描述。这就要求人们首先去研究曲线，于是 Hermit Cubic Splines、Bezier Curves、B-spline Curve、Non-uniform Rational B-spline 等曲线相继产生。这些曲线都是通过一个基底函数合成的，所以能随意构成任何造型的曲线，也能描述圆弧、椭圆、抛物线这些常用曲线。现在常用的曲线是 Non-uniform Rational B-spline 曲线，简称 NURBS 曲线，也叫作非均匀有理 B 样条曲线。NURBS 曲线的建立必须有足够的控制点，通常 NURBS 的阶数越高，要求的控制点就越多。当然 NURBS 的阶数是根据系统精度的要求来决定的，相应的 NURBS 的阶数越高，系统的开销也就越大。在 NURBS 曲线的基础上可以建立 NURBS 曲面，现在很多曲面几何模型的基石是 NURBS 曲面，目前常用的大型三维 CAD 软件也纷纷提出基于 NURBS 曲面的造型系统等。

曲面模型的描述方式有两种：一种是以线框模型为基础构成的面模型；另一种是以曲线、曲面为基础构成的面模型。第一种方法是在线框模型的基础上增加有关面与边的拓扑信息，给出了顶点的几何信息及边与顶点、面与边之间的二层拓扑信息（表 3.3、表 3.4、表 3.5）。其数据结构是在线框模型数据结构的基础上增加面的有关信息与连接指针，其中还有表面特征码。各条棱边除了给出连接指针外，还给出了方向及其他可见或不可见信息。该模型的数据结构如图 3.9 所示。与线框模型的数据结构相比，表面模型多了一个面表，记录了面和边之间的拓扑关系。

表 3.3　顶点表

顶点	坐标值		
	x	y	z
1	0	0	1
2	1	0	1
3	1	1	1
4	0	1	1
5	0	0	0
6	1	0	0
7	1	1	0
8	0	1	0

表 3.4　棱线表

棱线	顶点号	
1	1	2
2	2	3
3	3	4
4	4	1
5	5	6
6	6	7
7	7	8
8	8	5
9	1	5
10	2	6
11	3	7
12	4	8

表 3.5　面表

表面	棱线号			
1	1	2	3	4
2	5	6	7	8
3	1	10	5	9
4	2	11	6	10
5	3	12	7	11
6	4	9	8	12

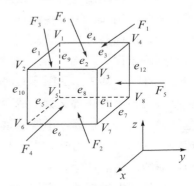

图 3.9　表面模型表示

以线框模型为基础的面模型只适合于描述简单形体。对于由自由曲面组成的形体，若采用线框模型，则只能以小平面片逼近的方法近似地进行描述。因此，现代航空航天、电子、汽车以及模具等产品中需要精确描述的曲面，只能以第二种方法通过参数方程进行描述。

3.3.3　实体模型

实体模型（Solid Modeling）是指三维形体几何信息的计算机表示，如图 3.7（c）所示。这种表示方法研究如何区分出三维形体的内部和外部，如何方便地定义形状简单的几何形体（即体素）以及如何经过适当的布尔集合运算构造出所需的复杂形体，并在图形设备上输出其各种视图。实体模型的数据结构较复杂，其与线框模型和表面模型的根本区别在于不仅记录了全部几何信息，而且记录了全部点、线、面、体的拓扑信息。

三维实体模型是关于物体几何信息和拓扑信息的完整描述。实体模型的数学基础是拓扑学和集合论。一个有效实体（简称实体）应具有如下性质：

（1）刚性，即实体形状与位置及方向无关。

（2）有限性，即占有限空间。

（3）封闭性，即集合运算与刚体运动不改变有效实体的性质，其表面具有连通性、界性、非自交性、可定向性和闭合性等性质。

（4）边界确定性。

（5）维数一致性，即没有悬面和悬边。

实体模型在机械产品的设计与制造中得到了广泛应用，主要表现在四个方面：①设计中能随时显示零件形状，并能利用剖切来检查诸如壁的厚薄、孔是否相交等问题；能进行物体的物理特性计算（简称物性计算），如计算体积、面积、重心、惯性矩等；能检查装配中的干涉；能做运动机构的模拟；等等。这样就使设计者能及时发现问题，修改设计，提高设计质量。②产生二维工程图，包括零件图、装配图，还能进行工艺规程设计等。③制造中能利用生成的三维几何模型进行数控自动编程及刀具轨迹的仿真，还能进行工艺规程设计等。④在机器人及柔性制造中已利用三维几何模型进行装配规划、机器人视觉识别、机器人运动学及动力学的分析等。

随着 CAD/CAM 一体化技术的发展，传统的几何造型技术越来越显示出其不足，主要表现在三个方面：①数据库尚不完备，几何建模系统仅用来定义几何形体，而难以将有关零件的粗糙度、公差、材料等工艺信息同步地存入数据库；②在表达零件的数据结构的抽象层次上，只能支持低层次的几何、拓扑信息（如点、边、面或含有立体基和布尔算子的二叉树），而没有工程含义（如定位基准、公差、粗糙度等信息）；③设计环境欠佳，在使用几何建模系统构造零件时，难以进行创造性设计，同时修改设计也不方便。

20 世纪 80 年代以来，人们一直在研究更完整描述几何体的实体造型技术。这种技术对几何形体的定义不仅限于名义形状的描述，还应包括规定的公差、表面处理以及其他制造信息和类似的几何处理。这种包含制造信息的造型方法称为特征造型（Feature Modeling）。基于特征的造型技术，称为特征造型技术（Feature Technology，FT）。这种面向设计过程和制造过程的特征造型方法克服了几何造型的缺陷，是一种理想的产品模型。

3.4 实体造型方法

几何实体建模研究的重点是用简单几何体构造复杂组合实体，即研究如何方便地定义形状简单的几何体（体素），如何经过适当的布尔集合运算构造出所需的复杂几何体，并最终在图形设备上输出各种视图。常用的三维实体造型方法有构造实体几何法（Constructive Solid Geometry，CSG）、边界表示法（Boundary Representation，B-Rep）和单元分解法（Cell Decomposition）。

3.4.1 构造实体几何法

构造实体几何法（也称几何体素构造法）是一种用简单几何体素构造复杂实体的造型方法，由罗切斯特（Rochester）大学的 Voelcker 和 Bequicha 等人在 1977 年首先提出。CSG 的基本思想是一个复杂物体可由一些比较简单、规则的形体（体素）经过布尔运算得到。在 CSG 中，物体形状的定义是以集合论为基础的，首先是集合本身的定义，其次是集合之间的运算，所以，几何体素构造法首先定义有界体素（例如立方体、圆柱体、球体、锥体、环状体等），然后对这些体素施以并、交、差等布尔运算。

基本体素是指能够用有限个尺寸参数进行定形和定位的简单的封闭空间，如长方体可以通过长、宽、高来定义。此外还要定义体素在空间的基准点、位置和方向。布尔运算是指两个或两个以上体素经过集合运算得到新的实体的一种方法。经过布尔运算生成的形体应该是具有良好边界的几何形体，并保持初级形体的维数。为解决如悬面、悬边和悬点的情况，人们提出了正则布尔运算来得到有效的实体。

采用构造实体几何法构建三维实体的过程可以用一棵二叉树来描述，也称 CSG 树。CSG 树的叶节点为基本体素或变换参数，中间点为集合运算符号或经集合运算生成的中间形体，树根为生成的最终几何形体，它可以完整地记录一个形体的生成过程。CSG 可看成是物体单元分解的结果。在模型被分解为单元以后，通过拼合运算（并集）能使其结合为一体，其中，组件只能在匹配的面上进行拼接。CSG 可以进行正则布尔运算（并集、交集、差集），从而既可以增加体素，又可以移去体素。

在图 3.10 中，5 个叶节点代表体素和平移量，4 个内部节点表示运算结果，树根表示最终得到的物体。值得注意的是，最初各中间物体都是有效的有界实体。此外，变换并不限于刚性运动，各种放大和相似变换在理论上都是可能的，只是要受布尔运算功能的限制。如果造型系统中的基本体素是由系统定义的有效的有界实体，且拼合运算是正则运算，那么拼合运算得到的最终实体模型也是有效和有界的。

CSG 与机械装配方式类似。对机械产品来说，是先设计制造零件，然后将零件装配成产品；用 CSG 表示构造几何形体时，则是先定义体素，然后通过布尔运算将体素拼合成所需要的几何体。因此，一个几何形体可视为拼合过程中的半成品，其特点是信息简单无冗余，处理方便，并详细记录了构成几何体的原始特征和全部定义参数，必要时还可以附加几何体体素的各种属性。CSG 表示的几何体具有唯一性和明确性，但一个几何体的 CSG 表示和描述方式却不是唯一的，即可以用几种不同的 CSG 树表示。

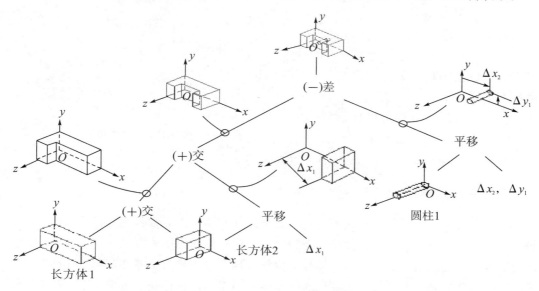

图 3.10　CSG 构造实体的过程

3.4.2　边界表示法

　　边界表示法是用实体的有界表面来表示一个实体。这种方法把实体的表面分解成小面（Faces）的集合来表示，构成实体完整的表皮，每个小面由位于这个表面上的一条封闭的边界曲线表示。边界曲线又由边（Edges）组成，最后边由顶点确定。边界表示的一个重要特点是在这种表示法中，描述形体的信息包括几何信息（Geometry）和拓扑信息（Topology）两个方面，拓扑信息描述形体上的顶点、边、面的连接关系，拓扑信息形成物体边界表示的"骨架"，形体的几何信息犹如附着在"骨架"上的肌肉，如形体的定型、定位尺寸、表面方程等。

　　用来定义形体表面的边界面可以是平面（称为多面体），也可以是曲面（称为雕塑实体）。形体上的边可以是直线段，也可以是曲线段。三维物体采用边界表示最普遍的方式是使用一组包围物体内部的表面多边形。

　　B-Rep 是以物体边界表面为基础定义和描述几何形体的方法。这种方法能给出物体完整的、可显示的边界描述。其原理：物体都由有限个面构成，每个面（平面或曲面）由有限条边围成的有限个封闭域定义。或者说，物体的边界是有限个单元面的并集，而每一个单元面也必须是有界的。用边界法描述实体，实体须满足这样一个条件，即封闭、有向、不自交、有限和相连接，并能区分实体边界内、边界外和边界上的点。

　　根据边界表示原理，如图 3.11 所示实体可用一系列点和边有序地将其边界划分成许多单元面。该实体可以方便地分成 10 个单元面，各个单元面由有向、有序的边组成，每条边则由两个点定义。圆柱体底面和顶面自然也是一个单元面。圆柱面的分割有多种方法，图中划分为前、后两个圆柱面，每个柱面则由有向、有序的直线和圆弧线构成，而圆弧线则由三个点定义圆的方法描述。当用边界表示法描述曲面实体时将需要更多条

件，例如一个 Bezier 曲面就需由其
特征多边形顶点网格定义，该曲面
上的曲线则用特征多边形顶点定义。
通常，以边界表示的建模系统中都
采用翼边数据结构。翼边数据结构
最初由美国斯坦福大学提出。它以
边为核心，通过某条边可以检索到
该边的左边和右边的两个端点及上、

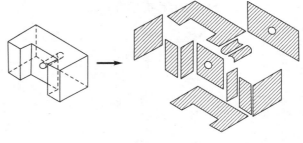

图 3.11　实体的 B-Rep 表示法

下、左、右的四条邻边，从而确定各元素之间的连接关系。

3.4.3　单元分解法

　　单元分解法将简单的造型块粘连在一起来描述实体。以非常普通的杯子为例，假定
将它分解成一些独立的小件，使分解至最后的那些小件比原杯子容易描述。第一步，先
将把手分开，这是很自然的一步，拓扑上也很合理。现在是两个零件，每个零件都只有
单连通的拓扑关系，而不是一个多连通的物体。第二步，将杯底分出来，则有两个单连
通的零件和一个多连通的零件。每个零件都比原来的杯子容易描述。如有必要，可一直
分解下去，直到满足预定的可描述性标准为止。这一过程就是单元分解。每个实体都可
表示为这些被分解成的单元的并集。采用单元分解的理由：整个物体可能无法表示，而
它的单元却可以表示。将实体分解成单元的方法很多，但没有一种是唯一的，不过都无
二义性。用于结构分析的单元分解通常是有限元造型的基础。

　　最简单的完全枚举法（Exhaustive Enumeration）是将欲表示的实体沿着直角坐标
平面的方向分割为大小、形状一致的立方块。完全枚举法的概念比较清晰，对模型进行
操作简单，但是要求系统有很大的存储量，而且精度不高。例如，在如图 3.12 所示的
模型中，大约需要 1300 个立方块，但是模型看上去还是很粗糙，所以分解模型对一般
的设计模型的实际应用比较困难。为了克服这些缺点，后来出现了更有效、实用的分解
方法——空间分解法（Space Subdivision）。

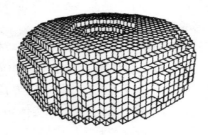

图 3.12　完全枚举法

　　空间分解法是单元分解法的一种特殊情况。在这种情况下，单元形状是立方体并位
于固定的空间格栅中。随着立方体尺寸的减小，该方法逼近以空间中一组连续的点来表
示的实体。用空间分解法来定义实体，需要用很方便的方法来表示这组立方体单元。一
种方法是将单元中心的坐标点列表，实体就成为一组相邻的单元。单元的尺寸决定着模

型的最高分辨率。

用空间分解法表示实体有两个优点：①可以较容易地存取一个给定的点；②可以保证空间的唯一性。同时该方法也有缺点：在物体的零件之间没有明显的关系，需要大量的存储空间。

空间数组中的一个单元可以被实体所占据，也可以不被占据。可以用二进制的 1 或 0 标记单元。早期，这种方法就很冗余，因为物体的所有单元都要标记。实际上，在物体内部的单元都具有与其邻近单元相同的状态，只有接近物体边界的单元才改变状态。

四叉树（Quadtrees）和八叉树（Octrees）为空间分解法提供了一种更有效的算法。二维形体的四叉树描述是以方域递归细分成小方域为基础的。每个节点代表平面上的一个小方域。在计算机图像应用中，这个平面是图形显示的屏幕平面。注意：如果二叉树的每个节点都有 2 个分枝，那么四叉树的每个节点就有 4 个分枝。

将一个方域与任意的二维形体重叠。若该形体不能全部覆盖方域，则将方域再细分成 4 个相等的小方域。如果任何一个小方域满了或空着，则不必再细分。图 3.13 中的小方域就是如此。若任一小方域只是部分满，则要再将它细分为 4 个小方域，继续细分部分满的小方域，直到结果是要么满，要么空，直至满足预定的分辨率为部分满的小方域，根据分辨率约定可以随意认为是满的或是空的。

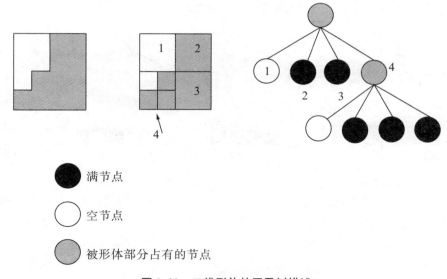

满节点

空节点

被形体部分占有的节点

图 3.13　二维形体的四叉树描述

二维形体的四叉树描述是基于对形体所在的外接正方形递归地等分成 4 个正方形。这种分解一般是在显示屏幕空间进行的。分解过程所形成的一棵树不像二叉树，每个节点都有 2 个子孙，它的每个节点有 4 个子孙，除非到了叶节点。图 3.13 表示任意一个二维形体分解成的四叉树。首先对二维形体的外接正方形一分为四，如子正方形是空（没有形体在其中）或是满（完全充满了形体），则不需要对这类子正方形再作分解；如果一个子正方形部分地被形体占有，则需要对它再进行一分为四的分解，这样递归地分解下去，直到子正方形要么满，要么空，或已达到预先规定的分解精度。

四叉树的根节点表示整个形体所占的正方形区域。其叶节点表示不需要再分解的区域，这种区域的大小和位置与 2 的指数有关。从给定节点到根节点的递归分解深度取决于该节点在四叉树中的层次，也取次于该节点所代表区域的大小。设该树的高度为 n，子正方形的最大数是 $2^n \times 2^n$ 个。对于如图 3.13 所示的例子，$n=3$，由四叉树表示的精度可知，此例只需要 33 个节点而不是 64 个节点。用四叉树表示形体的精度取决于形体的大小、形体特征及其边界曲率。n 的数值越大，精度越高，处理的时间越长，所需的存储空间就越大。将物体的模型简化为四叉树表示的过程也称为四叉树编码。

八叉树编码是四叉树编码的三维扩充。D. J. Meagher（1982）以八叉树编码为基础，开发了一种实体造型方法用于实体的高速操作、分析和计算机图像显示。他用空间中预先排序的八叉树来表示实体。这种方法也用到了只与物体的复杂性有线性增长关系的算法，该算法利用了树结构中的固有数据预先排序的优点。模型的八叉树编码过程与四叉树编码类似，就是将立方体区域递归细分成 8 个立方体区域（图 3.14）。八叉树中，非叶节点的每个节点都有 8 个分枝。在图 3.14 所示的例子中，$n=3$。八叉树和四叉树编码方法对复杂物体的表示、分析和显示都提供了许多可能性。模型的所有计算都是以整数计算为基础的，也就是说，分析算法既快又适合于并行处理。对于平移、旋转和缩放八进制树模型，Meagher 已经做过说明，即用布尔运算符将它们组合，并计算几何特性和进行干涉分析。这种灵活的方法提供了一些很有意义的工具，使得以其他技术为基础的系统能快速预处理或存储模型。

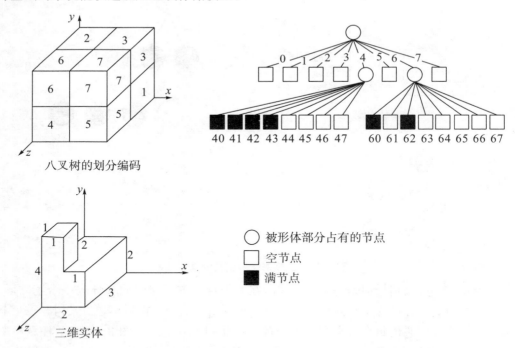

八叉树的划分编码

三维实体

○ 被形体部分占有的节点
□ 空节点
■ 满节点

图 3.14 三维实体的八叉树描述

空间分解法将物体分割成叫作体元（相当于二维图像元素 pixels）的三维体积元素。采用此法时，如果直接将物体的空间细分成小的（分辨率）元素，则所需的存储量就十分庞大。例如，一个具有 1000 个体元的空间就要求 100 兆字节以上的存储容量，而每个体元只有 1 位。在许多工程应用场合，要得到合适的分辨率，起码要再增加 1000 倍的存储容量才行。空间分割系统认为在模型中最有意义的区域是在表面部分。因此，可以减少与表面无关的内外区域的存储容量。结果，所需的存储容量与表面积成正比，而与封闭的立方体体积无关。这样一来，在大多数情况下大大减少了存储容量。

3.5 曲线描述基本原理

工程上常用的曲线有两种类型：一种是规则曲线，另一种是自由曲线。常用的规则曲线有圆锥曲线、摆线和渐开线等，这些曲线都可以用函数或参数方程来表示。有了这些函数方程，可以很容易地应用计算机来显示和画出它们。自由曲线通常是指不能用直线、圆弧和二次圆锥曲线描述，而只能用一定数量的离散点来描述的任意形状的曲线。在实际应用中，往往是已知型值点列及其走向和连接条件，利用数学方法构造出能完全通过或者比较接近给定型值点的曲线（曲线拟合），再计算出拟合曲线上位于给定型值点之间的若干点（插值点），从而生成相应的参数曲线。本节将讨论自由曲线的计算机描述、分析、生成的数学原理和处理方法。

3.5.1 造型空间与参数空间坐标系统

造型空间是指曲面、曲线等几何实体存在的三维空间。我们可以通过坐标系由数学模型来精确地描述几何实体。如图 3.15 所示，对于曲线上每一位置点的（x，y，z）坐标都可由一个单变量 u 的方程来定义。对于曲面上任意位置点的（x，y，z）坐标都可由一个双变量 u 和 v 的方程来定义。参数域上的一对值（u，v）产生曲面上的一个三维点。

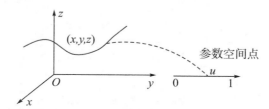

图 3.15　曲线的造型空间和参数空间

3.5.2 曲线的数学描述方法

1. 参数曲线和参数曲面

曲线和曲面可以用隐函数、显函数或参数方程来表示。用隐函数表示曲线和曲面不直观，作图也不方便，而用显函数表示则又存在多值性和斜率无穷大等问题。因此，隐函数和显函数只适合表达简单、规则的曲线和曲面（如二次圆锥曲线）。自由曲线和自由曲面多用参数方程（Parametric Representation）表示，相应地被称为参数曲线（Parametric Curve）或参数曲面。

空间的一条曲线可以表示成随参数 u 变化的运动点的轨迹（图 3.15），其矢量函

数为

$$P(u) = P(x(u), y(u), z(u)) \qquad u \in [0,1] \qquad (3-1)$$

其中，[0，1] 为参数域，在参数域中的每一个参数点都可以通过曲线方程计算出一个曲线空间点。

2. 曲线次数

样条曲线中的每一段曲线都由一个多项式来定义，它们都有相同的次数，即样条曲线的次数。曲线的次数决定了曲线的柔韧性。次数为 1 的样条曲线是连接所有控制顶点的直线段，它至少需要 2 个控制顶点。二次样条曲线至少需要 3 个控制顶点，三次样条曲线至少需要 4 个控制顶点，以此类推。但高于三次的样条曲线有可能出现难以控制的振荡。在各系统中，B 样条曲线的缺省次数为三次，这能够满足绝大多数情况的需求。

3.5.3 几何设计的基本概念

设计中通常是用一组离散的型值点或特征点来定义和构造几何形状，且所构造的曲线和曲面应满足光顺的要求。这种定义曲线和曲面的方法有插值、拟合或逼近。

插值：给定一组精确的数据点，要求构造一个函数，使之严格地依次通过全部型值点，且满足光顺要求，如图 3.16（a）所示。

拟合：对于一组具有误差的数据点，构造一个函数，使之在整体上最接近这些数据点而不必通过全部数据点，并使所构造的函数与所有数据点的误差在某种意义上最小。

逼近：用特征多边形或网格来定义和控制曲线或曲面的方法如图 3.16（b）和图 3.16（c）所示。虚线上的点是特征点，形成的多边形称为特征多边形或控制多边形（Control Polygon）。

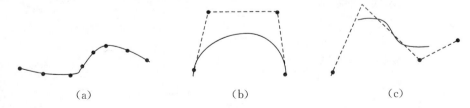

（a） （b） （c）

图 3.16　型值点、特征点与曲线的关系

光滑：从数学意义上讲，光滑是指曲线或曲面具有至少一阶的连续导数。

光顺：它不仅要求曲线或曲面具有至少一阶的连续导数，而且还要满足设计要求。例如，一般机械零件外形只要求一阶导数连续就够了，而叶片、汽车外形等产品不但要求二阶导数连续，而且曲线的凹凸走向要满足功能要求。

3.6　曲线设计

自由曲线可以由一系列的曲线小段连接而成，因此，对曲线研究的重点就可放在曲线段的描述以及它们的连接拼合方法上。本节介绍 Bezier 曲线和 B 样条曲线的构造和连接拼合。

3.6.1　Bezier 曲线

1962 年，法国雷诺汽车公司的 P. E. Bezier 构造了一种以逼近为基础的参数曲线和曲面的设计方法，后被称为 Bezier 方法。该方法将函数逼近同几何表示结合起来，使得设计师在计算机上作图就像使用作图工具一样得心应手。其具体设计过程：从模型或手绘草图上取得数据后，用绘图工具绘出曲线图，然后从这张图上大致定出 Bezier 特征多边形各顶点的坐标值，并输入计算机进行交互式的几何设计，调整特征多边形的顶点位置，直到得出满意的结果为止，最后用绘图机绘出曲线样图。用该方法构成的曲线即 Bezier 曲线，其形状是通过一组多边折线（特征多边形）的各顶点唯一地定义出来的。

3.6.1.1　Bezier 曲线的定义

Bezier 构造曲线的基本思想：由曲线的两个端点和若干个不在曲线上的点来唯一地确定曲线的形状。这两个端点和其他若干个点被称为 Bezier 特征多边形的顶点。设给定空间特征多边形的 $n+1$ 个顶点 $P_i(i=0,1,\cdots,n)$，则定义 n 次 Bezier 曲线的矢量函数为

$$\boldsymbol{P}(t) = \sum_{i=0}^{n} B_{i,n}(t)P_i \tag{3-2}$$

$$B_{i,n}(t) = \mathrm{C}_n^i (1-t)^{n-i} t^i \qquad (0 \leqslant t \leqslant 1) \tag{3-3}$$

$$\mathrm{C}_n^i = \frac{n!}{i!(n-i)!} \tag{3-4}$$

式中，$B_{i,n}(t)$ 称为伯恩斯坦基函数（Bernstein Basis）。式（3-3）表明 Bezier 曲线上的矢量函数 $\boldsymbol{P}(t)$ 是由数据点 P_i 各乘上相应的函数 $B_{i,n}(t)$ 总和而成。因此，函数 $B_{i,n}(t)$ 反映了各数据点 P_i 对曲线上点的影响。当 t 取不同数值时，各数据点对曲线上点的影响是不同的。

3.6.1.2　Bezier 曲线的主要性质

1. 端点位置

由 Bernstein 基函数 $B_{i,n}(t)$ 的端点性质可以推得 Bezier 曲线的起点、终点与相应的特征多边形的起点、终点重合。

2. 端点切线

Bezier 曲线起点处的切线方向是特征多边形第一条边向量的方向，终点处的切线方向是特征多边形最末一条边向量的方向。

3. 几何不变性

几何不变性是指某些几何特性不随坐标变换而变化的特性。Bezier 曲线的位置和形状与其特征多边形的顶点的位置有关，它不依赖坐标系的选择，即 Bezier 曲线具有几何不变性。

4. 曲线的整体逼近性

由 $B_{i,n}(t) \equiv 1$ 可见，伯恩斯坦基函数具有权性。那么，当 $0<t<1$ 时，所有的权

函数的值均不为零。这意味着除了 Bezier 曲线的首、末两端点外，曲线上的每个点都将受到所有 P_i 点的影响，任何一个 P_i 点的改变都会使整段 Bezier 曲线随着改变。这是 Bezier 曲线不好的特性，因为它排除了对一段 Bezier 曲线作局部修改的可能。

3.6.1.3 工程中常用的 Bezier 曲线

1. 三次 Bezier 曲线的生成

常用的三次 Bezier 曲线如图 3.16（b）所示，由 4 个控制点（$n=3$）确定，由式（3-4）可以得到

$$C_3^0=\frac{3!}{0!\times3!}=1,\ C_3^1=\frac{3!}{1!\times2!}=3,\ C_3^2=\frac{3!}{2!\times1!}=3,\ C_3^3=\frac{3!}{3!\times0!}=1$$

由式（3-3）可得到基函数为

$$B_{0,3}(t)=(1-t)^3,\ B_{1,3}(t)=3t(1-t)^2,\ B_{2,3}(t)=3t^2(1-t),\ B_{3,3}(t)=t^3$$

代入 Bezier 曲线表达式（3-2），得到

$$\boldsymbol{P}(t)=(1-t)^3P_0+3t(1-t)^2P_1+3t^2(1-t)P_2+t^3P_3,\ 0\leqslant t\leqslant1 \quad (3-5)$$

写成矩阵形式为

$$\boldsymbol{P}(t)=(t^3\ \ t^2\ \ 1)\begin{bmatrix}1&3&3&1\\3&6&3&0\\3&3&0&0\\1&0&0&0\end{bmatrix}\begin{pmatrix}P_0\\P_1\\P_2\\P_3\end{pmatrix},\quad 0\leqslant t\leqslant1$$

式（3-5）是三次 Bezier 曲线表达式。利用此式，在 t 取（0，1）中的若干值时得到一系列点，从而绘制出三次 Bezier 曲线。取 $t=0,\ \frac{1}{3},\ \frac{2}{3},\ 1$，求出 $B_{3,1}(t)$ 对应的曲线如图 3.17 所示。它们构成了三次 Bezier 曲线空间的一组基，任何三次 Bezier 曲线都是这四条曲线的线性组合。

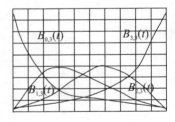

图 3.17　Bezier 曲线

2. 二次 Bezier 曲线

当 Bezier 曲线由 3 个控制点（$n=2$）确定时，式（3-2）转化为如下的二次 Bezier 曲线：

$$\boldsymbol{P}(t)=(1-t)^2P_0+2t(1-t)P_1+t^2P_2$$

$$=(t^2\ \ t\ \ 1)\begin{bmatrix}1&-2&1\\-2&2&0\\1&0&0\end{bmatrix}\begin{pmatrix}P_0\\P_1\\P_2\end{pmatrix},\ 0\leqslant t\leqslant1 \quad (3-6)$$

式中，当 $t=\frac{1}{2}$ 时，$\boldsymbol{P}\left(\frac{1}{2}\right)=\frac{1}{2}\left[P_1+\frac{1}{2}(P_0+P_2)\right]$，对应于一条抛物线。

3. Bezier 曲线的程序设计

实际中，主要应用三次 Bezier 曲线。利用三次 Bezier 曲线的表达式（3-5）在区间（0，1）上取多个值，例如 100 个，计算出这 100 个值对应的坐标点，然后用一条曲线拟合，就得到一条 Bezier 曲线。为程序设计方便，把式（3-5）变为直角坐标系中的参

数方程，即

$$\begin{cases} x(t) = (1-t)^3 x_0 + 3t(1-t)^2 x_1 + 3t^2(1-t) x_2 + t^3 x_3 \\ y(t) = (1-t)^3 y_0 + 3t(1-t)^2 y_1 + 3t^2(1-t) y_2 + t^3 y_3 \end{cases} \tag{3-7}$$

或写成

$$\begin{cases} x(t) = A_0 + A_1 t + A_2 t^2 + A_3 t^3 \\ y(t) = B_0 + B_1 t + B_2 t^2 + B_3 t^3 \end{cases}$$

其中，

$$\begin{cases} B_0 = y_0 \\ B_1 = -3y_0 + 3y_1 \\ B_2 = 3y_0 - 6y_1 + 3y_2 \\ B_3 = -y_0 + 3y_1 - 3y_2 + y_3 \end{cases}, \quad \begin{cases} A_0 = x_0 \\ A_1 = -3x_0 + 3x_1 \\ A_2 = 3x_0 - 6x_1 + 3x_2 \\ A_3 = -x_0 + 3x_1 - 3x_2 + x_3 \end{cases}$$

按上述表达式，读者可以自己编写 Bezier 曲线的通用生成程序。

3.6.1.4　Bezier 曲线的拼接

常用的三次 Bezier 曲线由 4 个控制点确定。多控制点（$n>4$）的三次 Bezier 曲线存在着几条曲线的拼接问题，其关键问题是拼接处的连续性。由 Bezier 曲线的性质可知：一段 Bezier 曲线一定通过控制多边形的起始点和终止点，并在此两点与起始边和终止边相切。由此可以证明所拼接的两条曲线应具有一个公共点。第一条曲线的终点一定是第二条曲线的起点，但第一条曲线的后两个控制点和第二条曲线的前两个控制点应在一条直线上（图 3.18）。对于第一条 Bezier 曲线来说，$C_1'(3) = 3(P_3 - P_2)$，而对于第二条曲线，$C_2'(0) = 3(P_5 - P_4)$。由拼接原理可知，$C_1'(3) = C_2'(0)$，所以 $3(P_3 - P_2) = 3(P_5 - P_4)$。如令 $P_3 + P_4 = P$，则有 $P_2 + P_5 = P$，故 P_2，P_3，P_4，P_5 共线。应用这一原理可编写 Bezier 曲线的拼接程序。

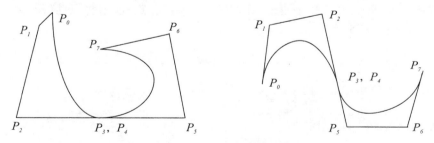

图 3.18　Bezier 曲线的拼接

3.6.2　B 样条曲线

Bezier 曲线是通过逼近特征多边形而获得曲线的，具有如直观、计算简单等许多优点。特征多边形顶点的个数决定了曲线的次数，顶点越多，曲线的次数越高，多边形对曲线的控制越弱。另外，它是整体构造，每个基函数在整个曲线段范围内非零，故不便于修改，改变某一控制点对整个曲线都有影响。1972 年，Riesenfeld 等在 Bezier 的基础上提出了 B−Spline 曲线。用 B−Spline 基函数代替 Bernstein 基函数组，不仅保持了

Bezier 曲线的特性，而且逼近特征多边形的精度更高。在 Bezier 方法中，特征多边形的边数与 Bernstein 多项式的项数相等；而在 B−Spline 方法中，特征多边形的边数与 B−Spline 基函数的次数无关。Bezier 方法是整体逼近，而 B−Spline 是局部逼近，修改多边形顶点对曲线的影响只是局部的。

3.6.2.1 B 样条的定义

设有控制顶点 P_0，P_1，P_2，$\cdots$，P_n，则 n 次 B 样条曲线的数学表达式为

$$P(t) = \sum_{i=0}^{n} N_{i,n}(t) P_i \tag{3-8}$$

$$N_{i,n}(t) = \frac{1}{n!} \sum_{j=0}^{n-i} (-1)^j C_{n+1}^j (t+n-i-j)^n, \quad 0 \leqslant t \leqslant 1 \tag{3-9}$$

式中，P_i 为特征多边形控制点，$N_{i,n}(t)$ 是 n 次 B 样条曲线基函数。

与 Bezier 曲线相比较，B 样条曲线有如下不同：

（1）Bezier 曲线的阶次与控制顶点数有关，而 B 样条的基函数次数与控制顶点无关。这样就避免了 Bezier 曲线次数随控制点数增加而增加的不足。

（2）Bezier 曲线所用的基函数是多项式函数，B 样条曲线的基函数是多项式样条。

（3）Bezier 曲线缺乏局部控制能力，而 B 样条曲线的基函数 $N_{i,n}(t)$ 仅在某个局部不等于零，于是改变控制点 P_i 也只对这个局部发生影响，使 B 样条曲线具有局部可修改性，更适合于几何设计。

3.6.2.2 工程中常用的 B 样条曲线

1. 三次 B 样条曲线的生成

对于 $n+1$ 个特征多边形顶点 P_0，P_1，$\cdots$，P_n，每 4 个顺序点为一组，其线性组合可以构成 $n-2$ 段三次 B 样条曲线，即对于 4 个控制点三次 B 样条曲线，由式（3−9）可以得到

$$N_{0,3}(t) = \frac{1}{6}(-t^3 + 3t^2 - 3t + 1), \quad N_{1,3}(t) = \frac{1}{6}(3t^3 - 6t^2 + 4)$$

$$N_{2,3}(t) = \frac{1}{6}(-3t^3 + 3t^2 + 3t + 1), \quad N_{3,3}(t) = \frac{1}{6}t^3$$

代入 B 样条曲线表达式（3−8），得到

$$\boldsymbol{P}(t) = \frac{1}{6}\left[(-P_0 + 3P_1 - 3P_2 + P_3)t^3 + (3P_0 - 6P_1 + 3P_2)t^2 + (-3P_0 + 3P_2)t + (P_0 + 4P_1 + P_2)\right] \tag{3-10}$$

式（3−10）写成矩阵形式为

$$\boldsymbol{P}(t) = \frac{1}{6}(t^3 \quad t^2 \quad t \quad 1)\begin{bmatrix} -1 & 3 & -3 & 1 \\ 3 & -6 & 3 & 0 \\ -3 & 0 & 0 & 0 \\ 1 & 4 & 1 & 0 \end{bmatrix}\begin{pmatrix} P_0 \\ P_1 \\ P_2 \\ P_3 \end{pmatrix} \tag{3-11}$$

当 $t=0$ 时，$\boldsymbol{P}(0)=\dfrac{1}{6}(P_0+4P_1+P_2)=\dfrac{1}{3}\left(\dfrac{P_0+P_2}{2}\right)+\dfrac{2}{3}P_1$；

当 $t=1$ 时，$\boldsymbol{P}(1)=\dfrac{1}{6}(P_1+4P_2+P_3)=\dfrac{1}{3}\left(\dfrac{P_1+P_3}{2}\right)+\dfrac{2}{3}P_2$。

这表明三次 B 样条曲线段的起点 $\boldsymbol{P}(0)$ 落在 $\triangle P_0P_1P_2$ 的中线 $P_1P_1^*$ 上离 P_1 1/3 处，终点 $\boldsymbol{P}(1)$ 落在 $\triangle P_1P_2P_3$ 的中线 $P_2P_2^*$ 上离 P_2 1/3 处，如图 3.19 所示。

将式（3−10）对 t 求导：

当 $t=0$ 时，$\boldsymbol{P}'(0)=\dfrac{1}{2}(P_2-P_0)$；

当 $t=1$ 时，$\boldsymbol{P}'(1)=\dfrac{1}{2}(P_3-P_1)$。

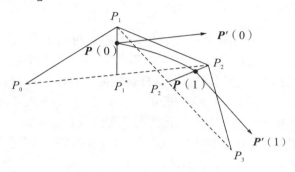

图 3.19　三次 B 样条曲线

这表明三次 B 样条曲线段始点处的切向量 $\boldsymbol{P}'(0)$ 平行于 $\triangle P_0P_1P_2$ 的边 P_0P_2，长度为它的 1/2；终点处的切向量 $\boldsymbol{P}'(1)$ 平行于 $\triangle P_1P_2P_3$ 的边 P_1P_3，长度为它的 1/2，见图 3.19。

2. 二次 B 样条曲线的生成

对于 3 个控制点二次 B 样条曲线，由式（3−9）可以得到

$$N_{0,2}(t)=\frac{1}{2}(t-1)^2,\quad N_{1,2}(t)=\frac{1}{2}(-2t^2+2t+1),\quad N_{2,2}(t)=\frac{1}{2}t^2$$

代入 B 样条曲线表达式（3−8）得到

$$\boldsymbol{P}(t)=\frac{1}{2}\left[(P_0-2P_1+P_2)t^2+(-2P_0+2P_1)t+(P_0+P_1)\right]\qquad(3-12)$$

式（3−12）写成矩阵形式为

$$\boldsymbol{P}(t)=\frac{1}{2}(t^2\quad t\quad 1)\begin{bmatrix}1 & -2 & 1\\ -2 & 2 & 0\\ 1 & 0 & 0\end{bmatrix}\qquad(3-13)$$

当 $t=0$ 时，$\boldsymbol{P}(0)=\dfrac{1}{2}(P_0+P_1)$，$\boldsymbol{P}'(0)=P_1-P_0$；

当 $t=1$ 时，$\boldsymbol{P}(1)=\dfrac{1}{2}(P_1+P_2)$，$\boldsymbol{P}'(1)=P_2-P_1$。

这表明曲线段的两端点是二次 B 特征二边形两边的中点，曲线段两端点的切向量就是 B 特征二边形的两个边向量，如图 3.20 所示。

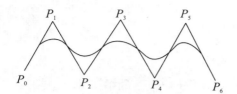
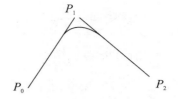

图 3.20　二次 B 样条曲线的拼接　　　　图 3.21　二次 B 样条曲线

如继 P_0，P_1，P_2 之后还有一些点 P_3，P_4，…，那么依次地每取 3 点，例如 P_0，P_1，P_2，P_1，P_2，P_3，…，都可以得到一段二次 B 样条曲线段，总和起来就得到二次 B 样条曲线，如图 3.21 所示。

3.6.2.3　B 样条的边界处理

在实际应用中，往往需要所设计的 B 样条曲线通过指定的位置或通过控制多边形的起点和终点，这就需要对曲线进行边界处理，其主要方法如下：

（1）重复控制多边形的起点和终点，这样会把曲线拉向该控制点并使曲线相切于与该控制点相连的控制边，如图 3.22（a）所示，直线段 AP_0，BP_4 可视为曲线的一部分。

（2）两次重复 B 样条曲线控制多边形的起点和终点，如图 3.22（b）所示。

（3）根据三控制点共线时会使曲线与该线段相切的原理，可适当增加控制点而使曲线通过起点和终点，如图 3.22（c）所示。

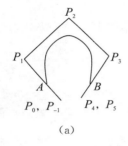
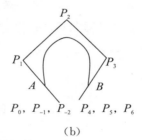
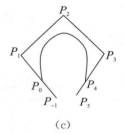

（a）　　　　　　　　　（b）　　　　　　　　　（c）

图 3.22　B 样条曲线的边界处理

3.7　曲面设计

曲面设计是在给定的边界之间拟合合适的曲线的技术。曲面拟合的主要问题是定义用于设计的可视化准则。因此，选择合理的工程应用方法是较好的且从可视化角度更为容易接受的设计的基础。

生成曲面的方式有以下几种：

（1）扫描曲面（Swept Surface）。根据扫描方法的不同，又可分为旋转扫描法和轨迹扫描法两类。一般可以形成以下几种曲面形式：

①线性拉伸面：由一条曲线（即母线）沿着一定的直线方向移动而形成的曲面。

②旋转面：由一条曲线（即母线）绕给定的轴线，按给定的旋转半径旋转一定的角度而扫描成的面。

③扫成面。由一条曲线（即母线）沿着另一条（或多条）曲线（轨迹线）扫描而成的面。

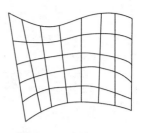

图 3.23　直纹面

（2）直纹面（Ruled Surface）。直纹面也称放样面，是表面设计的基础。其定义为：给定两条空间参数曲线，所定义的面要以这两条曲线作为面的两条相对边界（然后要在这两条空间参数曲线之间进行插补）。直纹面的特点是以直线为母线，直线的端点在同一方向上沿着两条轨迹曲线移动生成曲面，如图 3.23 所示。

（3）复杂曲面（Complex Surface）。复杂曲面的基本生成原理：先确定曲面上特定的离散点（型值点）的坐标位置，通过拟合使曲面通过或逼近给定的型值点，得到相应的曲面。一般地，曲面的参数方程不同，可以得到不同类型及特性的曲面。常用的复杂曲面有孔斯（Cones）曲面、贝塞尔（Bezier）曲面、B 样条（B–Spline）曲面等。

①孔斯曲面。孔斯曲面是由 4 条封闭边界所构成的曲面，如图 3.24 所示。孔斯曲面的几何意义明确，曲面表达式简洁，主要用于构造一些通过给定型值点的曲面，但不适用于曲面的概念性设计。

②贝塞尔曲面。贝塞尔曲面是以逼近为基础的曲面设计方法。它先通过控制顶点的网格勾画出曲面的大致形状，再通过修改控制点的位置来修改曲面的形状，如图 3.25 所示。这种方法比较直观，易于为工程设计人员接受，但也存在局部性修改的缺陷，即修改任意一个控制点都会影响整个曲面的形状。

③B 样条曲面。B 样条曲面是 B 样条曲线和贝塞尔曲面方法在曲面构造上的推广，如图 3.26 所示。它以 B 样条基函数来反映控制顶点对曲面形状的影响。该方法不仅保留了贝塞尔曲面设计方法的优点，而且解决了贝塞尔曲面设计中存在的局部性修改问题。

 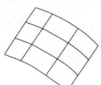 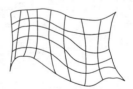

图 3.24　孔斯曲面　　　　图 3.25　贝塞尔曲面　　　　图 3.26　B 样条曲面

习题

1. 什么是几何造型技术？几何造型经历了哪些发展阶段？
2. 什么是形体的几何信息和拓扑信息？请结合实例说明它们之间的区别和联系。
3. 分析线框模型、表面模型与实体模型在表示形体上的不同特点。
4. 推导三次 Bezier 曲线的参数方程。编制三次 Bezier 曲线生成与绘图程序。
5. 比较三次 B 样条曲线与三次 Bezier 曲线的特性。
6. CSG 与 B–Rep 各有什么优缺点？
7. 用 CSG 表示一个几何形体是否具有唯一性？其描述方式是否具有唯一性？
8. 选择一个机械零件，用 CSG 分析它由哪些体素构成，并画出 CSG 树。

第4章　参数化特征造型技术

实体造型是几何造型中的一个新领域，是几何发展与当代计算机强大功能相结合的先进技术。特征造型方法以实体造型为基础，采用具有一定设计意义和加工意义的特征作为造型的基本单元来建立产品的数字化模型，本身是一套先进的、更为完善的、具有更高抽象层次的技术。本章介绍特征的概念、分类及特征造型的特点，并结合目前常用的基于特征的数字化造型软件，详细论述了从草图设计、零件造型、装配造型到生成工程图的数字化造型过程。

4.1　特征造型

4.1.1　特征的定义

实体造型方法大致可以分为以下两类：

（1）布尔运算，即通过最基本的体素（长方体、圆柱体、圆台、球等），经过不断的布尔运算得到复杂的形体。尽管机械和建筑领域中复杂形状的曲面体不多，但有相当一部分曲面或复杂形体用这些体素构造时很困难或者根本无法构造出来。另外，此种造型方法与二维工程绘图没有良好的接口，不能很好地利用二维工程软件提供设计素材。

（2）基于特征的造型，即在二维草图基础上通过特征操作（扫描、拉伸、倒角、抽壳等）创建形体。对于一个形体来说，所有一切都可以理解为特征，包括形体的点、线、面、体构成，相应地可以将形状特征分为点特征、线特征、面特征和体特征。基于特征的造型方法可以很好地利用二维草图，不仅能够创建简单的规则形体，而且能够创建具有复杂曲面的形体。当前实体造型技术呈现出一种发展趋势，那就是与参数化造型技术的结合越来越紧密。对于基本体素和工程上常用的特征都存在若干描述它的形状和位置的参数，尤其对特征的定位和特征间关系的描述更应采用参数化方法，防止用户的错误输入和操作破坏原有设计意图。

特征造型方法本身是一套先进的、更为完善的、具有更高抽象层次的技术。这种技术以 PTC 公司的 Pro/E 为代表。现在很多系统都采纳了这种方法，如 SolidWorks 等。特征造型方法将布尔运算融入对特征的造型中，如打孔（Hole）在基于特征的造型系统中实施的步骤如下：

①指定孔 L 的定位面和定位尺寸；

②确定孔的直径；

③指定孔的深度。

这样的方法与孔的实际加工过程十分相似，更加符合客观规律。特征的引用直接体现了设计者的设计意图，使得建立的产品模型容易被别人理解和组织生产。这样，设计人员可以将更多的精力放到创造性的构思上。此外，从 CAD/CAM 集成的角度上考虑，特征造型的应用有助于加强产品设计、分析、工艺准备、加工检验等各个部门间的联系，更好地将产品意图贯彻到各个后续环节，为开发新一代基于统一产品信息模型的 CAD/CAPP/CAM 集成系统创造了条件。

特征（Feature）是设计者对设计对象的功能、形状、结构、制造、装配、检验、管理与使用信息及其关系等具有确切工程含义的高层次抽象描述。特征模型是用逻辑上相互关联、互为影响的语义网络对特征事例及其关系进行的描述和表达。它与以低层次的几何元素（面、边、点）来表示几何实体的方法的区别在于仅用于表达高层次的具有功能意义的实体，如孔、槽等，其操作对象不是原始的几何元素，而是产品的功能要素、技术信息和管理信息，体现了设计者的意图。

4.1.2　特征的分类

特征是产品描述信息的集合。针对不同的应用领域和不同的对象，特征的抽象和分类方法有所不同。通过分析机械产品大量的零件图纸信息和加工工艺信息，可将构成零件的特征分为六大类：①管理特征，即与零件管理有关的信息集合，包括标题栏信息（如零件名、图号、设计者、设计日期等）、零件材料和未注粗糙度等信息；②技术特征，即描述零件的性能和技术要求的信息集合；③材料热处理特征，即与零件材料和热处理有关的信息集合，如材料性能、热处理方式、硬度值等；④精度特征，即描述零件几何形状、尺寸的许可变动量的信息集合，包括公差（尺寸公差和形位公差）和表面粗糙度；⑤形状特征，即与描述零件几何形状、尺寸相关的信息集合，包括功能形状、加工工艺形状和装配辅助形状；⑥装配特征，即零件的相关方向、相互作用面和配合关系。

上述特征中，形状特征是描述零件或产品最重要的特征，它又可分为主特征（Base Form Feature）和辅特征（Additional Form Feature），前者用来描述构造物体的基本几何形状，后者是对物体局部形状进行表示的特征。主特征和辅特征还可进一步细分（图 4.1）。

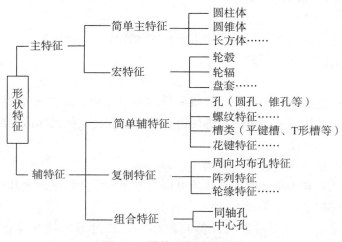

图 4.1　零件形状特征分类

4.1.3　特征造型的特点

与传统造型相比，特征造型具有以下特点：

（1）传统造型都是着眼于完善产品的几何描述能力，特征造型则着眼于如何更好地表达产品完整的技术及生产管理信息，以便为建立产品的集成信息模型服务。

（2）特征造型使产品设计在更高的层次上进行，设计人员的操作对象不再是原始的线条和体素，而是产品的功能要素，如螺纹孔、定位孔、键槽等。特征的引用直接体现了设计意图，使得所建立的产品模型更容易为别人理解，所设计的图样更容易修改，也有利于组织生成，从而使设计人员可以有更多精力进行创造性构思。

（3）特征造型有助于加强产品设计、分析、工艺准备、加工、装配、检测等各部门之间的联系，更好地将产品的设计意图贯彻到后续环节，并及时地得到后续的反馈信息。

（4）特征造型有助于推行行业内产品设计和工艺方法的规范化、标准化和系列化，在产品设计中及早考虑制造要求，保证产品结构具有良好的工艺性。

（5）特征造型有利于推动行业及专业产品设计，有利于从产品设计中提炼出规律性知识及规则，促进产品智能设计和制造的实现。

4.1.4　特征造型的基本方法

1. 设计模型分解

对于复杂的设计模型，可将其分解为若干个简单实体的组合。一般情况下，同一设计模型的构造方法有多种。具体应该怎样对模型进行分解，需要根据零件的功能和加工工艺确定。随意分解构成零件的实体体素，有可能造成工艺人员制定不合理的工艺流程，降低产品的性能，增加生产成本，所以分解设计模型时应注意以下几点：

（1）如果有复杂截面的型材可以利用，那么用型材的截面形成基本的直线扫描体。

（2）如果零件大部分是回转体，那么用其横截面形成基本的回转扫描体。

（3）倒角和倒圆要留到造型的最后几步进行。

（4）能使用阵列则尽量使用。

（5）能使用对称则尽量使用。

（6）在犬牙交错的端面上尽量使用去除材料的操作。

（7）壁厚均匀的零件要做成壳。

2. 特征树

在基于特征的造型软件中，一般以特征管理器设计树来动态链接的方式列举零件、装配体或工程图的结构，从而可以很方便地查看模型或装配体的构造情况，或者查看工程图中的不同图纸和视图。

在特征树中，用户可以进行以下操作：

（1）选择特征。利用特征管理设计树可以很方便地选择特征，尤其在复杂造型中更为有用，可在设计树中一次选择多个特征。

（2）编辑特征。在造型过程的任何时候都可以通过编辑特征操作来修改特征的尺寸。

（3）删除特征。选择特征后，可删除该特征，同时该特征的子特征也跟着被删除。

（4）重新命名。为了便于设计人员之间的交流，可对特征进行重新命名以便识别。

（5）移动特征。在设计树中直接拖动特征可改变其在设计树中的位置，从而改变特征建立的先后次序。需要注意的是，特征次序的变化可能会引起零件结构的改变，同时子特征不能移动到其父特征之前。

（6）压缩和隐藏特征。当零件特征比较复杂时，可采用压缩或隐藏方式将零件的某些特征压缩或隐藏以加快零件的显示速度。

（7）复制特征。在设计树中，可将选定的特征复制到设计树的另一个零件位置以简化设计步骤。

（8）回放特征。回放特征是按照特征造型的顺序，将其逐一相继地显示出来。

特征树是现代基于特征的数字化设计造型系统中一个十分有用的工具。现代数字化造型系统均提供了特征树管理，在特征树管理窗口中可以清晰地显示零件的特征构成及各特征之间的关系，供设计者分析和参考。同时，设计者也可以通过特征树对特征进行管理和操作。

3．特征之间的关系

零件是由特征组成的。每一个零件都有自己的一棵特征树，用于记录组成零件的所有特征的类型及其相互关系。在造型过程中，用户可通过特征树窗口进行特征操作，使造型过程一目了然。其中最早建立的特征叫作基特征，其他的都是子特征。

特征树中有两种基本关系：父子关系和邻接关系。父子关系表示两个特征之间存在依附关系，一个特征（称为子特征）依附在另一个特征（称为父特征）之上，修改父特征会对子特征产生影响；邻接关系表示两个特征是并列的，共同依附于一个父特征。在进行零件造型时，应注意特征树的结构，辨别特征之间的关系，以利于修改。

有些特征依赖于其他特征或它的几何要素生成，称为子特征。子特征随母特征而变化。母特征被删除，子特征随之被删除。例如，依赖于面、边、工作轴、工作面定义的草图特征，依赖于面、工作点定位的孔等都属于子特征。

在基于特征的造型系统中，零件造型的过程就是不断地生成特征的过程。在生成零件时，第一个生成的特征称为基础特征，这相当于零件的"毛坯"。然后在基础特征上，通过并、交、差顺序生成其他特征，这就相当于在"毛坯"上进行"加工"，直到生成所需的零件。这里需注意两点：一是基础特征不能删除；二是在基础特征上增加其他特征的顺序很重要。例如，如果在一个主特征上打了一个通孔，然后在主特征的下方附加另一个立方块，尽管这个立方块在通孔的下方，孔也不会穿透立方块。但如果改变孔特征和立方块扫描特征的顺序，孔就会穿透立方块，因为这时孔的操作在立方块之后。

所有附加的特征都依附于前面生成的特征。如果一个特征通过约束和尺寸与前面的特征相关联，那么这个特征就被认为是前面特征的子特征，前面的特征称为这个特征的父特征。特征的这种父子关系是非常重要的。如果用户想删除或者禁止一个父特征，计算机会询问如何处置它所有的子特征，是禁止它们，还是删除它们，用户只能选择其中之一。在改变特征在特征树中的顺序时，用户不能将子特征调整到父特征之前。如图

4.2 所示，圆孔特征的定位尺寸原来是参考右边的长方孔，而长方孔的定位尺寸是参考底板，所以圆孔是长方孔的子特征，长方孔是底板的子特征。通过重定位将孔特征改为直接由底板定位，从而可脱离与长方孔的父子关系。

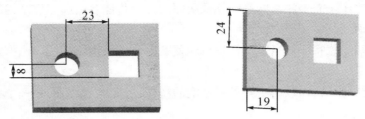

图 4.2　特征重定位

在进行零件造型时，应注意以下两点：

（1）基础特征要尽量简单，以便修改。

（2）在基础特征上加新特征时：第一，尽可能使每一个特征简单，以加强灵活性；第二，每一个特征最好都是全约束，以增加新特征的稳定性；第三，增加特征的顺序也很重要，演算慢的特征如倒角、扫描、曲面截取等最好放在最后。

4.2　草图绘制

创建模型从草图开始。从草图可以创建特征，可结合一个或多个特征创建零件。然后，可以结合和配合适当的零件创建装配体。从零件或装配体，可以创建工程图。

4.2.1　轮廓

轮廓一般分为开口和闭口两类。闭口轮廓是由首尾相接的一系列线段组成的曲线环，而开口轮廓的首尾不相接。通常情况下，无论是开口还是闭口，轮廓线都不允许在中间相交。根据在实体造型中的作用，轮廓主要分为以下两种。

1. 截面形状

闭口轮廓可用来定义实体的截面形状；开口轮廓通常不仅与相邻的实体轮廓线共同形成截面，而且能定义均匀壁厚零件截面的中线，或者用来定义空间的曲面。

截面允许有两个以上的闭合轮廓，这时又进一步分为两种情况：

（1）各个闭合轮廓相互独立，不存在嵌套，进行直线扫描时这些曲线扫描成高度相同的实体。

（2）存在一个闭口轮廓包围其他所有闭口轮廓，且其他曲线之间不存在嵌套。生成实体时，外围闭口轮廓生成实体外部形状，内部闭口轮廓生成孔。一般情况下，闭口轮廓的嵌套最多一重。

2. 路径

路径主要用来描述扫描实体中截面上一点所扫过的轨迹。路径也有开口和闭口两种，开口路径可以用来定义剖切路径。

开口和闭口的截面与扫描路径组合形成四种不同的扫描体，其中当截面与扫描路径均为开口轮廓时，将形成空间曲面。

4.2.2　轮廓的草绘

轮廓的草绘是指参数化设计中定义轮廓的绘图方法，草绘是参数化设计系统的一个重要模块。所有的参数化设计系统都提供草绘功能。一般情况下，草绘是在一个预先设定的平面上进行的，这个平面叫作草绘面。草绘面可以是实体上的一个平面，也可以是非实体的几何平面。草绘在特殊情况下也可以在三维空间中进行，如可以用局部坐标系标注样条曲线控制点的 z 坐标，从而建立 3D 路径。

草绘方法是在二维绘图方法的基础上发展起来的，所以与二维绘图方法有很多相似的地方。但是由于草绘的目的是建立参数化设计所需要的轮廓或者路径，而二维绘图多半是完成传统的工程制图，所以二者之间还是存在差异的。具体来讲，其差异有以下四个方面：

（1）草绘所提供的图形编辑方法比二维绘图少，如不提供阵列。

（2）草绘不提供二维绘图中的很多细节标注方法，如形位公差、标题栏。

（3）草绘一般不提供二维绘图的辅助手段，如层、块。

（4）二维绘图不能添加尺寸名称、约束、关系式等参数化内容。

4.2.3　草图实体

创建草图的方法有多种。所有草图都包含以下实体。

1. 原点

原点为草图提供定位点，多数草图都始于原点。可利用"镜像"工具、"旋转"工具等建立草图实体之间的相等和对称关系。

2. 基准面

标准基准面使用"前视基准面""上视基准面""右视基准面"。其中，"前视基准面"为新零件第一个草图的默认基准面。用户可根据需要添加和定位基准面。

3. 尺寸

尺寸用来注明轮廓中元素的长度、距离、半径、直径、角度等。在轮廓上每增加一个有效尺寸，将减少轮廓的一个自由度，足够多的尺寸将完全确定整个轮廓。因此，尺寸的作用就是限定组成轮廓的各个图形元素的位置和形状。一个确定的轮廓需要若干尺寸，多一个尺寸将引起矛盾，少一个尺寸则轮廓无法确定，所以要在轮廓上标注正好所需要数目的尺寸。当用户更改尺寸时，零件的大小和形状将随之发生改变。能否保持设计意图，取决于用户如何为零件标注尺寸。保持设计意图的方法之一，就是在更改其他尺寸时，保持一个尺寸不变。标注尺寸时要注意工程上的习惯，一定要有尺寸基准的思想。尺寸标注的合理与否是机械工程师基本技能的具体体现。同时，尺寸标注方案的好坏直接关系到使用尺寸驱动的性能，而且直接反映到最后生成的工程图上，所以尺寸并非是可以任意标注的。关于尺寸标注的原则问题可以参考机械工程的其他相关资料。

4. 约束

约束限定各个元素之间的特殊关系，如平行、垂直、水平、竖直、相切、共线、同心、固定等。用户可用"推理"工具和"添加几何关系"工具在草图实体之间建立几何关系，构成图形的各个元素之间的特殊关系。约束保证了图形元素尺寸改变后图形能大致保持原来的形状，以保证尺寸链的完整性。约束是重要的参数类型之一。

进行轮廓草绘时最好使用应用软件提供的自动导航方法。使用这种方法，在轮廓草绘的初期，计算机和操作人员就能达到明确的共识。如果应用软件没有提供动态导航，可以考虑使用自动识别。自动识别的依据和动态导航的依据是一样的，只不过这种方法是先由用户草绘图形，草绘完成后由计算机自动判识。如果用户正确使用各种草绘方法，那么计算机可以识别出大部分的约束。轮廓草绘不严格要求用户绘制图形在一定范围内，计算机都可以识别出来。

通过尺寸数值的标定和修改可以给轮廓增加约束，例如绘制倒角圆弧时，很难保证两个圆弧的半径相等，这种情况下用户可以分别给它们标注尺寸，然后将两个圆弧半径的数值改为大小相同，更新整个轮廓，删除其中一个尺寸，再更新整个轮廓，此时计算机可以识别出两个等半径的圆弧。反过来，如果计算机识别出两个圆弧半径相等而用户想取消这种约束，可以分别给两个圆弧半径标注尺寸。标注完毕后，计算机自动取消它们等半径的约束。之后，用户可以分别修改两个圆弧的尺寸。

5. 关系式

关系式是指由用户建立的数学表达式，用来反映尺寸或参数之间的数学关系。这种数学关系本质上反映了专业知识和设计意图。关系式像尺寸和约束一样，可以驱动设计模型。关系式发生变化后，模型也将跟着发生变化（主要是质变）。关系式是尺寸和约束的重要补充，利用约束只能建立两个长度相等的边，而使用关系式则可以使得两个边保持特定的函数关系。

4.2.4 草图的定义

草图的定义有完全定义、欠定义和过定义三种状态。

1. 完全定义

完全定义是指完整而正确地描述了尺寸和几何关系。一般情况下，用黑色表示草图完全定义。如图 4.3 所示是一个完全定义的草图，这里我们仅仅定义了直线 2 和半圆的尺寸，但事实上每个草图元素之间还具有相关联的几何关系。

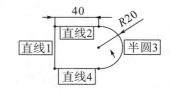

图 4.3　完全定义的草图

对于完全定义的草图，可以在改变任意草图元素形体的同时保持草图的设计意图。例如，我们将直线 2 的尺寸由 40 改变为 30 后，会看到直线 4 的长度随之而改变。

2. 欠定义

欠定义是指几何关系未完全定义，直线可能意外地移动或改变尺寸。一般情况下，用蓝色表示草图欠定义。也就是说，改变草图中的某一几何形体的尺寸时，其他本该关联的尺寸却没有改变。

例如，在图 4.3 中取消直线 1 的端点与草图原点的关系，然后使用指针直接拖动草图，就会发现草图形体随着指针的移动而改变了位置。同时在特征管理器设计树中，欠定义的草图名称前将有一个"."的标记。

3. 过定义

过定义是指此几何体有过多的尺寸和（或）几何关系，或上述两者互相约束。一般情况下，用红色表示草图过定义。当草图处于过定义状态时，一般系统将会给出提示。

4.2.5　草图绘制工具

SolidWorks 的草图绘制工具栏主要包括以下工具：

⟳ 三点圆弧工具	⬜ 转换实体引用工具
⬭ 椭圆工具	⌐ 绘制倒角工具
✕ 点工具	⌖ 部分椭圆工具
✐ 草图绘制工具	▦ 网格线/捕捉工具
⚠ 镜像实体工具	🄰 文字工具
⌐ 绘制圆角工具	▤ 线性草图排列和复制工具
⊕ 多边形工具	⟳ 修改草图工具
⬒ 按比例缩放或复制实体工具	⬕ 旋转或复制实体工具
✓ 分割实体工具	▷ 选择工具
╟ 构造几何线工具	⊤ 延伸实体工具
⚒ 剪裁实体工具	∿ 样条曲线工具
⬚ 交叉曲线工具	🖧 移动或复制实体工具
▢ 矩形工具	⊙ 圆工具
⤵ 等距实体工具	⣿ 圆周草图排列和复制工具
⬩ 面部曲线工具	╲ 直线工具
⋁ 抛物线工具	⌐ 套合样条曲线工具
⤸ 切线弧工具	⊙ 圆心/起/终点画弧工具
⬨ 平行四边形工具	▯ 中心线工具

4.2.6　参考几何体

在草图绘制中，有一个构造几何线的概念。构造几何线的主要作用是辅助绘制草图实体。同样，在特征造型中也需要辅助体，这个辅助体就是参考几何体。参考几何体包括基准面、基准轴、坐标轴、坐标系和三维曲线。使用这些参考几何体，可以方便地进行特征设计。

1. 基准面

生成基准面的一般步骤如下：

（1）点击下拉菜单"插入"→"参考几何体"→"基准面"命令，或单击图 4.4 中"参考几何体"工具栏中的"基准面"。

（2）随后会出现如图 4.5 所示的属性管理器，在该属性管理器中进行必要的选择和输入，并单击"确定"按钮就可以生成一个新的基准面。

（3）从该对话框可以知道，基准面的定义类型分为以下几种：

①等距平面：就是按指定的距离生成一个平行于某

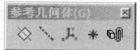

图 4.4　参考几何体对话框

基准面或表面的基准面。

②两面夹角：就是通过一条已有的边线或轴线并与一个已有的平面、基准面成指定角度生成新的基准面。

③点和平行面：就是通过一点来生成一个平行于已存在的基准面或平面的基准面。

④点和直线：就是通过一条直线（边线、轴线）和一点（端点、中点）所确定的平面生成新的基准面。

⑤点和曲线：就是通过曲线上一点（端点、中点、型值点）并和该点切线方向垂直的平面生成基准面。

⑥曲面切平面：就是选取一个曲面和曲面上的一个边线或指定的一点（由草图投影到曲面的点或草图点、曲线或实体的端点）来产生一个与曲面相切或相交并成一定角度的基准面。

图 4.5　基准面属性管理器

2. 基准轴

前面介绍的基准面是一个平面，基准轴其实就是直线。SolidWorks 里有临时轴和基准轴两个概念。临时轴是由模型中的圆锥和圆柱隐含生成的，因为每一个圆锥面和圆柱面都有一条轴线。因此，临时轴不需要生成，是系统自动产生的。所有临时轴都可以设置为显示，也可以设置为隐藏。显示临时轴的方法是单击"视图"→"临时轴"命令。

基准轴是可以根据需要生成的，生成基准轴的方法和原理与生成直线相同。生成基准轴的方法如下：

（1）一条直线/边线/轴：可以通过存在的一条直线、模型的边线或临时轴生成基准轴。

（2）"两平面"：利用两个平面（可以是基准面）的交线来生成基准轴。

（3）两点/顶点：通过两个点（顶点、一般点或中点）生成基准轴。

（4）圆柱/圆锥面：通过单击圆柱或圆锥面，系统将抓取其临时轴生成基准轴。

（5）点和曲面：通过一点并垂直于某一曲面或基准面而生成基准轴。

生成基准轴的具体操作过程如下：

（1）依次单击"插入"→"参考几何体"→"基准轴"命令，或直接单击"基准轴"工具。

（2）出现如图 4.6 所示的属性管理器，选择其中的基准轴类型。

（3）选择对象，这时"所选项目"方框中会将对象一一列出。

①如果选择合适，就可以单击"确定"按钮。

②单击"视图"→"基准轴"命令，可以查看新的基准轴。

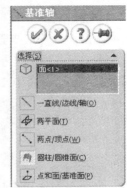

图 4.6　基准轴属性管理器

4.2.7　草图设计中的动态导航技术

动态导航能够自动、智能地捕捉实体上的特征点，并实时地提供实体的几何信息。在绘图过程中，当光标移到某一实体附近时，实体上离光标位置最近的几何点就以一个特别标志显示出来。如果用户需要，按动鼠标可以自动捕捉该点。

动态导航可以捕捉的特征点类型如下：

（1）端点（End Point）：指直线或圆弧的端点。

（2）中点（Middle Point）：指直线或圆弧的中点。

（3）交点（Intersection）：指直线、圆、圆弧、样条等线段的交叉点。

（4）圆心（Center）：指圆、圆弧的圆心。

（5）四分点（Quadant）：指圆、圆弧在与水平成 0°、90°、180°、270°处生成的点，或者椭圆长短轴的交点。

（6）插入点（Insertion）：文字等的插入点。

（7）切点（Tangent）：使得直线、圆、圆弧与圆、圆弧相切的点。

（8）近点（Nearest）：离光标最近的点。

（9）能够捕捉图形中隐含的几何关键点，如延长线上相交的点。

（10）实体的投影点、折射点，如在已知直线上的投影。这两种方法在机械加工中经常采用。

（11）在直线或者圆弧上绘制的点，注意不是在直线的端点或中点上。

（12）直线和圆弧的连续绘制，首尾自动连接，圆弧则自动与前面的线段相切。

（13）动态高亮（Dynamic Highlighting），在模棱两可的地方，可高亮显示预选的对象，用户可通过快捷键或光标菜单在多项选择中确认对象。

4.2.8　草图绘制的一般技巧

由于二维草图绘制模式具有参数化尺寸驱动的特点，同时可以增加几何约束（如水平、垂直、对称、相切等），因此，可以用以下技巧来完成所需的草图形状：

（1）夸张绘图。进行剖面绘制时，对于一些尺寸极小的几何元素，可以在绘制时夸大其尺寸差异，然后通过尺寸修改来予以订正。

（2）设置适当的精确度，可以绘出更为精确的草图。

（3）利用网格线绘图，调节好网格的间距，方便作出水平线、垂直线及等长线。

（4）在建立草图过程中，尽量不要绘制过于复杂的剖面草图。

（5）分步绘制，对于一些复杂的草图，最好的办法是先定义好它的位置尺寸及各种几何关系的部分，再逐步往下做，这样就不容易出错。

（6）考虑好剖面轮廓是否封闭，在进行零件实体设计时，应尽量作闭环草图，只有个别特征需要开环草图。

4.3　实体特征

实体特征主要分为两类：基本特征和设计特征。

4.3.1　基本特征

进入零件设计环境后，首先要做的是进行草图设计（Sketch），基本特征就是在草图设计的基础上建立的。基本特征也就是第一个特征，如果将 SolidWorks 设计过程比喻成雕塑过程，那么基本特征就是最初的材料，然后根据设计需要进行加操作或减操作。

基本特征和切除特征的类型相同，它们是拉伸特征（Extrude）、旋转特征（Revolve）、扫描特征（Sweep）、放样特征（Loft），操作过程基本相同，只是它们所得到的效果一个是加，另一个是减。

1. 拉伸特征

拉伸特征是截面沿其法向方向运动生成实体的造型方法。只要是能实现三维实体造型的软件，都具有生成这种特征的方法。拉伸的过程类似于用模具挤出具有各种各样截面的型材。线切割加工也能产生类似的形状。图 4.7 显示了一个典型的拉伸特征。拉伸特征生成过程如下：

图 4.7　拉伸特征

（1）确定拉伸属性。其有四种属性：基础特征、去除、添加和求交。其中，基础特征是生成零件的第一个特征。其余三种实质上是新特征与已生成特征做差、并、交的运算。

（2）指定终止方式，即决定拉伸的距离。其有六种方式：单向拉伸、拉通、拉伸至某一平面、拉伸至某一表面（可以是任意曲面）、从某平面或表面拉伸至另一平面或表面、对称拉伸。

（3）确定特征数据。在特征数据中，可设定两项数据：拉伸高度和拔模角度。拉伸高度将设定拉伸特征的高度，只对单向拉伸和中平面拉伸有效。当设定拔模角度后，在进行拉伸的同时，特征具有设定的拔模角度。

2. 旋转特征

旋转特征是以封闭的草图截形线围绕一轴线按一定方向旋转一定的角度而生成的三维实体特征。在整个草图图形中只有一条中心线，草图截形线不得穿越中心线。其终止方式有六种：转固定角度、转一周、转至某平面、转至某表面、从某面转至某面、双向旋转。图 4.8（a）显示转固定角度的回转扫描，图 4.8（b）显示转至某平面的回转扫描。

（a）转固定角度

（b）转至某平面

图 4.8　旋转特征

3．扫描特征

扫描特征以一条设定的截形线沿一条设定的轨迹运动的方式生成三维实体特征。事实上，拉伸特征和旋转特征都可以认为是扫描特征的特例。扫描特征的生成过程大致可分为以下几个步骤：

（1）定义扫描路径。可以通过草绘扫描路径来定义，也可以通过选择已有的曲线链作为扫描路径。

（2）定义扫描轮廓。可以通过草绘或选择两种方式。扫描轮廓的工作平面自动定义在扫描路径的起始点上，而且与扫描路径在起始点处的切线垂直，如图 4.9 所示。

图 4.9 路径扫描

扫描的类型有三种：第一种是草图平行，即轮廓沿扫描路径移动时，始终平行于原草图；第二种是垂直路径，同时尺寸框中的草图角为零，则草图沿路径移动时，永远垂直于路径，且大小不变；第三种是垂直路径，且草图角不为零，则草图不但垂直于路径，而且草图的大小按给定的角度扩大或缩小。

扫描终止的方式也有三种：第一种是沿整个路径扫描到路径终点；第二种是扫描至某面；第三种是从某面扫描到某面。

4．放样特征

放样特征是指利用两个或多个截面轮廓线混合生成特征。放样的截面轮廓线可以是草图、曲线、模型边线，同时要注意放样的第一个轮廓线和最后一个轮廓线可以是一个点。根据放样轮廓线性质的不同，放样方式可以分为以下几种类型，当然它们可以同时运用在一个特征上，如图 4.10 所示。

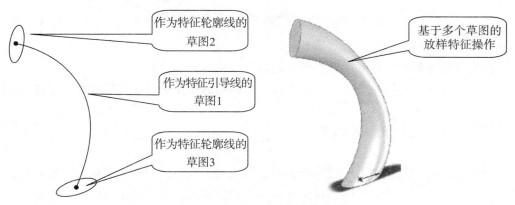

作为特征轮廓线的草图2

作为特征引导线的草图1

作为特征轮廓线的草图3

基于多个草图的放样特征操作

图 4.10 简单放样特征操作流程

（1）简单放样：利用多个二维轮廓线混合生成特征。在创建实体特征时，轮廓必须是封闭的。

（2）使用空间轮廓线放样：放样的轮廓线中至少有一个是三维的空间轮廓线，空间轮廓线可以是模型面、模型边线。

（3）使用分割线放样：分割线是将草图曲线投影到实体模型或曲面模型表面上产生

的投影线，它将模型表面分割成多个分离表面，故称为分割线。使用分割线放样是利用分割线在模型上建立一个空间轮廓线来生成。

（4）使用引导线放样：使用一条或多条引导线连接轮廓线生成放样特征，轮廓线可以是平面或空间轮廓线，引导线控制特征中间的轮廓形状。

（5）使用中心线放样：利用曲线为中心线生成放样特征，且特征的每一个截面都与中心线垂直，中心线必须与轮廓线相交于轮廓内部。

4.3.2 设计特征

设计特征是指在设计过程中对基本特征所添加的各种特征，包括圆角特征、倒角特征、抽壳特征、筋特征等。

1. 圆角特征

通过选取零件的边线或面在零件上产生一个光滑的圆弧过渡面。它包括下列几种类型：等半径圆角、多半径圆角、圆形角圆角、逆转圆角、变半径圆角、混合面圆角。倒圆有两种类型：等半径倒圆和变半径倒圆。等半径倒圆指整个倒圆特征只有一个固定的值，变半径倒圆指可以有不同的倒圆半径值，如图4.11所示。

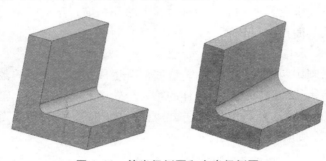

图4.11 等半径倒圆和变半径倒圆

在建立倒圆特征时应注意以下几点：

（1）在造型过程中，一般添加圆角特征的操作越靠后越好。

（2）可将所有的圆角放在一个层上面，在以后的操作中将这一层禁止，以提高显示速度。

（3）避免建立圆角特征的子特征。

2. 倒角特征

在所选的边线或顶点上生成一个斜面。倒角与倒圆的区别在于倒角使用平面来代替圆弧面。由于在加工过程中的倒角是针对突出的边和角，所以倒角只能是负特征。

3. 孔特征

在零件上产生各种类型的型孔，根据孔的形状可将其分为简单直孔和异型孔两种。孔的定位分两步进行：首先确定孔所在的平面，然后选择孔的标注参考。

（1）选择定位面。孔可以定位在一个平面上，孔的中心线总和所在的平面垂直。用户可以直接在曲面上建立孔，但是要求孔的中心线在曲面的法向，而且曲面必须是凸面（环面或者圆柱面）。用户也可以通过工作面建立到任意曲面上的孔。

（2）孔的标注。在确定了孔的放置平面后，还要确定孔的具体位置。确定孔的具体位置有以下四种方法：

①同轴。孔与一个已经存在的轴线同轴。

②两边定位。通过两条定位边确定孔的位置。

③工作点定位。孔的轴线通过曲面上的工作点，且与曲面的法向方向重合。

④已知孔定位。

孔的标注如图 4.12 所示。

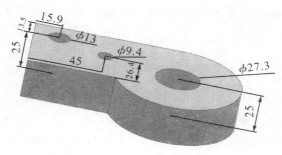

图 4.12　孔的标注实例

4. 拔模特征

选取一些模型面按指定的方向生成一定角度的斜面，以利于零件顺利地脱出模具。按拔模的生成方式和选择参考基准的不同，可将其分为以下三种：

（1）中性面拔模：选取一个平面或基准面为中性面，拔模角度以垂直于中性面来计算。

（2）分型线拔模：选取一条分割线为分型线，指定拔模方向和角度生成拔模特征。也可以根据需要生成阶梯拔模。

（3）阶梯拔模：选取一个基准面和一条分割线为参考面和分型线，指定拔模方向和角度生成拔模特征。

5. 抽壳特征

将一个模型按指定的厚度生成薄壁特征。生成抽壳特征时要有一个或几个移除面，而薄壁特征的不同面上的厚度也可以不同，但同一个面上的厚度必须相同。壳体特征是从实体上去除一个或多个表面，然后挖空实体的内部，只留下一个指定壁厚壳体。当建立一个壳体时，在此之前添加在实体上的所有特征都将被掏空。因此，在使用壳体特征时要特别注意特征的建立顺序。图 4.13 为抽壳特征的实例。

图 4.13　壳体特征

建立壳体特征有很多限制，如一个零件建立一个壳体特征后，再加上其他的特征，这个零件将不能再增加壳体特征。

6. 筋特征

利用一个或多个开环或闭环的轮廓线草图可在零件上产生一个指定拉伸厚度和材料添加方向的实体特征。

7. 圆顶特征

选取实体的一个平面来指定一个高度，产生一个凸起或凹陷的特征。

8. 特型特征

选取实体的一个曲面，通过展开、约束或拉紧方式生成一个变形面。同时，可以通过绘制草图或选取模型边线、曲线约束曲面的变形。

4.3.3 特征阵列

阵列能够从单一特征建立多重相同特征，即建立这个特征的多重实例，每一阵列实例和原始特征有相同的尺寸标注形式，并且任何阵列实例都不能从阵列中分离出来。所有的造型系统都提供阵列方法。在基于特征的数字化造型系统中，阵列类型包括尺寸驱动阵列和参考阵列。尺寸驱动阵列是阵列最主要的形式，它以某一个或者多个尺寸为驱动尺寸，形成在一个平面内的零件特征排列。参考阵列用来在某个已有阵列上添加一个特征阵列，新建阵列的排列方式和它参考的阵列完全一致，而且随着尺寸驱动阵列的变化而相应变化。

阵列的一般形式如图 4.14 所示。根据实例是沿直线排列还是沿圆周排列，阵列可以是矩形的或者是回转的。

图 4.14 特征阵列

4.3.4 特征复制

特征复制就是把一个已有的原特征复制到指定的位置。原特征可以是同一零件上的特征，也可以是不同零件上的特征。新复制的特征与原特征的相关参数可以自动建立依赖关系。这样当原特征发生变化时，新复制的特征也跟着改变。但是特征定位的参考尺寸不会随着原特征的改变而改变。

4.4 曲面造型

曲面与实体不同。平面有长度和宽度而无厚度。将平面弯曲成所想象的任意形状就成了曲面，平面是曲面的特例。平面有正面和反面，可用法线的方向表示。加工曲面时，加工的刀具只能在正面，而不能侵入反面。曲面造型在飞机、汽车及民用产品制造中应用很广。很多实体造型系统同时提供丰富的曲面造型功能。曲面不属于实体，但利用曲面可生成实体，实体也可生成曲面。

4.4.1　曲面生成

在实体造型系统中，生成曲面的方法大致有以下三类。

1. 基本曲面

利用轮廓直接生成的曲面为基本曲面。对一些标准的基本曲面如圆柱面、圆锥面、球面，设计者只需给定相应的参数即可生成。在不提供标准基本曲面的系统中，可以通过基本曲面生成方法获得。在实体造型系统中，生成曲面的方法多种多样，如拉伸扫描、回转扫描、圆管曲面和扫描曲面。

拉伸曲面是通过一条轮廓线按照指定的方向扫描一定的深度建立的，如图 4.15 所示。

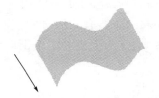

图 4.15　拉伸曲面

拉伸曲面与拉伸实体的区别在于它生成曲面的线可以是不封闭的，可以是自交的，也可以是空间曲线，且这些曲线不限于直线、圆弧，可以是复合线或样条。

旋转曲面是由一条轮廓线绕一条回转中心线扫描而成的曲面。轮廓线可以是直线、圆弧、样条或二维、三维复合线，回转角度可以是整周，也可以是任意角，如图 4.16 所示。

图 4.16　旋转曲面　　　　　　　　图 4.17　圆管曲面

生成圆管曲面需要先绘制一条曲线作为圆管的中心线，再设定圆管半径，这样就能够生成相应的曲面，如图 4.17 所示。

扫描曲面是一条或多条截形线沿着一条或两条轨迹线运动所得到的曲面。如果生成扫描曲面时使用多条截形线，则这些截形线可以是不同的，例如可以是圆、椭圆或矩形等形状。在生成扫描曲面时，软件会自动形成过渡，生成光滑连续的曲面。图 4.18 是扫描曲面的实例。

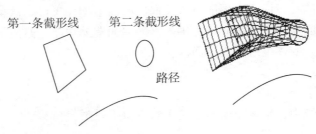

第一条截形线　　第二条截形线

路径

图 4.18　扫描曲面

2. 衍生曲面

衍生曲面是在已知存在的曲面或实体表面派生而成的曲面，其具体生成方式有以下几种：

图 4.19　偏移曲面

（1）偏移曲面。偏移（Offset）曲面是以选定的曲面为基础，按照设定的偏移距离所生成的曲面。生成的偏移曲面在形状上与基本曲面相同。图 4.19 是一个简单的偏移曲面的实例。

（2）倒圆曲面。倒圆曲面是在两个已有曲面之间按照设定的倒圆半径生成的曲面。倒圆有等半径和变半径两种。图 4.20 为生成的三个倒圆曲面。这三个曲面的交界处需要采用顶角倒圆。

图 4.20　倒圆曲面　　图 4.21　顶点倒圆曲面　　　　图 4.22　融合曲面

（3）顶点倒圆曲面。顶点倒圆曲面是在三个曲面之间按照设定的倒圆半径生成的曲面，如图 4.21 所示。

（4）融合曲面。它在两个到四个面或线之间的空隙处生成一个融合曲面，如图 4.22所示。

3. 蒙皮曲面

蒙皮曲面是在建立好的线框的基础上生成的曲面。可以这样理解这种曲面，即先用铁丝搭好一个框架，再把一块布蒙在框架上。这块布所具有的曲面形状就和铁丝框架的形状一致。蒙皮曲面的生成思想与这样的情况相似。蒙皮曲面有以下四种生成方式：

（1）约束曲面。生成约束曲面时，在具有任意三维空间形状的线框之间形成平直的面，构成约束曲面。

（2）二维平面。生成二维平面时，只能把在二维平面上的线框转变为以此线框为边界的二维平面。

（3）单向构造曲面。单向构造曲面是以一组任意数量的曲线为框架，在它们之间过渡而形成的曲面。

（4）双向构造曲面。双向构造曲面是在两组任意数量的曲线框架的基础上形成的曲面。

4.4.2　曲面编辑

1．曲面的点编辑

曲面是由 U 线和 V 线构成的。U 线和 V 线的交叉点就是曲面上的夹点。夹点越密，用其编辑曲面就越精细。可以通过拖动夹点来动态改变曲面形状。

2．曲面拼接

两个相邻或者相交的曲面可以拼接到一起，形成一个新的曲面。这就是拼接（Merge）曲面。拼接曲面有以下两种：

（1）并（Join）：对两个相邻的曲面作拼接。

（2）交（Intersect）：交线外的部分被剪掉。

曲面拼接如图 4.23 所示。

曲面拼接需注意两点：第一，并不是所有的曲面都能够连接，如曲面剪切过的边不能连接；两曲面边界接触，但不相切，且边界长度不等，也不能连接。第二，融合公差对曲面的拼接也很重要。如两曲面接触但不相切，或两曲面间的间隙小于两倍融合公差，则在公差范围内的部分在连接时将改变形状。间隙大于两倍融合公差的只在间隙内融合而不改变原曲面。

曲面1

曲面2

图 4.23　曲面拼接

3．曲面延展

曲面延展是曲面向某一方向上的扩展，即一张曲面的边界可以延伸，也可以缩小。

4．曲面裁剪

曲面裁剪的方法有很多，可以像实体的切削特征一样切除多余部分，也可以倒圆角。如图 4.24 所示为曲面裁剪的实例。

图 4.24　曲面裁剪

曲面是一种可用来生成实体特征的几何体，它具有许多与特征命令一样的性质，例如拉伸、旋转、切除等。但是，因为曲面命令作用于零厚度的实体特征，所以它拥有更为灵活的特性，以至于让最终完成的特征实体具备更多的可塑性。曲面绘制流程如图 4.25 所示。

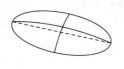

绘制多个草图　　　　　　填充曲面　　　　　　直纹曲面

填充曲面　　　　　　　缝合曲面并转化为实体　　　　　实体切除

图 4.25　曲面绘制流程

4.4.3　利用曲面特征建立实体模型

可以用下列方法将曲面应用于实体特征造型：

（1）选取曲面边线和顶点作为扫描的引导线和路径。

（2）通过加厚曲面来生成一个实体或切除特征。

（3）选取终止条件为"成型到某一面"或"到离指定面指定的距离"，来拉伸实体或切除特征。

（4）通过加厚已经缝合成实体的曲面来生成实体特征。

（5）用曲面替换面。

（6）使用曲面切除。

（7）使用放样切除。

利用曲面来建立实体特征，主要通过曲面截取的方法获得，其中可以将零件的一个表面完全用指定的曲面替换。一次曲面替换可以同时存在加材料和减材料的操作，也可以用曲面来取代实体曲面（或者多个实体曲面）的一部分，如图 4.26 所示。

图 4.26　曲面截取

4.5　装配造型

在零件造型完成以后，根据设计意图将不同的零件组织在一起，形成与实际产品装配相一致的装配结构，以供设计组分析评估，这种方法称为装配造型（Assembly Modeling）。通过参数化方法将零件组装成装配与用参数化方法将特征组装成零件的过程非常相似。

4.5.1　装配造型的基本概念

1. 部件

组成装配的单元叫作部件（Component）。一个装配是由一系列部件按照一定的约束关系组合在一起的。其中，在装配文件中生成的零件或从零件文件中调入的零件称为内部装配件（Local Assembly Definition），简称内部件。从外部调入的零件称为外部件。第一个被放到装配中的部件称为基部件（Base Component）。基部件不能被删除或者禁止，不能被阵列，也不能变成附加部件。装配文件可以嵌套，嵌套在装配文件中的装配文件称为子装配（Subassembly）。

2．自由度和装配约束

参数化的装配过程是根据实际的装配过程建立不同部件之间的相对位置。其中，自由度和装配约束是重要的装配参数。

（1）自由度（DOF）。浮动件作为刚体的运动有六个自由度：三个移动，三个转动。

（2）装配约束。装配约束有面对面、线对线等形式。增加一次约束，自由度就会相应减少。主要的约束方式有以下几种：面对面，限制两个旋转和一个移动，即减少三个自由度；面对点，限制两个旋转和一个移动；面对点，限制一个移动；线对线，限制一个转动和两个移动；线对点，限制两个移动；点对点，限制两个移动。

3．装配树

装配树表示在装配中各构件间的逻辑关系（也叫作层次结构），即一方面表示了零件之间的层次关系，另一方面表示了构件在装配中的前后顺序（称为构件的排序）。构件之间的这种逻辑关系直观地以一个树状的结构表示，叫作装配树。用户可以从装配树中选取装配部件，或者改变部件之间的关系。

4.5.2　装配过程

装配过程，事实上就是按产品的要求一步一步增加装配约束，逐渐减少构件的自由度，使之按规定的约束组装起来形成产品的过程。装配造型的一般步骤：①生成基部件；②增加部件或特征。

在装配过程中，装配约束是最重要的装配参数。有些系统把约束和尺寸共同参与装配的操作也归入装配约束。对于不同的装配造型软件，其装配约束类型各有不同。以Autodesk 公司的 MDT 为例，其装配约束有四个命令：配合、平齐、对准和插入。它们实现面对面、面对线、面对点、线对线、线对点、点对点的约束。其约束关系具体见表 4.1。

表 4.1　装配约束关系

	平面			曲面		直线			曲线		点
	重合	平行	垂直	重合	相切	重合	平行	垂直	重合	相切	重合
平面	X	D	X		X	X	X	X		X	X
曲面			X	X						X	X
直线	X	X	X		X	X	X	X		X	X
曲线					X				X	X	X
点	X			X		X			X		X

注："X"表示两个定位元素能建立约束，"D"表示另外需要一个尺寸参数。

1. 配合

配合的基本形式是实现面对面的配合。它能实现面对面、面对点、线对线、线对点、点对点的约束。其中有些约束可以给出偏距,偏距值可正可负,如图 4.27 所示。

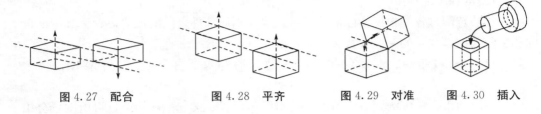

图 4.27 配合   图 4.28 平齐   图 4.29 对准   图 4.30 插入

2. 平齐

平齐只能实现面对面的约束,使面与面看齐,即将两个面重合并且朝着同一方向偏。偏离平齐是两个平面平行并且朝着同一方向,它们之间的距离就是偏移量,如图 4.28 所示。

3. 对准

对准的基本形式是两轴线间的夹角,能给出线对线、线对面、面对面的夹角,与面的夹角也是通过面的法线给出的,如图 4.29 所示。

4. 插入

插入实现将轴一次插入孔中,是一个复合约束命令,完成线对线与面对面的约束。插入在装配中经常被使用。一般情况下,应该优先使用插入约束进行装配。插入约束在生成爆炸图的过程中始终保持插入轴线的重合,如图 4.30 所示。

一般情况下,一个部件往往需要添加几个约束才能确定其位置。当添加足够的约束以后,部件完全被确定,这时计算机会有相应的提示。在这种情况下,如果继续添加约束,计算机一般就不允许了。在添加约束的过程中,应注意以下问题:

(1) 先后添加的约束不能矛盾。

(2) 如果是插入配合,应添加插入约束。

(3) 如果在装配中计划用阵列的方法复制部件,则最好选用带偏距的配合和平齐。

(4) 优先使用平面约束。

(5) 优先使用实体表面的约束。

(6) 对称的情况下尽量参考对称面。

4.5.3 在装配模式下建立零部件

在装配过程中常常需要添加零件,编辑时要保证它原有的装配关系。在装配模式下建立零件有以下两个优点:

(1) 能够轻易地建立大小、形状和装配相配的零件轮廓,因为在草绘时可以直接利用其他零件上的图形要素。

(2) 零件一旦建立起来,就自动装配到装配模型中,不必重新添加装配约束。

但是,在装配模式下建立零件也存在缺点:部件的位置约束取决于零件的基特征。当更新一个部件的位置时,必须重建零件的截面,也就是说,必须重建整个零件,这样会影响模型的处理速度。

装配模式下建立的零件和零件模式下建立的零件一样，用户可以在零件模式打开它、修改它，并在别的装配中使用它。

在装配模式下，可以建立一个零件的镜像零件。镜像零件的建立有以下两种选择：

（1）关联：镜像零件的所有信息都来自参考零件。参考零件被改变，镜像零件也会发生改变。

（2）独立：镜像零件复制原始零件的所有关系和特征，然后和原始零件完全脱离，成为独立的零件。

在装配造型过程中还可以生成部件。在装配造型过程中生成一个新的部件与安装一个部件有很大的区别。前者无须将已经预先建立的装配作为部件，它只是给当前装配的部件占据一个位置，退出当前的装配操作后再去建立该部件。在装配造型过程中生成一个新的部件是自上而下的设计方法。

4.5.4　装配造型的修改及装配信息

常用的装配修改方法有三种：

（1）修改装配的部件。

在装配修改中可以修改装配中每个部件的尺寸，也可以在装配中选择一个零件来添加、删除、修改它的特征。如果在装配模式下对部件做了修改，则相关的零件和工程图会自动更新。

（2）部件和装配的命名。

在装配中可以给部件命名，以便帮助记忆和查找。

（3）装配部件的重构。

使用装配部件的重构可以把部件从一个子装配移到另一个子装配，或者从装配最高层移到子装配层，或者反过来进行。

在装配造型的过程中，大部分造型系统提供给用户有关装配的一些信息，如计算装配的物理属性、进行干涉检查以及可见性控制等。

（1）重心、自由度、工作特性及构件的可见性控制。

在这一控制中，可以控制零件、部件、几何中心、自由度的隐或显，也可以控制全部工作平面、工作轴、工作点的隐或显。控制的方式有多种，可以选择全部或进行筛选，也可以对单个目标进行选择。

（2）干涉检查。

它能检查装配中零件间的干涉，也能检查部件内零件间的干涉。

（3）构件的物理特性。

可以利用装配造型计算装配的物理属性，比如体积、重心、惯性矩等。计算之前要输入计算精度、指定参考坐标系、长度单位和质量单位。零件的密度、比热等机械物理特性在选定材料后可确定下来。

（4）最短距离。

可以测量出装配的插入件或者其他目标间的最短距离，并用直线显示在屏幕上。

（5）材料单。

材料单（BOM）提供了当前装配的所有零件和参数的列表。

4.5.5 装配模型的场景模式

装配模型的场景模式（Scene Mode），也称爆炸图模式。为了清楚地表达一个装配，将部件沿其装配的路线拉开，就形成所谓的爆炸图（Explode）。爆炸图可以显示出各构件之间的装配关系。在场景模式中，不能编辑构件和它们之间的约束关系，但可以编辑爆炸图中构件间的位置及表示装配关系的轨迹。另外，只有定义了场景模式，才可能生成视图模式，因为视图模式是指一定场景下的二维视图。同一装配图可有多个场景，每个场景都能生成与它相对应的二维视图。

图 4.31　机械臂的爆炸图

爆炸图能形象地表示各构件间的装配关系，便于用户按组装和维修，多用于产品的说明插图。图 4.31 为机械臂的爆炸图。

可以给每一个装配设立多重爆炸状态，可以定义、调整各构件在爆炸图中的位置，还可以通过在场景图上增加一些辅助线，显示构件爆炸后的位置与爆炸前的位置之间的关系，以便清楚地显示构件间的装配关系。以后在任何时间都能使用这些爆炸状态来显示装配的爆炸图。

4.5.6 建立产品模型

现代 CAD 系统在建立产品模型时，应该综合自下而上（Bottom-Up）和自上而下（Top-Down）的设计方法。前者先设计零件，然后搭积木式地进行装配设计；后者首先进行总体原则设计，然后将总体原则贯穿到所有的子装配或者部件中。自上而下的设计非常适合于复杂的大型装配，其具有以下优点：

（1）自上而下的设计可以首先确定各子装配或零件的空间位置和体积、全局性的关键参数，这些参数将被装配中的子装配和零件所引用。这样，当总体参数在随后的设计中逐渐确定并发生改变时，各零件和子装配将随之改变，更能发挥参数化设计的优越性。

（2）自上而下的设计使各个装配部件之间的关系变得更加密切。像轴与孔的配合，装配后配钻的孔，如果各自分别设计，既费时，又容易发生错误。通过自上而下的设计，一个零件上的尺寸发生变化，对应的零件也将自动更新。

（3）自上而下的设计方法有利于不同的设计人员共同设计。在设计方案确定以后，所有承担设计任务的小组和个人可以依据总装设计迅速开展工作，可以大大加快设计进程，做到高效、快捷和方便。

自上而下的设计需要经过以下步骤：

（1）确定设计目标。确定诸如产品的设计目的、如何满足功能要求、必要的子装配、子装配与其他装配的关系、哪些设计将可能变动、有无可参考的设计等。

（2）定义大致的装配结构。把装配的各子装配勾画出来，至少包括子装配的名称，形成装配树。每个子装配可能来自一个已有的设计，或者仅仅是一个空部件，不过随后就可以细化每个子装配。这些结构是产品总设计师设计并维护的，其结果将公布给所有参加设计的人员。

（3）设计骨架模型。每个子装配都有一个骨架模型，在三维设计空间用它来确定装配的空间位置和大小、部件与部件之间的关系以及简单的机构运动模型。骨架模型包含整个装配重要的设计参数。这些参数可以被各部件引用，所以骨架模型是装配设计的核心。

（4）将设计意图贯穿到装配结构中。将设计参数从上层的装配逐渐传递到下层的部件中。

（5）部件设计。当获得所需要的设计信息以后，就可以着手具体的部件设计。部件设计可以在装配中直接进行，也可以装配已经预先完成的部件造型。

（6）设计条件的传递。自上而下的设计中，相关的设计信息可在不同的装配部件之间传递。

4.6　生成工程图

用三维实体模型取代二维视图来表达产品设计信息，实现无纸化设计，是现代CAD 的发展趋势。但就现阶段而言，大多数企业仍需采用二维工程图来传递生产信息。这就需要将基于三维实体模型的零件造型和装配造型转化为二维工程图纸，以适应当前企业的生产状况。

从三维实体模型直接转化而来的二维工程图与传统方法直接绘制出来的二维工程图有着本质的区别。首先，从三维实体模型生成的二维工程图与三维模型（零件、装配件）之间具有全相关性，即改变三维实体模型的尺寸不但影响三维实体模型的大小和形状，而且影响工程图中对应的尺寸、大小和形状；反之，改变工程图中的尺寸不仅影响工程图的大小和形状，而且影响三维实体模型的相应尺寸、大小和形状。在造型过程中增加和删除特征都会自动反映到对应的工程图上。而用传统方法绘制的工程图，是工程师头脑中的产品模型在平面图纸上的表达，所以二维工程图上的错误可能是头脑中产品模型建立有误，也可能是模型在表达上有误。我们在工程图纸上无法分辨，这无疑大大增加了查找错误的难度。此外，用三维实体模型生成二维工程图具有一定程度的智能化，用户无须考虑诸如投影变换、曲面相贯、轴测图等问题，计算机会自动按用户要求完成这些工作。但是如何组织视图，生成符合国家标准的、美观的图纸，仍需要一定的知识和经验。

4.6.1　环境设置

建立工程图的绘制环境是指在生成工程图前，按照国家标准（或国际标准）对工程图作必要的设置，确定图幅、标题栏、明细表、尺寸标注格式、孔的简化标注格式等内容，以便绘出的二维工程图符合国家标准（或国际标准），符合自己单位的习惯。用户不需要在每次生成工程图时都对环境进行设置，因为所有的 CAD 软件都提供保存和调用环境设置的方法。

1. 图幅设置

一般的 CAD 系统均提供英制和公制两类国际上常用的标准图纸幅面，并将其制成原型图供用户调用，见表 4.2。

表 4.2　标准图纸幅面

英 制			公 制		
代号	大小	单位	代号	大小	单位
A	8.5×11	in	A0	841×1189	mm
B	11×17	in	A1	594×841	mm
C	17×22	in	A2	420×594	mm
D	22×34	in	A3	297×420	mm
E	24×24	in	A4	210×297	mm
F	28×40	in	A5	148×210	mm

图幅的放置有横竖之分。为了装订方便，一般 A0、A2、A4 要竖置（Portrait），即长边为宽，如图 4.32（a）所示，而 A1、A3、A5 要横置（Landscape），如图 4.32（b）所示。

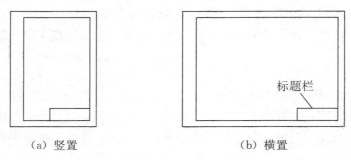

(a) 竖置　　　　　　　　　　　　(b) 横置

图 4.32　图幅放置

根据国家标准，图框与图纸装订边的距离为 25 mm；对 A0、A1、A2 幅面，图框与其他非装订边的距离为 10 mm，对其他幅面为 5 mm。若图样不需要装订，则图框与图纸装订边的距离对 A0、A1 幅面为 20 mm，对其他幅面为 10 mm。

标题栏位于图框的右下角。标题栏分为零件标题栏和装配标题栏两类。在零件标题栏中有零件的名称、数量、材料、比例、所属装配、质量、张数、序号、设计、审核、工艺、批准人员的签名和日期、设计单位等。标题栏的格式一般都由各单位根据国家标准自行制定。

由于不同的国家和单位采用的标准图样各不相同，所以用户可以定制适宜本单位使用的标准图样供设计人员在生成工程图时采用。

2. 比例设置

在生成工程图时，计算机可以根据图纸和零件的大小自动给定图纸的比例，但是往往需要用户做进一步的修正，用户应尽量使用 1∶1 的比例。如果实物过大或过小，则需按照国家标准来放大或缩小。放大比例有 $2:1$，$2.5:1$，$4:1$，$5:1$，$10n:1$；缩小比例有 $1:10^n$，$1:(1.5 \times 10^n)$，$1:(2 \times 10^n)$，$1:(2.5 \times 10^n)$，$1:(3 \times 10^n)$，$1:(4 \times 10^n)$，$1:(5 \times 10^n)$。

图纸的比例根据作用范围的不同分为两种：全图（Global）比例和视图（View）比例。全图比例是图纸上所有视图默认的比例，除非某视图被指定为特殊的视图比例，全图比例要标注在标题栏的比例一格中，视图比例则显示在对应视图的名称下方。全图比例和视图比例互不影响，比例可以作为一个给定的表达式来计算。在 CAD 软件中，调整图纸的比例是一个简单的操作，根据视图的布置情况和零件的投影效果，用户随时可以调整全图比例和各视图的比例。

3. 其他设置

要生成符合国家标准和企业绘图习惯的工程图，计算机还需要很多格式信息来决定尺寸样式、文本高度、字体、线型、中心线样式等内容。一般情况下，用户在首次使用软件时，就应将用户绘图环境建立并保存在一个设置文件（或数据库）中。这样用户在新建工程图时，就可以调用已定制好的设置文件。如果还没有自己制定的设置文件，可以使用系统提供的缺省文件。缺省文件一般遵循国际上通用的标准，如 ISO（国际）、ANSI（美国）、DIN（欧洲）、JIS（日本）标准。我国的国家标准基本与 ISO 标准相同。

工程图主要包括以下内容：

（1）单位：采用 mm，kg，s。

（2）字体的高度：一般应设置为 20 mm，14 mm，10 mm，7 mm，5 mm，3.5 mm，2.5 mm。

（3）箭头的长度：4 mm。

（4）字体：推荐仿宋体。

（5）字的宽高比：推荐 $2:3$。

4.6.2　二维视图

二维视图（View）是零件或装配件在图纸上的一个投影，它是工程图的重要组成部分。一个图纸中至少包含一个视图。但是在大部分情况下，用户需要多个视图才能表达清楚一个零件或者装配件。

1. 视图管理

在生成工程图时，第一个生成的视图要确定零件在图纸上的投影方向。一般来讲，第一个视图就是主视图，随后增加的视图，其投影方向可以由以前的视图确定，形成视图之间的父子关系。所以改变父视图的投影方向，将影响该视图的投影方向。

用户可以增加、删除、移动、修改和显示视图。但是在删除视图时，如果这个视图拥有子视图，则必须首先删除所有的子视图，以后才能删除该视图。视图在图纸上的位置可以通过移动命令来移动。在移动的过程中，如果视图之间有对应的投影关系，则在移动过程中不能违反它们之间的对齐关系。例如，计算机不允许用户在水平方向移动俯视图，因为俯视图的水平位置要与主视图对应。在显示视图时，如果图纸上的图形比较复杂，而用户只对其中某些特定的视图感兴趣，这时就可以利用层的技术，隐去无关的视图，这样可以节省显示图纸的时间，以后需要的时候再将其恢复。

2. 视图类型

视图类型是指表达零件的方法，一般可分为以下几种：

(1) 基础视图（或主视图）。它是由三维生成的第一个视图，其投影方向根据最能表征零件特征的方向由用户确定。其他视图则必须根据其与主视图的相对位置由计算机自动确定。图 4.33 为零件的主视图。

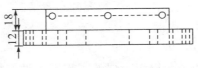

图 4.33　零件的主视图

(2) 正交视图。正交视图就是通常所说的三视图，能由主视图生成俯视图，左、右视图，顶视图等。注意有两种截然不同的确定其他视图的方法，即第一投影法和第三投影法。我国和欧洲的部分国家采用第一投影法，美国和日本则采用第三投影法。用第一投影法得到的俯视图和用第三投影法得到的顶视图是一样的，左、右视图则正好相反。目前在市场上流行的很多 CAD 软件都是美国开发的，这些软件默认的设置是第三投影法。但所有的软件都同时提供第一投影法，我国用户在使用时需要重新设置这个参数。图 4.34 是从零件主视图获得的正交视图。

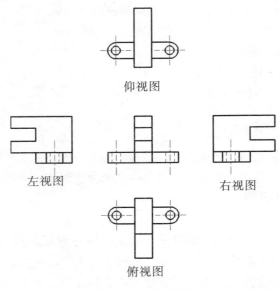

图 4.34　正交视图

(3) 任意视图。它可由任一个视图生成任意方向的视图。任意视图的方向由用户确定，在图纸上生成的第一个视图就属于任意视图，轴测图也是典型的任意视图。任意视图不受其他视图的影响，用户可以随时调整方向。图 4.35 是从零件造型中获得的轴测图。

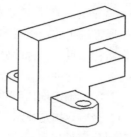

图 4.35　轴测图

（4）斜视图。当零件上存在与基本投影面成倾斜角度的表面结构时，为了清楚地表达倾斜表面视图方向的零件形状，需要采用斜视图。斜视图需要依据另外的视图确定其投影方向，所有的斜视图总是某个视图的子视图。斜视图的视图范围可以是全视图、半视图和局部视图，可以剖切、局部剖、半剖或不剖。但习惯上局部斜视图用得比较多。

（5）局部视图。当机件在某个方向有部分形状需要表示，又没有必要显示整个零件时，可以用局部视图仅仅显示零件的一部分。局部视图总是某个视图的子视图。在生成局部视图时，用户需要在其他的视图上指定一个区域，一般用样条曲线或矩形区域绘制局部区域的封闭边界，然后指定局部视图的位置并命名。局部视图一般要放大比例绘制。图 4.36 为从其他视图获得的局部放大视图。

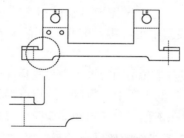

图 4.36　局部视图

（6）打断视图。当较长的机件沿长度方向的形状基本一致，或按一定规律变化时，例如轴、连杆、型材等，可以生成打断视图。

（7）全剖视图。当零件具有复杂的内部结构时，尽管可以用虚线表示内部结构，但是效果不如采用剖视图。生成剖视图时，需要指定剖切平面的位置，该剖切平面必须和屏幕平行，或者生成剖切路径。所有的剖视图都必须定义剖切平面或者剖切路径。复杂的剖切路径可以利用草绘生成。所有的剖切路径都有名称，以便在生成剖视图时引用。单个平面的剖视，其剖切平面也可以在工程图的其他视图中通过已有的平面指定。图 4.37 为全剖视图。

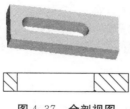

图 4.37　全剖视图

（8）半剖视图。当零件具有对称表面时，在垂直与对称面的投影面上的投影，可以对称中心线为界生成剖视图，另一半则按原方法生成投影视图，这就是半剖视图。半剖比全剖能表达更多的信息。当零件的形状近似对称，且不对称部分另外有视图表达清楚时，也可以生成半剖视图。在生成半剖视图时，首先，指定剖切分界线的位置，可以指定一个与投影方向垂直的平面，通过当前的视图选择；其次，确定剖切面的位置，可以通过选择已定义的剖切面的位置或通过其他的视图选择平面；最后，指定显示剖切位置符号的视图。

（9）局部剖视图。用剖切平面剖开零件的一个局部位置，以显示局部的内部结构，同时用波浪线包围剖视范围，这就是局部剖视。生成局部剖视图时应首先创建剖切平面，然后确定参考点，绘制表示剖切范围的样条曲线。

（10）阶梯剖视图。阶梯剖是在零件上定义阶梯状的剖切面。

4.6.3　尺寸及符号标注

1. 尺寸标注

由三维实体生成的二维视图有以下几类尺寸：

（1）参数尺寸。生成实体时标注的尺寸，在视图中自动生成。它的特点是能驱动实体，即改变参数尺寸后三维实体和所有视图都相应改变。

（2）参考尺寸。参考尺寸是视图生成后标注的用于参考的尺寸。它不能驱动图形，但图形变动（大小、位置）后，它能随图形自动做相应的改变。

（3）一般尺寸标注。在视图中也可用，但它既不能驱动图样，也不能随图形变化，一般在视图中不用。

很多软件在工程图中能够防止在不同的视图中重复标注同一尺寸。一个尺寸只能显示在图纸中一个与尺寸标注面平行的视图中。当然，用户可以将尺寸从一个视图移动到另一个合适的视图中。用户也可以在工程图中显示和移动模型尺寸，增加或删除参考尺寸。

在生成二维视图后，首先需要将图形已有的参数尺寸显示出来。初次自动显示的尺寸可能会比较乱，这就需要对其进行调整和修饰。常用的方法有以下几种：

（1）尺寸移动。尺寸移动能改变尺寸标注的位置，也能将尺寸从一个视图移动到另一个视图，还能改变文字的左右标注和标注点的位置。

（2）尺寸隐藏。可以隐藏/显示参数尺寸、参考尺寸等。

（3）改变尺寸显示方式。与在模型空间一样，在图纸空间也可将尺寸显示为数值形式、变量形式和公式形式。

（4）尺寸单位。用户可以改变尺寸的单位和精度。

（5）尺寸对齐。将所选尺寸的标注线与所选基准尺寸标注线对齐。

（6）尺寸连接。将几个尺寸连接成一个尺寸。

（7）尺寸插入。将一个尺寸分解为两个尺寸。

（8）打断尺寸线。可以将尺寸线或尺寸延长线打断。

（9）修改尺寸箭头的样式。

2. 符号标注

符号标注主要指标注公差和表面粗糙度等符号。

（1）形位公差。

设置形位公差要经过以下步骤：

①选择实体模型。一般为当前图纸所表达的模型。

②选择形位公差所依附的被测要素，如边、轴、曲面等。

③确定形位公差在图纸上的位置。

④确定形位公差的基准要素。

⑤确定形位公差的数值。

用户可以添加引线或将已画的引线去掉，也可对箭头类型进行选择。

（2）表面粗糙度。

表面粗糙度是图纸上需要表达的加工信息。其标注需要经过以下步骤：

①选择附加表面粗糙度的位置。

②选择表面粗糙度的类型。

③输入表面粗糙度数值。

（3）尺寸公差。

尺寸公差指允许的尺寸变动量。用户在标注尺寸公差时，首先必须指明所用的公差标准，一般应选用 ISO 标准。CAD 软件提供标准公差数值表，以便计算公差值。这就避免了用户在标注尺寸公差时查寻公差手册。图纸上的所有尺寸都被自动指定为自由公差，用户可以重新将某个尺寸的公差指定为标准公差，或者自定义的非标准公差，即任意输入上偏差和下偏差。

3. 说明信息

工程图中除了标注尺寸和中心线外，还标注有很多说明，如形位公差、表面粗糙度、数字、文字说明等。它们有些是和视图联系在一起的，有些是独立的，不会随视图的移动而移动，也不会因尺寸驱动而跟着动。用户可以使用键盘输入或者以文件读入的方式添加注释。注释的高度、字体等受工程图设置文件限制。

注释分为三种，即无引出线注释、有引出线注释、连接到模型上的注释。

除了文本和特殊符号外，注释中还可包含模型尺寸、阵列实例个数、符号、工程图标签等参数。注释可以删除、修改和隐去。

习题

1. 特征造型的主要特点是什么？
2. 举例说明参数化特征造型的主要步骤。
3. 特征的工程意义与作用是什么？特征分为哪几类？
4. 简述特征建模与实体建模的关系和区别。
5. 简述自上而下的设计方法与自下而上的设计方法的区别与应用特点。
6. 基于三维实体模型生成的二维工程图与用传统方法绘制的二维工程图有什么区别？

第 5 章　产品数字化仿真技术

　　产品数字化分析与仿真技术研究如何对工程或产品进行仿真分析、性能预测、优化设计，使工程或产品最终达到最优的性能。它主要包括有限元分析技术、优化设计技术、数字样机技术等，已成为 CAD/CAE/CAPP/CAM/PDM 集成中不可缺少的工程分析技术。通过产品数字化分析、优化与仿真对产品进行性能与安全可靠性分析，对其未来的工作状态和运行行为进行模拟，以尽早发现设计缺陷，并证实未来产品功能和性能的可用性与可靠性。本章将介绍有限元分析方法的原理、产品系统仿真技术、数字样机技术和 CAE 应用实例。

5.1　仿真概述

　　仿真是对系统模型的试验，研究已存在的或设计中的系统性能的方法及其技术。仿真可以再现系统的状态、动态行为及其性能特征，用于分析系统配置是否合理、性能是否满足要求，预测系统可能存在的缺陷，为系统设计提供决策支持和科学依据。根据仿真模型的不同，可将其分为物理仿真、数学仿真和物理—数学仿真。物理仿真是对实际存在的模型进行试验，研究系统的性能；数学仿真是用数学模型代替实际系统进行试验研究；物理—数学仿真则是两者的综合。

　　按系统状态变化，仿真系统可分为连续系统和离散系统。连续系统指系统状态随时间发生连续变化，如化工、电力、液压—气动、铣削加工等。对于连续系统，可采用微分方程、状态方程、脉冲响应函数进行表达。离散系统指只在离散的时间点上发生"事件"时，系统状态才发生变化的系统，如生产线、装配线。对于离散系统，通常采用差分方程进行表达。按应用性质不同，仿真系统可分为系统研制和系统应用。系统研制用于系统分析、设计、制造、装配、检测及优化。系统应用用于系统操作及管理人员培训。

　　仿真技术在制造系统中的各阶段都有应用。它在概念化设计阶段，对设计方案进行技术、经济分析和可行性研究；在设计建模阶段，建立系统及零部件模型，判断产品外形、质地及物理特性是否令人满意；在设计分析阶段，分析产品及系统的强度、刚度、振动、噪声、可靠性等性能指标；在设计优化阶段，调整系统结构及参数，实现系统特定性能或综合性能的优化；在制造阶段，进行刀具加工轨迹、可装配性仿真，及早发现加工、装配中可能存在的问题；在样机试验阶段，进行系统动力学、运动学及运行性能仿真和虚拟样机试验，以确认设计目标；在系统运行阶段，调整系统结构及参数，实现性能的持续改进和优化。

数字化仿真具有以下优势：

（1）提高产品质量，实现产品全生命周期的综合性能最优。

（2）取代物理样机，缩短产品开发周期。

（3）以虚拟样机代替实际样机或模型，降低产品开发成本。

（4）完成复杂产品的操作和使用训练。

5.2　数字化仿真的基本步骤

系统建模是仿真工作的基础，模型的质量和准确性决定了仿真结果的可信性和有效性。系统建模包括几何建模和数学建模。几何建模是建立仿真对象的几何模型。数学建模是根据仿真目标建立数学模型。数学建模的方法通常有两种：一种是演绎法，即从某些前提、假设、原理和规则出发，通过数学或逻辑推导建立模型；另一种是归纳法，通过对真实系统的测试，获得有关真实系统本质的信息和数据，对其进行抽象，得出真实系统规律性的描述。

第一步是确定可信度。在建立数学模型的过程中，模型的可信度是一个非常重要的指标，建模的先验知识及试验数据是否正确完备，建模方法是否合理以及模型转换精度如何，都会影响模型的可信度，从而影响仿真结果的可信度。

第二步是仿真建模。仿真建模采用仿真软件中的仿真算法或通过程序语言，将系统的数学模型转化为计算机能够接受的技术程序。

第三步是仿真试验。运行仿真程序、进行仿真研究的过程，是对建立的仿真模型进行数值试验和求解的过程。

第四步是仿真结果分析。一方面可以采用图形化技术，通过图形、图表、动画等形式显示被仿真对象的各种状态，使得仿真数据更加直观、丰富和详尽，有利于对仿真结果的分析；另一方面，由于仿真技术中包括主观方法、抽象化、直观感受和设想，因此必须对仿真结果做全面的分析。

5.3　数字化仿真软件的构成、现状与发展趋势

数字化仿真软件可分为两大类：一类是基于仿真语言的数字化仿真软件。其应用较广泛，但缺乏针对性，用户需要具备一定的专业知识、建模能力及编程技巧，仿真模型开发的工作量大，如 GPSS、SIMSCIPT、SIMAN；另一类是基于专用仿真环境的仿真软件，其针对特定的应用领域，用户可以将精力集中在系统分析和建模上，有利于提高仿真效率和质量，如 ProModel。

现代数字化仿真软件采用开放式结构，接口标准化：网络接口、通信协议、操作系统都要求标准化；事件驱动的编程方法：将与仿真对象有关的数据和结构信息作为驱动事件分离出去；模块化建模：是事件驱动编程的基础，可提高代码利用率，减小软件规模；数据处理技术：数据是仿真的基础。支持机械产品开发的数字化仿真软件种类繁多，有运动学、动力学、结构热设计、数控编程及加工仿真、生产线及装配线、注塑模

具、冲压成形、流体传动、物流系统、生产管理等各类数字化仿真软件。

5.3.1　数字化仿真软件的基本结构与功能

数字化仿真软件所具有的主要功能：①基于几何模型的 CAE 系统可以很容易地计算零件的质量参数；②具有机构分析功能的 CAE 系统可以检查机构的运动是否与设想的一致，以及在运动过程中是否发生碰撞，即进行干涉校验；③基于数理模型的 CAE 系统利用有限元法、边界元法和模态分析法，可以对所设计的产品进行强度分析、振动分析和热分析。

现行 CAE 软件的基本结构如图 5.1 所示，其所包含的算法和软件模块分类如下：

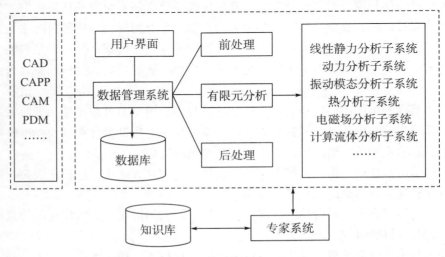

图 5.1　CAE **软件的基本结构**

（1）前处理模块。它具有直接实体建模与参数化建模，构件的布尔运算，单元自动剖分，节点自动编号与节点参数自动生成，荷载与材料参数直接输入与公式参数化导入，节点荷载自动生成，有限元模型信息自动生成等功能。

（2）有限元分析模块。它具有有限单元库，材料库及相关算法，约束处理算法，有限元系统组装模块，静力、动力、振动、线性与非线性解法库等模块。大型通用 CAE 软件在实施有限元分析时，大都要根据工程问题的物理、力学和数学特征，将其分解成若干个子问题，由不同的有限元分析子系统完成，如线性静力分析、动力分析、振动模态分析、热分析等子系统。

（3）后处理模块。它具有对有限元分析结果的数据平滑，各种物理量的加工与显示，针对工程或产品设计要求的数据检验与工程规范校核，设计优化与模型修改等功能。

（4）用户界面模块。它具有交互式图形界面，弹出式下拉菜单、对话框、数据导入与导出宏命令，以及相关的图形用户界面图符等。

（5）数据管理系统与数据库。不同的 CAE 软件所采用的数据管理技术差异较大，有文件管理系统、关系型数据库管理系统及面向对象的工程数据库管理系统。数据库应该包括构件与模型的图形和特征数据库，标准、规范及有关知识库等。

（6）共享的基础算法模块。它包括图形算法、数据平滑算法等。

值得指出的是，近十年国际上知名的 CAE 软件在单元库、材料库、前后处理，特别是在用户界面和数据管理技术等方面都有了很大的发展。

CAE 软件对工程和产品的分析、模拟能力主要取决于单元库和材料库的丰富和完善程度。单元库所包含的单元类型越多，材料库所包括的材料特性种类越全，其 CAE 软件对工程和产品的分析、仿真能力就越强。一般 CAE 软件的单元库都有百余种单元，并拥有一个比较完善的材料库，使其对工程和产品的物理、力学行为具有较强的分析模拟能力。

CAE 软件的计算效率和计算结果的精度主要取决于解法库。如果解法库包含了多种不同类型的高性能求解算法，那么它就会对不同类型、不同规模的仿真问题，以较快的速度和较高的精度求解出结果。随着 CAE 软件在单元库、材料库和求解器方面的改造、扩充和完善，目前国际上先进的 CAE 软件已经可以对工程和产品进行以下性能分析、预测及运行行为模拟：

（1）静力和拟静力的线性与非线性分析。它包括对各种单一和复杂组合结构的弹性、弹塑性、塑性、蠕变、膨胀、几何大变形、大应变、疲劳、断裂、损伤，以及多体弹塑性接触在内的变形与应力应变分析。

（2）线性与非线性动力分析。它包括交变荷载、爆炸冲击荷载、随机地震荷载以及各种运动荷载作用下的动力时程分析、振动模态分析、谐波响应分析、随机振动分析、屈曲与稳定性分析等。

（3）稳态与瞬态热分析。它包括传导、对流和辐射状态下的热分析、相变分析，以及热结构耦合分析。

（4）静态和交变态的电磁场和电流分析。它包括电磁场分析、电流分析、压电行为分析以及电磁/结构耦合分析。

（5）流体计算。它包括常规的管内和外场的层流、湍流、热/流耦合以及流/固耦合分析。

（6）声场与波的传播计算。它包括静态和动态声场及噪声计算，固体、流体和空气中波的传播分析等。

前后置处理是近十多年发展最快的 CAE 模块。它们是 CAE 软件满足用户需求，使通用软件专业化、本地化，并实现与 CAD、CAM、PDM 等软件无缝集成的关键性模块。它们是通过增设与 CAD 软件（如 Pro/E、Unigraphic、CATIA、MDT、Inventor、SolidEdge、SolidWorks、SolidDesigner 等软件）的接口模块，实现对 CAD、CAE 的有效集成；通过增加面向行业的数据处理和优化算法模块，实现在特定行业的有效应用。

随着计算机图形用户界面和联机共享的图形与数据库软件的发展，CAD/CAE/CAM/PDM 正在改变要求用户适应软件的状况，积极朝着主动适应用户要求、为用户提供方便的方向发展。有些 CAE 软件不仅具有常见的弹出式下拉菜单、对话框、工具杆和多种数据导入/导出的宏命令，而且开发了若干专用的智能用户界面，帮助用户选择单元形态、分析流程、判断分析结果等。

数据管理系统和数据库已经成为所有大型工程应用软件实现系统集成的核心和基础。虽然不同的 CAE 软件采用的数据管理技术和数据库模型不尽相同，但都设置了相对独立的数据管理模块组，这为整个 CAE 软件的功能扩充，实现与相关的 CAD、CAM 等软件的集成运行奠定了基础。

现行的 CAE 技术已经成熟，CAE 软件的可用性、可靠性和计算效率问题已经基本解决。在迅速普及的高性能/价格比的计算机系统的支持下，CAE 软件应该成为工程师们实现其工程创新和产品创新的得力助手和有效工具。他们可以使用 CAE 软件对其创新的设计方案快速实施性能与可靠性分析，并进行虚拟运行模拟，尽早发现设计缺陷，实现设计优化；在实现创新的同时，提高设计质量，降低研究开发成本，缩短研究开发周期。

5.3.2　数字化仿真软件的现状

CAE 软件是迅速发展中的计算力学、计算数学、相关的工程科学、工程管理学与现代计算技术相结合而形成的一种综合性、知识密集型信息产品。CAE 软件可以分为专用和通用两类。针对特定类型的工程或产品所开发的用于产品性能分析、预测和优化的软件，称为专用 CAE 软件；可以对多种类型的工程和产品的物理、力学性能进行分析、模拟、预测、评价和优化，以实现产品技术创新的软件，称为通用 CAE 软件。

20 世纪 80 年代中期，计算机辅助工程分析逐步形成了商品化的通用和专用 CAE 软件。专用 CAE 软件和特定的工程或产品应用软件相连接，名目繁多；而通用 CAE 软件主要指大型通用有限元软件。1985 年前后，在可用性、可靠性和计算效率上已经基本成熟的、国际上知名的 CAE 软件有 NASTRAN、ANSYS、ASKA、MARC、ADINA、ABAQUS、MODULEF、DYN−3D 等。就软件结构和技术而言，这些 CAE 软件基本上是用结构化软件设计方法，采用 FORTRAN 语言开发的结构化软件，其数据管理技术尚存在一定缺陷，运行环境仅限于当时的大型计算机和高档工作站。

应用这些 CAE 软件对工程或产品进行性能分析和模拟时，一般要经过以下步骤（图 5.2）：

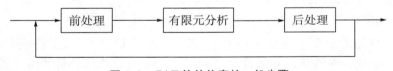

图 5.2　CAE 软件仿真的一般步骤

（1）前处理。应用图形软件对工程或产品进行实体建模，进而建立有限元分析模型。

（2）有限元分析。针对有限元模型进行单元分析、有限元系统组装、有限元系统求解以及有限元结果生成。

（3）后处理。根据工程或产品模型与设计要求，对有限元分析结果进行用户所要求的加工、检查，并以图形方式提供给用户，辅助用户判定计算结果与设计方案的合理性。

近 15 年是 CAE 软件的商品化发展阶段，在满足市场需求和适应计算机硬、软件技术迅速发展的同时，对软件的功能、性能，特别是用户界面和前、后处理能力，进行了大幅度扩充；对软件的内部结构和部分软件模块，特别是数据管理和图形处理部分，进行了重大的改造。新增的软件部分大都采用了面向对象的软件设计方法和 C++语言，个别子系统则是完全使用面向对象的软件方法开发的软件产品，这就使得目前知名的 CAE 软件在功能、性能、可用性、可靠性以及对运行环境的适应性方面，基本上满足了用户的需求。这些 CAE 软件可以在超级并行机，分布式微机群，大、中、小、微各类计算机和各种操作系统平台上运行。

5.3.3　数字化仿真软件的发展趋势

随着网络化、智能化，特别是虚拟现实技术的发展，CAE 软件不仅功能会进一步扩充，性能会进一步提高，而且用户界面将会有全新的变化。

5.3.3.1　功能、性能与软件技术

采用最先进的信息技术，吸纳最新的科学知识和方法，扩充 CAE 软件的功能，提高其性能，是 CAE 软件的主要发展目标。其主要表现在以下几个方面：

（1）真三维图形处理与虚拟现实。随着专用于图形和多媒体信息处理的高性能 DSP 芯片的发展，PC 机的图形处理能力、三维图形算法、图形运算和参数化建模算法的发展，快速真三维的虚拟现实技术将会成熟。因此，CAE 软件的前、后处理系统在复杂的三维实体建模及相关的静态和动态图形处理技术方面将会有新的发展，例如复杂的三维实体建模及相应的自适应有限元剖分，复杂的动态物理场的虚拟现实与实时提示等。

（2）面向对象的工程数据库及其管理系统。更多的计算模型、设计方案、标准规范和知识性信息将纳入 CAE 软件的数据库中，从而推动 CAE 软件数据库及其数据管理技术的发展。高性能的面向对象的工程数据库及其管理系统将会成为新一代 CAE 软件的主要功能。

（3）多相多态介质耦合、多物理场耦合以及多尺度耦合分析。一个复杂的工程或产品大都是处在多物理场耦合，甚至多相多态介质耦合状态下工作，其运行行为绝非多个单一物理场问题的简单叠加，部分可能属于强非线性耦合。此外，从材料的组成与构造特征，到由不同材料做成构件，再由构件装配成工程或产品，存在着从微观、细观到宏观的多尺度现象，不同的尺度服从于不同的物理、力学模型。通过对宏观物理、力学模型的逐步细分，不能导出微观和细观模型；通过对微观和细观模型的无限叠加，也难以导出宏观模型，因此在工程或产品的精细分析中，客观地会遇到多尺度模型的耦合问题。但是，目前的 CAE 软件大都是仅限于宏观物理、力学模型的工程和产品分析。值得指出的是，对于多物理场的强耦合问题、多相多态介质耦合问题，特别是多尺度模型的耦合问题，目前尚没有成熟可靠的理论，还处于基础性前沿研究阶段。可以预言，不远的将来，计算机辅助材料设计将会纳入 CAE 软件，形成从材料性能的预测、仿真到构件与整个产品性能的预测、仿真，集计算机辅助材料设计制备、工程或产品的设计、仿真与优化于一体的新一代 CAE 软件。

（4）适应于超级并行计算机和机群的高性能 CAE 求解技术。大量分布式并行计算机群即将投入使用，为适应这些并行计算机，新型的高精度和高效率并行算法正在被研究。这些新算法必然会被纳入 CAE 软件模块，使其在对复杂的工程或产品仿真时，能够充分发挥超级并行计算系统的硬、软件资源，高效率和高精度地获得计算结果。

（5）集成化、本地化和专业化。随着并行工程的实施，未来的用户将不再需要单一的 CAD、CAE、CAM、PDM 产品，它们需要具有专业特色的、集成化的支持系统。目前单一功能的 CAD、CAE、CAM 等软件产品，多数已经开发了一些外部接口软件模块，为多个软件集成奠定了技术基础。因此，具有专业特色的、集成化的 CAD/CAE/CAM/PDM 产品必将应运而生。此外，大型工程和复杂产品，例如发电厂、化工厂、飞机、轮船等，它们由数万到数百万个构件和数以千计的成套设备组成，其设计、分析、安装过程模拟和运行过程仿真，都要涉及数个到数十个专业领域的计算分析。因此，多种专业领域的 CAE 计算分析软件的集成化，实现对大型工程和复杂产品的全面计算分析和运行仿真，将成为 CAE 软件集成化的另一个重要方向。同时，努力满足本地用户的需求，即将国外 CAE 软件中国化，采用中文用户界面，增加中国的标准规范，并符合中国用户习惯。

5.3.3.2 用户界面智能化

近几年来，软件用户界面有较大的发展，未来的用户界面将会智能地适应用户的需求。

（1）图形用户界面＋多媒体用户界面。计算机图形技术正在迅猛发展，狭义的语音输入/输出已成为现实，计算机视觉系统很快将能在一定范围内分析体态、眼神和手势，隐含信息请求的数据发掘技术也开始出现。这些多媒体技术一定会使未来 CAD/CAE/CAM 等软件的用户界面具有更强的直观、直感和直觉性，给用户带来极大的方便。

（2）智能化用户界面。大型通用 CAD/CAE/CAM 等软件是一个多学科交叉的综合性知识密集型产品，它由数百到数千个程序模块组成，隐含着数百到上千个算法。其数据库中存放着难以列举的设计方案、标准构件和行业性的标准、规范，以及判定设计或计算结果正确与否的知识性规则。开发专门支持用户正确使用这些软件的专家系统已经十分必要。随着人工智能方法和知识工程的发展，会出现更为有效地支持用户使用 CAD/CAE/CAM 等软件的专家系统，它们将成为 CAD/CAE/CAM 等用户界面的重要组成部分。

随着企业仿真分析水平的逐渐提高，软件应用范围逐渐拓宽，仿真分析系统的规模会越来越大，必然将面临以下四个方面的问题：

（1）技术之间的集成。多样化的技术会使用户感到茫然，如何选择、如何使用、使用的时机都很关键。

（2）仿真流程的集成。多种技术的复合交叉应用和系统间数据的传递、共享是很复杂的，企业必须解决仿真分析流程的问题。

（3）仿真数据和结果的管理。

（4）基于仿真分析的设计流程再造。

针对上述四个问题，市场上有很多解决方案，各有所长，也各有所短。咨询服务同样能为企业一展愁眉。

5.3.4 ANSYS 软件

5.3.4.1 ANSYS 软件功能

ANSYS 软件是融结构、流体、电场、磁场、声场分析于一体的大型通用有限元分析软件。它由世界上最大的有限元分析软件公司之一的美国 ANSYS 开发，能与多数 CAD 软件接口，实现数据的共享和交换，如 Pro/E、NASTRAN、I－DEAS、AutoCAD 等。ANSYS 软件被广泛应用于航空航天、汽车工业、生物医学、桥梁、建筑、电子产品、重型机械、微机电系统、运动器械等领域。

该软件主要包括三个部分：前处理模块、分析计算模块和后处理模块。

通过 ANSYS 软件，设计工程师可以在产品设计阶段对三维造型软件中生成的模型（包括零件和装配件）进行应力变形分析、热及热应力耦合分析、振动分析和形状优化，同时可对不同的工况进行对比分析。ANSYS 软件拥有智能化的非线性求解专家系统，可自动设定求解控制，得到收敛解；用户不需具备非线性有限元知识即可完成过去只有专家才能完成的接触分析。

ANSYS 软件的主要模块如下：

（1）结构静力分析。结构静力分析用来求解外载荷引起的位移、应力和力。静力分析很适合求解惯性和阻尼对结构的影响并不显著的问题。ANSYS 程序中的静力分析不仅可以进行线性分析，而且可以进行非线性分析，如塑性、蠕变、膨胀、大变形、大应变及接触分析。

（2）结构动力学分析。结构动力学分析用来求解随时间变化的载荷对结构或部件的影响。与结构静力分析不同，结构动力学分析要考虑随时间变化的力载荷以及它对阻尼和惯性的影响。ANSYS 可进行的结构动力学分析类型包括瞬态动力学分析、模态分析、谐波响应分析及随机振动响应分析。

（3）结构非线性分析。结构非线性导致结构或部件的响应随外载荷不成比例变化。ANSYS 程序可求解静态和瞬态非线性问题，包括材料非线性、几何非线性和单元非线性三种。

（4）动力学分析。ANSYS 可以分析大型三维柔体运动。当运动的积累影响起主要作用时，可使用这些功能分析复杂结构在空间中的运动特性，并确定结构中由此产生的应力、应变和变形。

（5）热分析。ANSYS 可处理热传递的三种基本类型：传导、对流和辐射。热传递的三种类型均可进行稳态和瞬态、线性和非线性分析。热分析还具有可以模拟材料固化和熔解过程的相变分析能力以及模拟热与结构应力之间的热—结构耦合分析能力。

（6）电磁场分析。电磁场分析主要用于分析电感、电容、磁通量密度、涡流、电场分布、磁力线分布、力、运动效应、电路和能量损失等，还可用于螺线管、调节器、发电机、变换器、磁体、加速器、电解槽及无损检测装置等的设计和分析领域。

（7）流体动力学分析。ANSYS 流体单元能进行流体动力学分析，分析类型可以为瞬态或稳态。分析结果可以是每个节点的压力和通过每个单元的流率，并且可以利用后处理功能产生压力、流率和温度分布的图形显示。另外，还可以使用三维表面效应单元和热—流管单元模拟结构的流体绕流和对流换热效应。

（8）声场分析。ANSYS 程序的声学功能用来研究在含有流体的介质中声波的传播，或分析浸在流体中的固体结构的动态特性。这些功能可用来确定音响、话筒的频率响应，研究音乐大厅的声场强度分布，或预测水对振动船体的阻尼效应。

（9）压电分析。压电分析用于分析二维或三维结构对 AC（交流）、DC（直流）及任意随时间变化的电流或机械载荷的响应。这种分析类型可用于换热器、振荡器、谐振器、麦克风等部件及其他电子设备的结构动态性能分析。它可进行四种类型的分析，即静态分析、模态分析、谐波响应分析、瞬态响应分析。

5.3.4.2　ANSYS 的基本操作

1. ANSYS 的图形用户界面

图形用户界面（Graphical User Interface，GUI）是使用 ANSYS 软件最容易的一种方法。GUI 在用户和 ANSYS 程序之间提供了一个界面。在 Windows 系统中，启动 ANSYS 软件后，系统会自动激活 GUI。在默认状态下，GUI 的布局如图 5.3 所示，共有 9 个主要窗口，即实用菜单、标准工具栏、图形工具栏、输入下拉列表框、ANSYS 工具栏、主菜单、图形输出窗口、状态及提示栏和信息输出窗口。

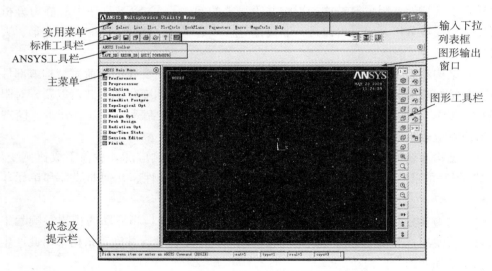

图 5.3　ANSYS 主窗口（图形用户界面）

它们的主要功能如下：实用菜单包括如文件管理、选择、显示控制、参数设置等功能；标准工具栏包括多个命令按钮；图形工具栏将常用的命令制成工具条，方便调用；输入下拉列表框用于输入 ANSYS 命令，所有输入的命令将在此窗口显示；ANSYS 工具栏由一组执行 ANSYS 通用命令的按钮组成，用户也可以定义其他按钮（最多 100 个）；主菜单包含 ANSYS 的主要功能，分为前处理、求解、后处理等；图形输出窗口显示由 ANSYS 创建或传递到 ANSYS 的图形；状态及提示栏显示相关命令或鼠标进行图形拾取时下一个操作应拾取的实体，以保证正确使用每个命令；信息输出窗口通常在其他窗口后面，需要查看时可单击它成为当前窗口，显示软件的文本输出。

2．ANSYS 的图形拾取操作

ANSYS 中的多个命令涉及图形拾取操作，即用鼠标确定模型的实体和坐标位置。在 ANSYS 中，有三种类型的图形拾取操作：①位置拾取是确定一个新点的坐标，如在工作平面上单击生成一个新的关键点；②检索拾取是为下一步操作所执行的对已存在实体的拾取操作；③询问拾取是为得到模型上某个位置的相关数据而执行的操作，如询问某个节点的应力值等。

3．ANSYS 的文件管理

ANSYS 在分析过程中需要读写文件。文件格式为 jobname.***，其中 jobname 是设定的工作文件名，***是由 ANSYS 定义的扩展名，通常包括 2~4 个字符的标识符，用于区分文件的用途和类型。默认的工作文件名是 file。ANSYS 中常用的文件表达方式：库文件——jobname.db，二进制文件；Log 文件——jobname.log，文本文件；结果文件——jobname.r××，二进制文件，如结构与耦合分析文件为 jobname.rst；图形文件——jobname.grph，二进制文件（特殊格式）。

ANSYS 以数据库的方式管理文件。ANSYS 的数据库是指在前处理、求解及后处理过程中，保存在内存中的数据。数据库既存储输入的数据，也存储结果的数据，通常包括输入数据（必须输入的信息，如模型尺寸、材料属性、载荷等）和结果数据（ANSYS 计算的数值，如位移、应力、应变、温度等）。

4．ANSYS 的分析过程

ANSYS 的分析过程包括三个阶段：前处理、求解和后处理，如图 5.4 所示。

（1）前处理（Preprocessor）模块。前处理用于定义求解所需的数据。用户可选择坐标系统、单元类型、定义实常数和材料特性、创建或读入几何模型并对其进行网格划分、划分节点和单元，如图 5.5 所示。

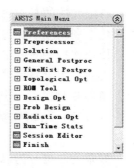

图 5.4　ANSYS 主菜单

（2）求解（Solution）模块。它包括施加载荷及载荷选项（图 5.6）、求解（图 5.7）模块。

（3）后处理（General Postproc）模块。它可以通过友好的用户界面获得求解过程的计算结果，包括查看分析结果、检验结果（分析是否正确），如图 5.8 所示。

图 5.5　前处理模块

图 5.6　施加载荷

图 5.7　求解模块

图 5.8　后处理模块

5.4 有限元分析原理与方法

不少工程问题都可用微分方程和相应的边界条件来描述。例如，一个长为 l 的等截面悬臂梁在自由端受集中力 F 作用时，其变形挠度 y 满足的微分方程和边界条件为

$$\frac{\mathrm{d}^2 y}{\mathrm{d}x^2} = \frac{F}{EI}(l-x), \quad y\mid_{x=0}=0, \quad \frac{\mathrm{d}y}{\mathrm{d}x}\mid_{x=0}=0$$

式中，E 为弹性模量；I 为截面惯量。

由微分方程和相应边界条件构成的定解问题称为微分方程边值问题。除少数几种简单的边值问题可以求出解析解外，一般都只能通过数值方法求解，而有限元法就是一种十分有效的求解微分方程边值问题的数值方法，也是 CAE 软件的核心技术之一。

5.4.1 有限元法的基本原理与分析方法

有限元法（Finite Element Method，FEM）是一种数值离散化方法。它根据变分原理进行数值求解，因此适合于求解结构形状及边界条件比较复杂、材料特性不均匀等力学问题，能够解决工程领域中的各种边值问题（平衡或定常问题、特征值问题、动态或非定常问题），如弹性力学、弹塑性与黏弹性、疲劳与断裂分析、动力响应分析、流体力学、传热、电磁场等问题。

有限元法的基本思想：在对整体结构进行结构分析和受力分析的基础上，对结构加以简化，利用离散化方法把简化后的连续结构看成是由许多有限大小、彼此只在有限个节点处相连接的有限单元的组合体。然后，从单元分析入手，先建立每个单元的刚度方程，再通过组合各单元，得到整体结构的平衡方程组（也称总体刚度方程），最终引入边界条件并对平衡方程组进行求解，便可得到问题的数值近似解。用有限元法进行结构分析的步骤：结构和受力分析→离散化处理→单元分析→整体分析→引入边界条件求解。

有限元法可分为以下三类：

（1）位移法。取节点位移作为基本未知量的求解方法。利用位移表示的平衡方程及边界条件先求解位移未知量，然后根据几何方程与物理方程求解应变和应力。

（2）力法。取节点力作为基本未知量的求解方法。

（3）混合法。取一部分节点位移和一部分节点力作为基本未知量的求解方法。其中位移法易于实现计算机自动化计算。

下面以图 5.9（a）所示的两段截面大小不同的悬臂梁为例来说明有限元法的基本原理和步骤。该梁一端固定，另一端受一轴向载荷作用 $P_3=10$ N，已知两段的横截面分别为 $A^{(1)}=2$ cm^2，$A^{(2)}=1$ cm^2，长度为 $L^{(1)}=L^{(2)}=10$ cm，所用材料的弹性模量 $E^{(1)}=E^{(2)}=1.96 \times 10^7$ N/cm^2。以下是用有限元法求解这两段轴的应力和应变的过程：

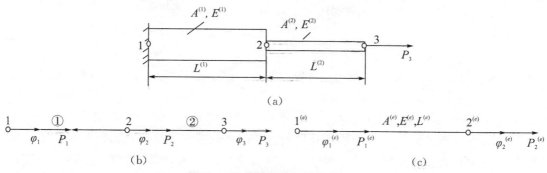

图 5.9　阶梯轴结构及受力分析图

（1）结构和受力分析。

图 5.9 所示结构和受力情况均较简单，可直接将此悬臂梁简化为由两根杆件组成的结构，一端受集中力 P_3 作用，另一端为固定约束，如图 5.9（b）所示。

（2）离散化处理。

将这两根杆分别取为两个单元，单元之间通过节点 2 相连接。这样，整个结构就离散为两个单元、三个节点。由于结构仅受轴向载荷，因此各单元内只有轴向位移。现将三个节点的位移量分别记为 φ_1，φ_2，φ_3。

（3）单元分析。

单元分析的目的是建立单元刚度矩阵。现取任一单元 e 进行分析。当单元两端分别受到两个轴向力 $P_1^{(e)}$ 和 $P_2^{(e)}$ 的作用时，如图 5.9（c）所示，它们与两端节点 $1^{(e)}$ 和 $2^{(e)}$ 处的位移量 $\varphi_1^{(e)}$ 和 $\varphi_2^{(e)}$ 之间存在一定的关系，根据材料力学知识可知：

$$\begin{cases} P_1^{(e)} = \dfrac{E^{(e)}A^{(e)}}{l^{(e)}}(\varphi_1^{(e)} - \varphi_2^{(e)}) \\ P_2^{(e)} = \dfrac{E^{(e)}A^{(e)}}{l^{(e)}}(-\varphi_1^{(e)} - \varphi_2^{(e)}) \end{cases} \tag{5-1}$$

可将式（5-1）写成矩阵形式：

$$\begin{bmatrix} P_1 \\ P_2 \end{bmatrix}^{(e)} = \frac{E^{(e)}A^{(e)}}{l^{(e)}}\begin{bmatrix} 1 & -1 \\ -1 & 1 \end{bmatrix}\begin{bmatrix} \varphi_1 \\ \varphi_2 \end{bmatrix}^{(e)} \tag{5-2}$$

或简记为

$$\boldsymbol{P}^{(e)} = \boldsymbol{K}^{(e)}\boldsymbol{\varphi}^{(e)} \tag{5-3}$$

式中，$\boldsymbol{P}^{(e)}$ 为节点力向量；$\boldsymbol{\varphi}^{(e)}$ 为节点位移向量；$\boldsymbol{K}^{(e)}$ 为单元刚度矩阵。

单元刚度矩阵可改写为标准形式：

$$\boldsymbol{K}^{(e)} = \frac{E^{(e)}A^{(e)}}{l^{(e)}}\begin{bmatrix} 1 & -1 \\ -1 & 1 \end{bmatrix} = \begin{bmatrix} \dfrac{EA}{l} & -\dfrac{EA}{l} \\ -\dfrac{EA}{l} & \dfrac{EA}{l} \end{bmatrix}^{(e)} = \begin{bmatrix} k_{11} & k_{12} \\ k_{21} & k_{22} \end{bmatrix} \tag{5-4}$$

该矩阵中任一元素 k_{ij} 都称为单元刚度系数，它表示该单元内节点 j 处产生单位位移时，在节点 i 处所引起的载荷。

（4）组合单元形成总体刚度方程。

在整体结构中，三个节点的节点位移向量和节点载荷向量分别为 $\boldsymbol{\varphi} =$

$\begin{bmatrix} \varphi_1 & \varphi_2 & \varphi_3 \end{bmatrix}^{\mathrm{T}}$ 和 $\boldsymbol{P} = \begin{bmatrix} P_1 & P_2 & P_3 \end{bmatrix}^{\mathrm{T}}$。仿照式（5-3），有

$$\boldsymbol{P} = \boldsymbol{K}\boldsymbol{\varphi} \tag{5-5}$$

式中，$\boldsymbol{K} = \begin{bmatrix} k_{11} & k_{12} & k_{13} \\ k_{21} & k_{22} & k_{23} \\ k_{31} & k_{32} & k_{33} \end{bmatrix}$，称为总体刚度矩阵，该矩阵中的各元素 k_{ij} 称为总体刚度系数，式（5-5）称为总体平衡方程。

求出总体刚度矩阵是进行整体分析的主要任务。获得总体刚度矩阵的方法主要有两种：一种是直接根据刚度系数的定义求得每个矩阵元素，从而得到总体刚度矩阵；另一种是先分别求出各单元刚度矩阵，再利用集成法求出总体刚度矩阵。这里采用后一种方法。组合总体刚度之前，要先将各单元节点的局部编号转化为总体编号，再将单元刚度矩阵按总体自由度进行扩容，并将原单元刚度矩阵中的各系数按总码重新标记，例如：

$$\boldsymbol{K}^{(1)} = \begin{bmatrix} k_{11} & k_{12} \\ k_{21} & k_{22} \end{bmatrix}^{(1)} \rightarrow \boldsymbol{K}^{(1)} = \begin{bmatrix} k_{11} & k_{12} & 0 \\ k_{21} & k_{22} & 0 \\ 0 & 0 & 0 \end{bmatrix}^{(1)}$$

$$\boldsymbol{K}^{(2)} = \begin{bmatrix} k_{11} & k_{12} \\ k_{21} & k_{22} \end{bmatrix}^{(2)} \rightarrow \boldsymbol{K}^{(2)} = \begin{bmatrix} 0 & 0 & 0 \\ 0 & k_{22} & k_{23} \\ 0 & k_{32} & k_{33} \end{bmatrix}^{(2)}$$

将下标相同的系数相加，并按总体编码的顺序排列，即可求得总体刚度矩阵：

$$\boldsymbol{K} = \boldsymbol{K}^{(1)} + \boldsymbol{K}^{(2)} = \begin{bmatrix} k_{11}^{(1)} & k_{12}^{(1)} & 0 \\ k_{21}^{(1)} & k_{22}^{(1)} + k_{22}^{(2)} & k_{23}^{(2)} \\ 0 & k_{32}^{(2)} & k_{33}^{(2)} \end{bmatrix} \tag{5-6}$$

（5）引入边界条件求解。

本例的边界条件是节点 1 的位移为 0，即 $\varphi_1 = 0$。若将已知数据代入公式，经计算可得总体平衡方程为

$$1.96 \times 10^6 \times \begin{bmatrix} 2 & -2 & 0 \\ -2 & 3 & -1 \\ 0 & -1 & 1 \end{bmatrix} \begin{Bmatrix} 0 \\ \varphi_2 \\ \varphi_3 \end{Bmatrix} = \begin{Bmatrix} P_1 \\ 0 \\ 10 \end{Bmatrix} \tag{5-7}$$

求解式（5-7），可得 $\varphi_2 = 0.255 \times 10^{-5}$ cm，$\varphi_3 = 0.765 \times 10^{-5}$ cm。

（6）各单元应变和应力的计算。

①各单元的应变：

$$\varepsilon^{(1)} = \frac{\varphi_2 - \varphi_1}{l^{(1)}} = 0.255 \times 10^{-6}, \quad \varepsilon^{(2)} = \frac{\varphi_3 - \varphi_2}{l^{(2)}} = 0.51 \times 10^{-6}$$

②各单元的应力：

$$\sigma^{(1)} = E^{(1)} \varepsilon^{(1)} = 4.998 \text{ N/cm}^2, \quad \sigma^{(2)} = E^{(2)} \varepsilon^{(2)} = 9.996 \text{ N/cm}^2$$

5.4.2 有限元分析中的离散化处理

由于实际机械结构常常很复杂，即使对结构进行了简化处理，仍难以用单一的单元

来描述。因此,在对机械结构进行有限元分析时,必须选用合适的单元并进行合理的搭配,对连续结构进行离散化处理,以便使所建立的计算力学模型能在工程意义上尽量接近实际结构,提高计算精度。在结构离散化处理中需要解决的主要问题是单元类型选择、单元划分、单元编号和节点编号。

5.4.2.1 单元类型选择的原则

在进行有限元分析时,正确选择单元类型对分析结果的正确性和计算精度具有重要的作用。选择单元类型通常应遵循以下原则:

（1）所选单元类型应对结构的几何形状有良好的逼近程度。

（2）要真实地反映分析对象的工作状态。例如,机床基础大件在受力时,弯曲变形很小,可以忽略,这时宜采用平面应力单元。

（3）根据计算精度的要求,并考虑计算工作量的大小,恰当选用线性或高次单元。

5.4.2.2 单元类型及其特点

1. 杆状单元

一般把截面尺寸远小于其轴向尺寸的构件称为杆状构件。杆状构件通常用杆状单元来描述。杆状单元属于一维单元。根据结构形式和受力情况,杆状单元模拟杆状构件时,一般还应分为杆单元和梁单元两种形式。

（1）杆单元有两个节点,每个节点仅有一个轴向自由度,如图 5.10（a）所示,因而它只能承受轴向拉压载荷。常见的铰接桁架通常就使用这种单元来处理。

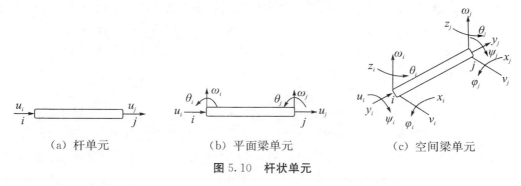

(a) 杆单元　　　　(b) 平面梁单元　　　　(c) 空间梁单元

图 5.10　杆状单元

（2）平面梁单元也只有两个节点,每个节点在图示平面内具有三个自由度,即横向自由度、轴向由度和转动自由度,如图 5.10（b）所示。该单元可以承受弯矩切向力和轴向力,如机床的主轴、导轨可用这种单元模拟。

（3）空间梁单元实际是平面梁单元向空间的推广,因而单元的每个节点具有六个自由度,如图 5.10（c）所示。当梁截面的高度大于 1/5 长度时,一般要考虑剪切应变对挠度的影响,通常的方法是对梁单元的刚度矩阵进行修正。

2. 薄板单元

薄板构件一般是指厚度远小于其轮廓尺寸的构件。薄板单元主要用于薄板构件的处理,但对那些可以简化为平面问题的受载结构,也可使用这类单元。这类单元属于二维单元，按其承载能力又可分为平面单元、弯曲单元和薄壳单元三种。

常用的平面单元有三角形单元和矩形单元两种，它们分别有三个和四个节点，每个节点有两个面内平动自由度，如图 5.11 所示。这类单元不能承受弯曲载荷。

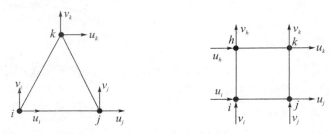

图 5.11　平面单元

薄板弯曲单元主要承受横向载荷和绕两个水平轴的弯矩，它也有三角形和矩形两种单元形式，分别有三个和四个节点，每个节点都有一个横向自由度和两个转动自由度，如图 5.12 所示。

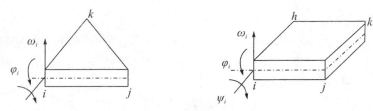

图 5.12　薄板弯曲单元

所谓薄壳单元，实际上是平面单元和薄板弯曲单元的组合，它的每个节点既可承受面内的作用力，又可承受横向载荷和绕水平轴的弯矩。显然，采用薄壳单元来模拟工程中的板壳结构，不仅考虑了板在水平面内的承载能力，而且考虑了板的抗弯能力，这是比较接近实际情况的。

3．多面体单元

多面体单元是平面单元向空间的推广。图 5.13 所示的多面体单元属于三维单元（四面体单元和长方体单元），分别有四个和八个节点，每个节点有三个沿坐标轴方向的自由度。多面体单元可用于对三维实体结构的有限元分析。目前大型有限元分析软件中，多面体单元一般都被 8~21 节点空间等参单元所取代。

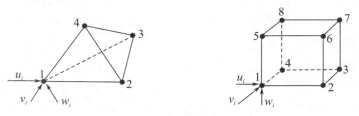

图 5.13　多面体单元

4．等参单元

在有限元法中，单元内任意一点的位移是用节点位移进行插值求得的，其位移插值函数一般称为形函数。如果单元内任一点的坐标值也用同一形函数，按节点坐标进行插值来描述，那么这种单元就称为等参单元。

等参单元有许多优点，它可用于模拟任意曲线或曲面边界，其分析计算的精度较高。等参单元的类型很多，常见的有平面 4~8 节点等参单元和空间 8~21 节点等参单元（图 5.14）。

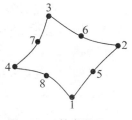

图 5.14　等参单元

5.4.2.3　离散化处理

在完成单元类型选择之后，便可对分析模型进行离散化处理，将分析模型划分为有限个单元。单元之间仅在节点上联接，单元之间仅通过节点传递载荷。

在进行离散化处理时，应根据要求的计算精度、计算机硬件性能等决定单元的数量。同时，还应注意下述问题：①任意一个单元的顶点必须同时是相邻单元的顶点，而不能是相邻单元的内点，如图 5.15（a）正确，图 5.15（b）错误；②尽可能使单元的各边长度相差不要太大，在三角形单元中最好不要出现钝角，如图 5.16（a）正确，图 5.16（b）不妥；③在结构的不同部位应采用不同大小的单元来划分，重要部位网格密、单元小，次要部位网格稀疏、单元大；④对具有不同厚度或由几种材料组合而成的构件，必须把厚度突变线或不同材料的交界线取为单元的分界线，即同一单元只能包含一个厚度或一种材料常数；⑤如果构件受集中载荷作用或承受有突变的分布载荷作用，应当把受集中载荷作用的部位或承受有突变的分布载荷作用的部位划分得更细，并且在集中载荷作用点或载荷突变处设置节点；⑥若结构和载荷都是对称的，则可只取一部分来分析，以减小计算量。

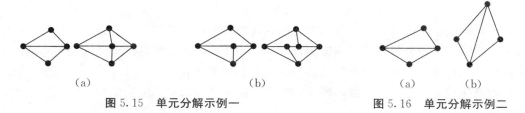

（a）　　　　　　　　　　（b）　　　　　　　　　（a）　　　　（b）

图 5.15　单元分解示例一　　　　图 5.16　单元分解示例二

5.4.3　单元分析

单元分析的目的是通过对单元进行物理特性分析，建立单元的有限元平衡方程。

5.4.3.1　单元位移插值函数

在完成结构的离散化后，就可以分析单元的特性。为了能用节点位移表示单元体内的位移、应变和应力等，在分析连续体的问题时，必须对单元内的位移分布做出一定的假设，即假定位移是坐标的某种简单函数。这种函数就称为单元的位移插值函数，简称位移函数。

选择适当的位移插值函数是进行有限元分析的关键。位移函数应尽可能地逼近实际的位移，以保证计算结果收敛于精确解。位移函数必须具备三个条件：①在单元内必须连续，相邻单元之间的位移必须协调；②必须包含单元的刚体位移；③必须包含单元的常应变状态。

以如图 5.11 所示的三角形单元为例，节点 i，j，k 的坐标分别为 (x_i, y_i)，(x_j, y_j)，(x_k, y_k)，每个节点有两个位移分量，记为 $\delta_i = \begin{bmatrix} u_i & v_i \end{bmatrix}^T$，单元内任一点 (x, y) 的位移为 $f = \begin{bmatrix} u & v \end{bmatrix}^T$。以 $\delta^{(e)} = \begin{bmatrix} u_i & v_i & u_j & v_j & u_k & v_k \end{bmatrix}^T$ 表示单元节点位移列阵。取线性函数

$$\begin{cases} u = a_1 + a_2 x + a_3 y \\ v = a_4 + a_5 x + a_6 y \end{cases} \tag{5-8}$$

作为单元的位移函数。将边界条件代入后可得

$$\begin{cases} u = N_i^e u_i + N_j^e u_j + N_k^e u_k \\ v = N_i^e v_i + N_j^e v_j + N_k^e v_k \end{cases} \tag{5-9}$$

写成矩阵形式为

$$f = \begin{bmatrix} N_i^e & 0 & N_j^e & 0 & N_k^e & 0 \\ 0 & N_i^e & 0 & N_j^e & 0 & N_k^e \end{bmatrix} \delta^{(e)} = N \delta^{(e)} \tag{5-10}$$

式中，N 仅与单元的形状有关，称为单元位移形状函数，简称形函数。

5.4.3.2 单元刚度矩阵

单元刚度矩阵由单元类型决定，可用虚功原理或变分原理等导出。前述三角形单元的单元刚度矩阵为

$$K^{(e)} = \begin{bmatrix} k_{ii}^e & k_{ij}^e & k_{ik}^e \\ k_{ji}^e & k_{jj}^e & k_{jk}^e \\ k_{ki}^e & k_{kj}^e & k_{kk}^e \end{bmatrix}$$

单元刚度矩阵的每一个元素与单元的几何形状和材料特性有关，表示由单位节点位移所引起的节点力分量。单元刚度矩阵具有三个性质：①对称性。单元刚度矩阵是一个对称阵。②奇异性。单元刚度矩阵各行（列）的元素之和为零，因为在无约束条件下单元可做刚体运动。③单元刚度矩阵主对角线上的元素为正值，因为位移方向与力作用方向一致。

5.4.3.3 单元方程的建立

建立有限元分析单元平衡方程可依据虚功原理、变分原理等。下面以虚功原理为例来说明建立有限元分析单元方程的基本方法。

如图 5.17 所示的三节点三角形单元的三个节点 i，j，k 上的节点力分别为 (F_{ix}, F_{iy})，(F_{jx}, F_{jy})，(F_{kx}, F_{ky})。记节点力列阵为 $F^{(e)}$：

$$F^{(e)} = \begin{bmatrix} F_{ix} & F_{iy} & F_{jx} & F_{jy} & F_{kx} & F_{ky} \end{bmatrix}^T$$

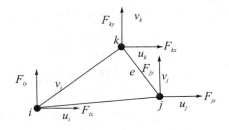

图 5.17 单元的节点力和位移

设在节点上产生虚位移 $\boldsymbol{\delta}^{*(e)}$，则 $\boldsymbol{F}^{(e)}$ 所做的虚功为

$$W^{(e)} = [\boldsymbol{\delta}^{*(e)}]^{\mathrm{T}} \boldsymbol{F}^{(e)}$$

整个单元体的虚应变能为

$$U^{(e)} = \iiint_v (\varepsilon_x^* \sigma_x + \varepsilon_y^* \sigma_y + \gamma_{xy}^* \tau_{xy}) \mathrm{d}v = \iint [\boldsymbol{\varepsilon}^*]^{\mathrm{T}} \boldsymbol{\sigma}^{(e)} t \, \mathrm{d}x \, \mathrm{d}y$$

式中，t 为单元的厚度。

由虚功原理有

$$W^{(e)} = U^{(e)}$$

将 $W^{(e)}$，$U^{(e)}$ 代入，并整理可得

$$\boldsymbol{K}^{(e)} \boldsymbol{\delta}^{(e)} = \boldsymbol{F}^{(e)} \tag{5-11}$$

这就是有限元的单元方程。

5.4.4 后置处理

后置处理主要对分析结果进行综合归纳，并进行可视化处理。它从分析数据中提炼出设计者最关心的结果，检验和校核产品设计的合理性。其主要包括：对应力和位移排序、求极值，校核应力和位移是否超出极限值或规定值；显示单元、节点的应力分布；动画模拟结构变形过程；应力、应变和位移的彩色云图或等值线、等位面、剖切面、矢量图显示，绘制应力、应变曲线等。

5.5 CAE 的应用

卡门涡街是流体力学中重要的现象。在自然界中，一定条件下的来流绕过某些物体时，物体两侧会周期性地脱落出旋转方向相反、排列规则的旋涡，经过非线性作用后，形成卡门涡街，其中一侧旋涡按顺时针方向旋转，另一侧旋涡按逆时针方向旋转。

卡门涡街会使旋涡交替产生，随着流体的流动，旋涡会逐渐消失，因此会产生交变力，从而使被绕流柱体产生振动及噪声，如水流过桥墩、风吹过电线、电视发射塔和高楼大厦等都会形成卡门涡街。当风吹电线时会发出呜呜声，是因为电线两侧旋涡的产生与脱落会对电线杆产生一个周期性的交变力，使电线产生涡激振动，当旋涡脱落频率与电线自振频率接近时就会产生共振现象。因此，现在在设计高层建筑物时，都要先进行计算和模型试验，确保不会因卡门涡街对建筑物造成损坏。

采用大型通用有限元分析软件 ANSYS FLUENT 17.0 进行卡门涡街数值模拟，省去了大量复杂的实验准备工作，且使流场模拟结果更加直观。由于定常与非定常设置的不同，对卡门涡街分析的有限元结果也不同。下面分别介绍卡门涡街定常与非定常的分析处理过程。

5.5.1 卡门涡街的数值模拟

圆柱扰流是研究涡激振动的基础，雷诺数（Re）在圆柱扰流中起着至关重要的作用。本节采用 $k-\varepsilon$ 模型、结构化网格技术，对圆柱扰流问题进行定常与非定常数值模拟。

5.5.1.1 几何模型的建立

几何形状如图 5.18 所示，圆柱直径为 4 m，计算区域大小为 100 m×80 m×5 m，圆柱中心距离进口 40 m，来流速度为 2 m/s，利用 ANSYS FLUENT 17.0 中的 $k-\varepsilon$ 来计算定常与非定常条件下的圆柱扰流问题。通常对于有规则的，我们能观测到的卡门涡街，雷诺数在 60~5000 范围内，本例的雷诺数为 800。本例设置的流体的材料属性见表 5.1。

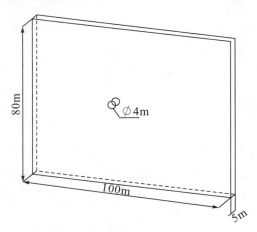

图 5.18   圆柱绕流示意图

表 5.1   流体的材料属性

密度（kg/m³）	动力黏度 [kg/(m·s)]	流速（m/s）	雷诺数 $Re=\dfrac{\mu D}{v}$
1	0.01	2	800

当量直径为

$$D=4\times\frac{A}{\chi}$$

式中，χ 为湿周；A 为过流断面面积。

圆柱扰流周期为

$$T=\frac{1}{f}=\frac{D}{St\times v}$$

式中，f 为频率；St 为斯特劳哈尔数，在 $Re=300\sim200000$ 这一范围内时，St 为常数，$St=0.20$；v 为流速。

5.5.1.2 网格的划分

在 ANSYS ICEM 15.0 中进行网格划分，为了准确模拟出卡门涡街，对圆柱体附近的网格进行细分，划分网格选用的单元类型均为六面体结构网格。结构化网格的优点：①结构化网格易于生成；②在流体流动方向与网格边界平行的条件下，结构化网格能更快地收敛；③对于三维计算，在同样的网格精度要求下，结构化网格的数量要远小于非结构化网格的数量。圆柱扰流的网格划分如图 5.19 所示。

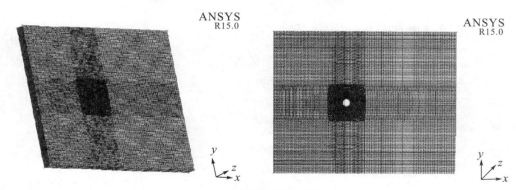

图 5.19　圆柱扰流的网格划分

5.5.1.3　求解方程

卡门涡街现象与雷诺数密不可分。当雷诺数较小时，流动是定常的。随着雷诺数的增大，流体绕圆柱的流动会呈现各种不同的流动状态，圆柱体后会出现一对尾涡。当雷诺数增大时，尾流会失稳，然后出现周期性的振荡，附着涡会交替脱落，最终形成卡门涡街。当雷诺数继续增大时，流场变得越来越复杂，最后发展为湍流。

FLUENT 包含了几乎所有成熟的湍流模型，只需在相应的模块中选择要使用的湍流模型或者设置相关参数即可。由于雷诺应力模型具有非均匀各向异性的特点，虽然此模型收敛速度较慢，计算时间长，但可以模拟强旋流体运动的瞬时状态，且精度较高，因此选用 $k-\varepsilon$ 方法进行数值模拟。图 5.20 为进行卡门涡街分析的流程示意图。

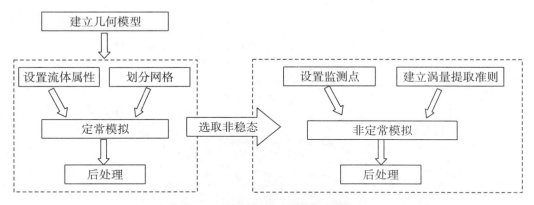

图 5.20　卡门涡街分析流程示意图

5.5.1.4　初始条件和边界条件的处理

FLUENT 提供 14 种边界区类型用于描述流体流入和流出。在卡门涡街模拟中，主要采用的边界类型为速度进口（Velocity-inlet）和压力出口（Pressure-outlet）。

速度进口边界条件用来规定流体流入的速度和标量属性，在卡门涡街模拟中用于给定进口速度，设置湍流强度和水流直径；压力出口边界用于定义流体出口的压强。通常，进口若设置为速度条件，出口则应设置为压力条件，由此可更快地得到收敛解。

5.5.2 应用结果与分析

　　流体在做扰流流动时，在圆柱体壁面附近的薄层中，由于黏性力的作用，沿壁面法线方向存在相当大的速度梯度，这一薄层为边界层。流体的雷诺数越大，边界层越薄。通过 ANSYS FLUENT 17.0 进行分析，将计算结果导入 CFD－Post 进行后处理，可分别得到定常与非定常计算结果。

5.5.2.1 定常流场显示

　　设置监测点坐标为（46，6，2.5），图 5.21 为迭代 500 步时圆柱绕流定常应力分布图。由图 5.21（a）可以看出监测点速度呈周期性变化，由图 5.21（b）、图5.21（c）、图 5.21（d）可知圆柱体后方压力比较低，两侧流体速度比较快，流体做摇摆运动。

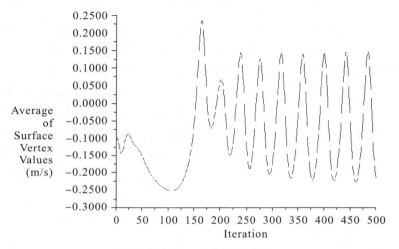

（a）监测点 y 方向速度云图

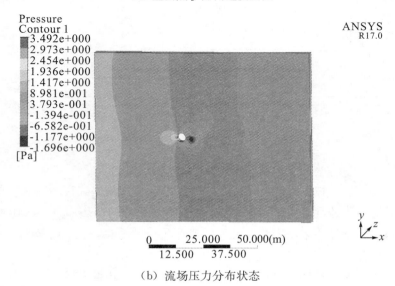

（b）流场压力分布状态

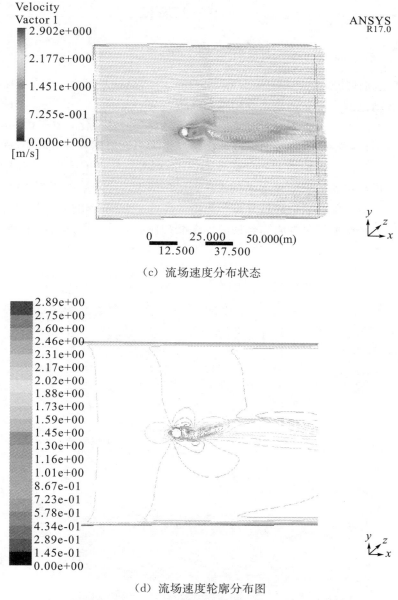

（c）流场速度分布状态

（d）流场速度轮廓分布图

图 5.21　迭代 500 步时圆柱绕流定常应力分布图

5.5.2.2　非定常流场显示

在定常计算的基础上，可继续进行非定常计算。由于定常计算所获取的结果比较准确，此时进行非定常计算会使结果更加可靠，更易得到收敛解。

通过公式 $T=\dfrac{1}{f}=\dfrac{D}{St\times v}$ 可以得出周期 T 为 10 s，尾涡释放频率 f 为 0.1 s，因此，将求解时间设为 0.1 s，求解时间步设为 700，并创建界面 Plane-1，在 Custom Field Function Calculator 中创建初准则，方便提取涡量，根据涡量提取函数 $Q=\dfrac{\partial U}{\partial x}\cdot\dfrac{\partial V}{\partial y}-$

$\frac{\partial U}{\partial y} \cdot \frac{\partial V}{\partial x}$，所创建的自定义函数为 $Q_1 = \frac{\mathrm{d}x-\mathrm{Velocity}}{\mathrm{d}x} \cdot \frac{\mathrm{d}y-\mathrm{Velocity}}{\mathrm{d}y} - \frac{\mathrm{d}y-\mathrm{Velocity}}{\mathrm{d}x} \cdot \frac{\mathrm{d}x-\mathrm{Velocity}}{\mathrm{d}y}$，在平面 Plane-1 中显示。

图 5.22 是圆柱绕流非定常应力分布图。由图 5.22（a）可以看出监测点速度呈周期性变化，波动范围与定常计算大致相同；从图 5.22（b）、图 5.22（c）可以看出圆柱体后方旋涡交替产生，且压力沿着流体运动方向呈现周期性变化，这是因为圆柱扰流产生的旋涡是以一定频率从圆柱体两侧逐渐交替产生大小近似相等、方向相反的旋涡，随着流体的运动，旋涡会逐渐消失。由图 5.22（d）可看出旋涡的产生，尾涡随后脱落并且逐渐消失，说明尾涡的能量在逐渐耗散直到尾涡消失，边界层脱离圆柱体表面会在圆柱体附近出现回流现象，当边界层外部压力沿流体流动方向变化很大时，与流动方向相反的压差作用力与壁面的黏性阻力会使流体在圆柱体后方处产生回流区或旋涡。

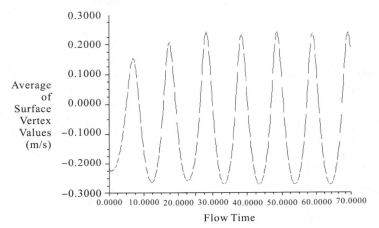

（a）监测点 y 方向速度云图

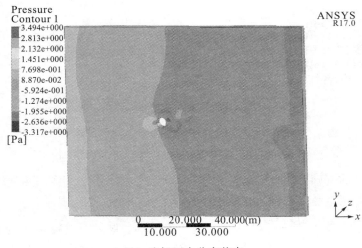

（b）流场压力分布状态

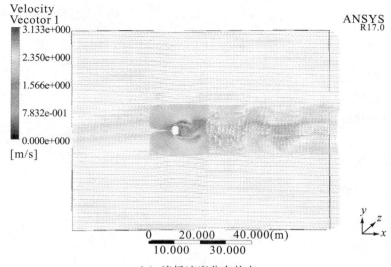

（c）流场速度分布状态

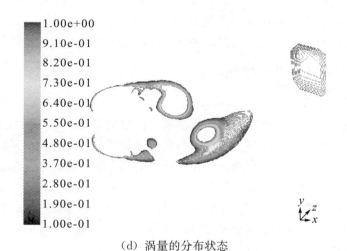

（d）涡量的分布状态

图 5.22　圆柱绕流非定常应力分布图

在雷诺数相同的情况下，采用定常计算可以看出流体在圆柱体后方做摇摆运动，而当采用非定常计算时，流体在圆柱体后方交替产生旋涡，随后脱落，说明此时流体不仅仅是层流，其中还有湍流，进而说明卡门涡街是非定常的。旋涡的产生与脱落也为进一步深入研究圆柱扰流和涡激振动提供了理论基础。

5.6　数字样机技术

5.6.1　数字化功能样机

随着虚拟样机技术的不断完善成熟，计算机仿真作为验证和优化产品设计的重要手段，已渗透到产品设计全生命周期的每一步。利用数字化分析技术对产品模型进行虚拟试验、仿真测试和评估，在改进设计方案的同时，能够极大地提高产品开发效率，降低成本。

5.6.1.1　虚拟样机

虚拟样机技术是应用于仿真设计过程的技术，它用虚拟样机来代替物理样机，对设计方案的某方面或综合特性进行仿真测试和评估。虚拟样机（Virtual Prototype，VP）侧重于产品数字化模型的建立，强调充分利用各学科子系统之间的动态交互与协同求解，快速建立一个与产品物理样机具有相似功能的系统或子系统模型来进行基于计算机的仿真，通过模拟测试并不断评估改进产品设计方案，获得整机的最优性能。

5.6.1.2　数字化功能样机

数字化功能样机（Functional Digital Prototype，FDP）对应于产品分析过程，侧重于产品系统级的多性能分析与多体系统动态性能的多目标优化，用于仿真评价已装配系统整体上的功能和操作性能，是对一般虚拟样机技术的扩展应用，与产品多学科设计优化的基本思想比较吻合。它强调利用 CAD/CAE 软件系统集成，来实现产品多功能全分析的集成；基于多体系统和有限元理论，解决产品的运动学、动力学、结构、变形、强度、寿命等问题；通过虚拟试验精确、快捷地预测产品系统整体性能。

5.6.2　数字化多学科设计优化

多学科设计优化（Multidisciplinary Design Optimization，MDO）是一种通过充分探索和利用工程系统中相互作用的协同机制来设计复杂系统和子系统的方法论。它通过分解和协调等手段将复杂产品系统分解为与现有工程产品设计组织形式相一致的若干子系统，对产品的特定问题建立合理的优化体系，应用有效的设计优化策略来组织和管理优化设计过程，将单个学科的分析与优化同整个系统中互为耦合的其他学科的分析与优化结合起来，从整个系统的角度优化问题，设计复杂的产品系统，从结构上解决产品设计优化的计算和组织复杂性难题。多学科设计优化强调产品局部之间的相互作用，注重产品全过程、全性能和全系统的设计分析优化。

5.6.2.1　复杂产品 MDO 数字化流程

多学科设计优化方法必须融入复杂机械产品的数字化设计流程，并与已有的数字化设计方法、先进仿真技术结合起来，使设计过程形成闭环，才能驱动设计过程的执行，不断地评估改进设计，形成一个自动的、集成的迭代优化设计过程。

基于数字化功能样机的复杂产品多学科设计优化流程如图 5.23 所示。通过多学科综合设计，建立初始的基于产品结构主模型的数字化功能样机；采用以主模型为导向的多学科建模技术建立部件级、学科级分析模型，利用 CAD/CAE 集成软件进行多学科并行分析，求解产品系统多性能优化所需的关键技术参数；通过整体仿真、虚拟验证，分析评估仿真结果和设计方案的可行性；基于学科分析模型，利用模型转换技术，建立数字优化模型，选择合适的优化策略，实施协同优化流程；通过仿真验证来驱动优化过程的迭代进行。

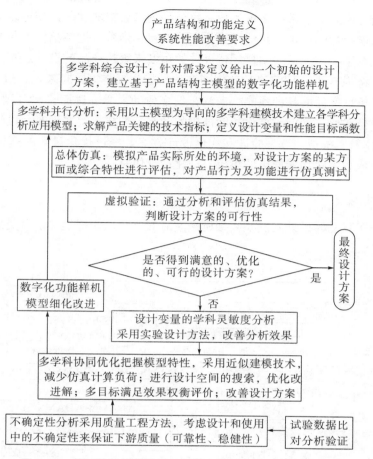

图 5.23　**基于数字化功能样机的复杂产品多学科设计优化流程**

5.6.2.2　基于 MDO 的 FDP 集成设计平台

数字化功能样机设计是一个产品全生命周期内数字化模型的不断分析优化、仿真完善的过程。基于 MDO 的数字化功能样机集成设计平台如图 5.24 所示。

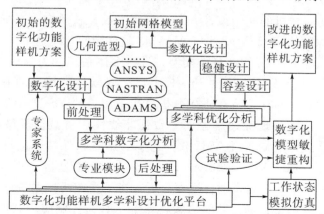

图 5.24　**基于 MDO 的数字化功能样机集成设计平台**

该平台通过引入专家系统来扩大数字化模型的参数提取和知识描述能力，依据数字化功能样机性能指标的评价体系选择优化问题的目标函数，把各学科不同的具体设计要求定义为优化约束，实现从多学科优化设计的角度来表达产品的设计意图。采用基于软件接口的方法将现有的 CAD/CAE 软件同多学科优化策略集成起来，通过 CO（协同优化）框架，对机械产品的各种性能（如汽车的多体动力学、碰撞、NVH 特性、结构分析等）进行分析优化，利用数字化功能样机的动态特性显示，实现产品设计的"即优即现"；通过工作状态模拟仿真来验证和优化设计方案，经过优化过程的迭代反馈来驱动设计进程，形成数字化功能样机的集成自动化设计仿真。

5.6.2.3 FDP 多学科集成分析仿真流程

针对汽车车身总体设计实例，复杂机械产品数字化功能样机多学科集成分析仿真流程如图 5.25 所示。

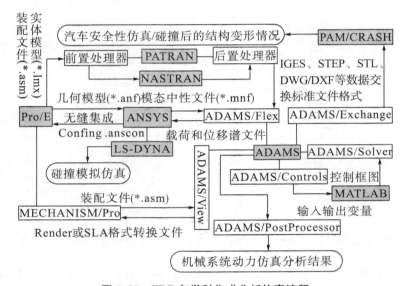

图 5.25 FDP 多学科集成分析仿真流程

基于数字化功能样机的初始设计方案，利用 Pro/E 软件构建汽车车身的参数化结构主模型，通过 MECHANISM/Pro 与 ADAMS 软件建立无缝连接，将参数化模型信息导入 ADAMS，建立 CAE 实体分析模型，进行多体系统动力学仿真；通过 ANSYS Utilities 将 ANSYS 软件无缝集成到 Pro/E 中，在双软件环境下直接进行模型转换，真正做到 CAD/CAE 一体化。汽车碰撞分析直接采用 ANSYS 公司的 LS-DYNA 来进行模拟仿真。由于碰撞出现穿透现象而导致强非线性求解数值发散问题，采用标准的数据交换文件格式将 PAM/CRASH 软件与 ADAMS 软件结合进行分析。对于汽车高频率的 NVH（Noise，Vibration and Harshness）特性分析，则采用 ANASYS 与 ADAMS 进行双软件环境下刚弹耦合模型分析。对于受控机械系统的仿真分析，往往基于简化的受控系统模型，通过状态方程将系统仿真与控制应用软件 MATLAB 联系起来，进行同步仿真。以 ADAMS 仿真软件为核心，通过上述多学科集成分析，经过后处理，输出设计目标；采用多学科协同优化策略，通过学科参数的灵敏度分析计算，确定对所关心性能指标（目标函数）影响最大的若干关键参数，进行设计的优化改进。

　　分析是设计的基础。数字化功能样机通过建模仿真获得产品的功能行为参数，强调对产品全性能多学科的集成数字化分析。该流程利用学科软件的无缝集成，通过模型转换，保证产品结构主模型与其他学科分析模型之间的数据一致性和互操作性。采用同一有限元模型进行多学科并行分析，利用 CAD/CAE 一体化软件来解决大多数的分析任务，能够大大压缩整个分析过程的前后置处理时间，缩短产品开发周期。

5.7　数字化仿真实例

　　对于汽车而言，轻的结构质量有益于提高汽车的加速行驶能力，降低成本，然而轻的结构有可能使汽车振动加剧，必须进行调整以满足汽车最低弯扭频率要求。依据本书提出的基于 MDO 的数字化功能样机集成设计平台，经过多学科软件集成分析流程，以数字化功能样机为核心，对汽车碰撞（Crash）、NVH 特性、气动阻力等进行多学科分析仿真，根据仿真结果指导模型重构和修改，驱动优化进程，实现汽车多体系统的动态优化。通过对汽车的实际性能仿真，可验证其自身的正确性和可信度。

5.7.1　汽车碰撞、空气动力、NVH 多学科设计优化

　　汽车碰撞、NVH 多学科设计优化数学模型为

min：$G = f(L，R，E，M，C_d，f_z，M_e)$

s. t.

NVH 约束：$9.3 \text{ Hz} \leqslant f_3 \leqslant 27.8 \text{ Hz}$，静态转矩$\leqslant D_t$，静态挠度$\leqslant D_b$；

侧翻碰撞约束：塌陷变形量（D）$\leqslant 5''$，最大临界负荷（P_{cr}）$\geqslant 27 \text{ kN}$；

气动阻力约束：$D_{0max} \geqslant 0.03$。

其中，G 为汽车重量；L 为汽车结构参数；R 为轮胎滚动半径；E 为材料的弹性模量，是汽车的刚性指标；M 为汽车质量；C_d 为风阻系数；f_z 为弯扭频率；M_e 为发动机转矩；f_3 为三阶频率；D_t，D_b 为局部点位移，$D_t = 3.4 \text{ mm}$，$D_b = 0.9 \text{ mm}$；D_{0max} 是直接挡最大动力因数，表示汽车直接挡时的爬坡和加速能力，同时满足附着条件：

$$\frac{M_{emax} I_1 I_0 \eta_T}{R} \leqslant Z_\varphi \varphi$$

即最大驱动力必须小于或等于汽车在地面上的附着力。式中，M_{emax} 为发动机最大转矩；I_1 为变速器 1 挡传动比；I_0 为驱动桥主减速器传动比；η_T 为传动系的传动效率；Z_φ 为驱动轮上的法向反作用力；φ 为道路附着系数。

5.7.2　汽车多学科协同优化流程

　　基于协同优化的汽车多学科设计优化流程如图 5.26 所示。汽车协同优化的两级分布式优化架构与并行设计的组织形式极为相似，各子系统分析优化时保持其相对

独立性，可以暂时不考虑其他学科的影响，能很好地使已有的学科分析软件与任何优化算法结合起来。各学科自由选择适合的优化算法，极大地降低了学科优化计算的复杂性，显著减少了学科之间的信息交互。各学科优化的目的是使该学科的优化目标与系统级优化提供给该学科的目标差异最小，采用系统级优化来协调各学科优化结果的不一致性，消除各学科间耦合因素的不匹配，提供各学科相关设计信息的协调值。

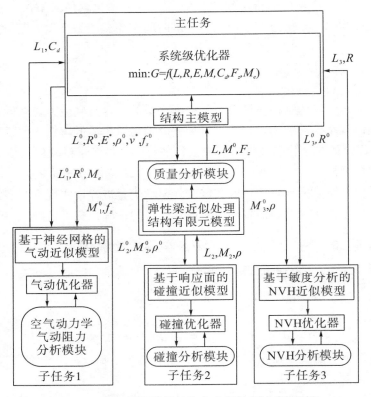

图 5.26　基于协同优化的汽车多学科设计优化流程

5.7.3　汽车车身系统仿真

基于多学科设计优化后的汽车结构设计变量应用 ANSYS 软件与 ADAMS 软件联合，构建如图 5.27 所示的整车刚弹耦合模型。对汽车不同频域的 NVH 特性进行仿真分析。试验表明：利用双软件环境下的刚弹耦合模型能够准确模拟汽车的 NVH 特性。最后，在 ADAMS/Car 中将实际的道路特性与各子系统参数联系起来，进行如图 5.28 所示的行驶工况仿真。验证表明：该数字化功能样机的车身振动频域信号与实际车身振动测试曲线基本吻合。

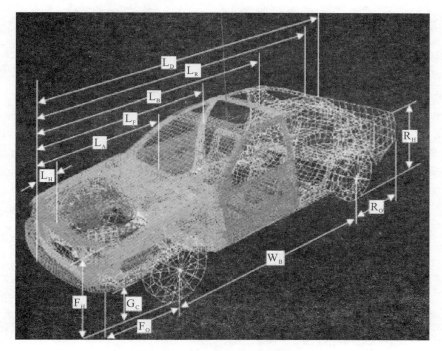

图 5.27　汽车整车刚弹耦合模型

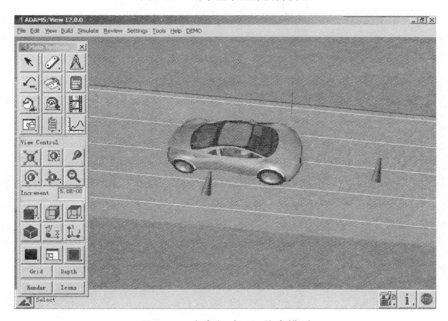

图 5.28　汽车行驶工况仿真模型

习题

1. CAE 软件仿真一般要经历哪些过程？它主要由哪些软件模块组成？
2. 简述 CAE 软件的发展趋势。

3. 与传统的物理仿真相比，数字化仿真具有哪些优点？

4. 仿真技术在机械产品开发中具有哪些功用？

5. 论述有限元法的基本思想和求解步骤。有限元软件通常由哪些模块组成？

6. 利用有限元法进行结构分析时，主要需进行哪几个处理过程？

7. 什么是单元刚度矩阵？什么是总体刚度矩阵？两者有何联系？

8. 单元类型选择的基本原则是什么？

9. 为什么说有限元分析中初始条件和边界条件的确定十分重要？

10. 就机械产品开发而言，常用的仿真软件有哪些？它们的应用领域是什么？

11. 简述基于仿真的机械设计系统框架的构成及其各部分的功能。

第6章　数字化制造技术

数字化制造指的是在虚拟现实、计算机网络、快速原型、数据库和多媒体等支撑技术的支持下，根据用户的需求，迅速收集资源信息，对产品信息、工艺信息和资源信息进行分析、规划和重组，用计算机系统进行制造过程的计划、管理以及对生产设备的控制与操作的运行，处理产品制造过程中所需的数据，控制和处理物料（毛坯和零件等）的流动，对产品进行测试和检验等。数字化制造实际上就是在对制造过程进行数字化的描述中建立数字空间，并在其中完成产品制造的过程。数字化制造是席卷全球的数字化浪潮中的关键环节，它的本质是支持知识化或信息化制造业的技术。本章着重论述数字化制造中的关键技术，包括计算机辅助工艺设计、数控加工技术、数控编程技术、数控仿真技术，最后介绍常用的数控系统及数控仿真实例。

6.1　计算机辅助工艺设计

计算机辅助工艺设计（Computer Aided Process Planning，CAPP）是将产品设计信息转换为各种加工制造、管理信息的关键环节，是制造业现代集成制造模式的核心单元技术。随着制造业信息化工程的进展，无论从广度上还是从深度上，都对 CAPP 系统的应用提出了更高的要求。

6.1.1　计算机辅助工艺设计技术概况

在现代制造企业中，工艺规程作为一种指导性技术文件，对企业生产的正常运转起着至关重要的作用，它的基本任务是将产品或零件的设计信息转换成加工指令。一般来讲，CAD 研究的对象是图形，而 CAPP 研究的对象是工艺数据，各种工艺文件之间及各种工艺数据之间的关系，是产品设计与实际生产的纽带，是一个经验性很强而且随制造环境变化而多变的决策过程。

6.1.1.1　CAPP 的基本概念

1. CAPP 的含义

CAPP 是指在人和计算机组成的系统中，依据产品设计信息、设备约束和资源条件，利用计算机进行数值计算、逻辑判断和推理等的功能来制定零件加工的工艺路线、工序内容和管理信息等工艺文件，将企业产品设计数据转换为产品制造数据的一种技术，也是一种将产品设计信息与制造环境提供的所有可能的加工能力信息进行匹配与优化的过程。

CAPP 也被译为计算机辅助工艺规划，国际生产工程研究会（CIRP）提出了计算机辅助规划（Computer Aided Planning，CAP）、计算机自动工艺过程设计（Computer Automated Process Planning，CAPP）等名称。实际上，国外常用的诸如制造规划（Manufacturing Planning）、材料处理（Material Processing）、工艺工程（Process Engineering）以及加工路线安排（Machine Routing）等名词，在很大程度上都是指计算机辅助工艺过程设计。

2. CAPP 的功能需求

在制造业信息化工程环境下，CAPP 系统应具有以下功能：

（1）基于产品结构：机械制造企业的生产活动都是围绕产品展开的，产品的制造生产过程也就是产品属性的生成过程。工艺文件作为产品的属性，应在工艺设计计划指导下，围绕产品结构（基于装配关系的产品零/部件明细表）展开。基于产品结构进行工艺设计，可以直观、方便、快捷地查找和管理工艺文件。

（2）工艺设计：这是工艺工作的核心工作，CAPP 应高效率、高质量地保证工艺设计的完成。工艺设计通常包括选择加工方法、安排加工路线、检索标准工艺文件、编制工艺过程卡和工序卡、优化选择切削用量、确定工时定额和加工费用、绘制工序图及编制工艺文件等内容。

（3）资源的利用：在工艺设计过程中，常常需要用到资源。所谓资源的利用，就是指工艺设计需要大量工艺资源数据（工厂设备、工装物料和人力等），需要应用工艺技术支撑数据（工艺规范、国家/企业技术标准、用户反馈），需要参考工艺技术基础数据（工艺样板、工艺档案），同时更需要涉及企业在长期的工艺设计过程中积累的大量工艺知识和经验资源。CAPP 系统应广泛而灵活地提供数据资源、知识资源和资源使用的方法。

（4）工艺管理：对工艺文件进行管理是保护、积累和重用企业工艺资源的重要内容，承担着对有关工艺数据进行统计，包括产品级的工艺路线设计、材料定额汇总等，对于工艺设计和成本核算起着指导性的作用。同时，在工艺设计中需要对定型产品的工艺进行分类归档以及归档后的有效利用。

（5）工艺流程管理：工艺设计要经过设计、审核、批准、会签的工作流程，CAPP 系统应能在网络环境下支持这种分布式的审批性处理。

（6）标准工艺：CAPP 系统中应有标准或称典型工艺的存储。在工艺设计中根据相似零件具有相似工艺的原理，常常又作为以后进行类似工艺设计的参考或模板。

（7）制造工艺信息系统：产品在整个生命周期内的工艺设计通常涉及产品装配工艺、机械加工工艺、钣金冲压工艺、焊接工艺、热表处理工艺、毛坯制造工艺、返修处理工艺等工艺设计，机械加工工艺中通常涉及回转体类零件、箱体类零件、支架类零件等各种零件类型。CAPP 应从以零件为主体对象的局部应用走向以整个产品为对象的全面应用，实现产品工艺设计与管理的一体化，建立数字化工艺信息系统，实现 CAD/CAM、PDM、ERP 的集成和资源共享。

3. CAPP 软件系统的基本组成

尽管 CAPP 系统的功能需求较多，但 CAPP 软件结构基本上都是由零件信息的输入、工艺决策、工艺资源数据库与知识库、人机交互设计界面与工艺文件编辑和输出等模块所组成。

（1）获取产品零件信息模块。目前计算机还不能像人一样识别零件图上的所有信息，在 CAPP 软件系统内须有一个专门的软件模块对零件信息进行描述和转换。如何输入和描述零件信息是 CAPP 面临的关键技术问题之一。

（2）工艺决策模块。工艺决策模块是系统的控制指挥中心，是以零件信息为依据，按预先规定的顺序或逻辑调用有关工艺数据或规则，进行必要的比较、计算和决策后生成零件的工艺规程。

（3）工艺资源数据库。工艺资源数据库是系统的支撑工具，包含了工艺设计所需要的所有工艺数据（如加工方法、加工余量、切削用量、机床、刀具、夹具、量具、辅具、材料、工时、成本核算等信息）和规则（包括工艺决策逻辑、决策习惯、经验等众多内容，如加工方法选择规则、排序规则等）。

（4）人机交互设计界面模块。人机交互设计界面是用户的工作平台，包括系统操作菜单、工艺设计界面、工艺数据与知识的输入和管理界面，以及工艺文件的显示、编辑与管理界面等。

（5）工艺文件管理与输出模块。该模块对各类工艺文件进行管理和维护，提供工艺文件格式化显示和打印输出等，要求能输出各种格式的文件，且能由用户自定义输出格式。

6.1.1.2　CAPP 的基础技术

（1）成组技术（Group Technology，GT）。我国早期开发的 CAPP 系统一般多为以 GT 为基础的变异式 CAPP 系统。

（2）产品零件信息的描述与获取方法。CAPP 与 CAD、CAM 类似，其单元技术都是按照自己的特点而各自发展的。零件信息（几何拓扑及工艺信息）的输入是首要的，即使在集成化、智能化、网络化、可视化的 CAD/CAPP/CAM 系统中，零件信息的生成与获取也是一个关键问题。

（3）工艺设计决策方法。其核心为特征型面加工方法的选择，零件加工工序及工步的安排及组合，故其主要决策内容是工艺流程决策、工序决策、工步决策、工艺参数决策。为保证工艺设计达到全局最优化，系统把这些内容集成在一起，进行综合分析、动态优化、交叉设计。

（4）工艺知识的获取及表示技术。工艺设计随设计人员、资源条件、技术水平、工艺习惯而变。要使工艺设计在企业内得到广泛而有效的应用，必须总结出适应本企业的零件加工的典型工艺及工艺决策方法，按所开发 CAPP 系统的要求，用不同的形式表示这些经验及决策逻辑。

（5）工序图及其他文档的自动生成方法。

（6）NC 加工指令的自动生成及加工过程动态仿真技术。

（7）工艺数据库的建立技术。

6.1.1.3 CAPP系统类型

在CAPP研究开发中，根据系统工作原理、零件类型、工艺类型和开发技术等对CAPP系统进行分类（图6.1）。例如，依据工艺决策的工作原理可将CAPP系统分为交互型CAPP系统，派生式（Variant，亦称变异式、修订式、样件式等）、创成式（Generative）、混合式（Hybrid）CAPP系统和基于知识的CAPP系统等类型。下面对这些系统进行概要的介绍。

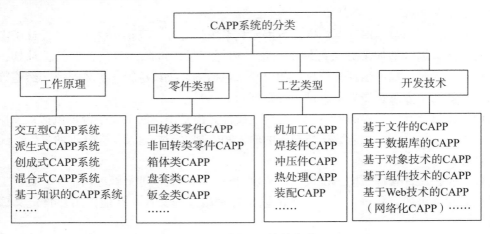

图6.1 CAPP系统的分类

1. 交互型CAPP系统

交互型CAPP系统是按照不同类型的工艺需求，编制一个人机交互软件系统，工艺设计人员根据屏幕上的提示，进行人机交互操作，操作人员在系统的提示引导下，回答工艺设计中的问题，对工艺过程进行决策及输入相应的内容，形成所需的工艺规程。这种系统强调CAPP中的A是Aided（辅助）而不是Automatic（自动化）。在以交互式为基础的系统模式下，工艺人员是工艺决策的主体，CAPP系统的主要功能是帮助用户"甩笔""告别手册"。早期从实用化的目标出发开发出较多基于Word、Excel、AutoCAD等通用软件系统的工艺卡片填写系统也属于交互型CAPP系统（图6.2），并取得了一定的应用效果。

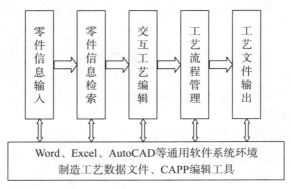

图6.2 人机交互型CAPP系统

随着软件开发技术的发展，交互式 CAPP 也逐渐成为一种框架工具系统。这种交互式 CAPP 系统是以人机交互的形式完成工艺规程的设计，含有适用于不同环境、不同需求的基本功能，而对用户的特定工艺数据、工艺知识和文件格式将在系统提供的各种帮助下逐步定义和添加，还可以根据用户的特殊需求进行特定功能的定制和二次开发。系统将根据使用中积累的数据和知识，逐步形成一种人机混合的决策功能。

2. 派生式 CAPP 系统

派生式方法的工作原理是在成组技术的基础上，利用零件的相似性将各种零件分类归族，对于每一个零件族构造一个能包含所有零件特征的标准样件，并建立代表该族零件的标准工艺。一个新零件的工艺是通过检索相似零件的标准工艺并加以筛选、编辑修改而成的（图 6.3）。最初的派生式方法是在标准工艺的基础上通过人机交互编辑修改而完成的，近来较成功的派生式 CAPP 系统则可以根据一定的派生规则进行自动派生，有些系统还结合创成式方法的一些特点，在机床、刀具、工装的选择、切削用量的确定等方面也采用自动的方法，被有些学者称为半创成式（Semi-Generative）方法。派生式 CAPP 系统的特点是结构简单、容易建立、性能可靠、理论成熟且便于使用和维护。因此，目前大多数实用的 CAPP 系统均属于这种类型。

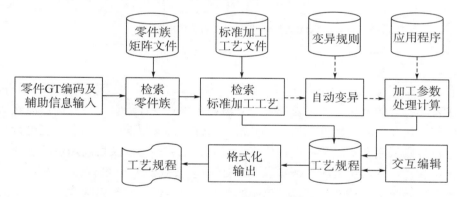

图 6.3　派生式方法的工作原理

派生式 CAPP 系统的基础是按成组技术原理对已有零件进行分类编码。其目的是将零件图上的信息代码化，在宏观上描述零件而不涉及该零件的细节。具体方法是把零件的属性用流行的数字代码表示，以使计算机容易识别和处理。国际上已有几十种用于成组技术的机械零件编码系统，如德国的 OPITZ 系统，日本的 KK-3 系统，以及我国的 JCBM、JLBM-1 系统等。

3. 创成式 CAPP 系统

创成式 CAPP 系统的工艺规程是根据程序中所反映的决策逻辑和制造工程数据信息自动生成的。这些信息主要是有关各种加工方法的加工能力和对象、各种设备及刀具的适应范围等一系列的基本知识。而工艺决策中的各种决策逻辑（以决策树、决策表等表示）或者植入程序代码（一般的创成式 CAPP 系统），或者以规则的形式存入相对独立的工艺知识库，供主控程序调用（基于人工智能的 CAPP 系统）。系统依靠决策逻辑、计算公式、工艺算法和几何数据，自动地进行从毛坯至图纸要求这一过程的各种工艺决策。加工规则、设备能力等都存储在计算机系统内，在向创成式 CAPP 系统输入待加工零件的信息后，系统能自动提供（生成）各种工艺规程文件，用户不需或略加修改即可，其工作流程如图 6.4 所示。创成式系统的特点是能保证相似零件工艺的高度相似性和相同零件工艺的高度一致性，能设计出新零件的工艺规程，有很大的柔性，还可以与 CAD 系统以及自动化加工系统相连接，实现 CAD/CAM 一体化。

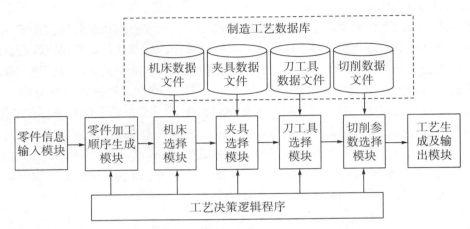

图 6.4　创成式方法的工作原理

4．混合式 CAPP 系统

混合式 CAPP 系统综合了派生式 CAPP 与创成式 CAPP 的方法和原理，采取派生与自动决策相结合的方法生成工艺规程。如需对一个新零件进行工艺设计，需先通过计算机检索它所属零件族的标准工艺，然后根据零件的具体情况，对标准工艺进行自动修改，工序设计则采用自动决策，进行机床、刀具、工装夹具以及切削用量的选择，输出所需的工艺文件。该系统兼顾了派生式 CAPP 与创成式 CAPP 的优点，克服了它们的不足，既具有系统的简洁性，又具有系统的快捷和灵活性，有很强的实际应用价值。这种模式目前应用较多，如基于实例与知识的混合式 CAPP 系统，将成组技术与专家系统相结合的混合式 CAPP 系统等。我国开发的 CAPP 系统多为这类系统。

5．基于知识的 CAPP 系统

基于知识的 CAPP 系统也称为智能型 CAPP 系统，是将人工智能技术应用在 CAPP 系统中从而形成 CAPP 专家系统。与创成式 CAPP 系统相比，虽然二者都可自动生成工艺规程，但创成式 CAPP 系统是以逻辑算法加决策表为特征，而智能型 CAPP 系统是以推理加知识为特征。工艺设计专家系统的特征是知识库和推理机，其知识库由零件设计信息和表达工艺决策的规则集组成，而推理机是根据当前的事实，通过激活知识库的规则集来得到工艺设计结果。专家系统中所具备的特征在智能 CAPP 系统中都应得到体现。

总之，CAPP 系统应是一种以产品工艺数据为中心的集工艺设计与信息管理为一体的交互式计算机应用系统，其逐步集成检索、修订、创成等多工艺决策混合技术及多人工智能技术，实现人机混合智能（Human-machine Hybrid Intelligence）和人、技术与管理的集成，逐步和部分实现工艺设计与管理数字化，从设计和管理等多方面提高工艺人员的工作效率，且在应用中不断积累工艺设计人员的经验。

6.1.1.4　CAPP 在制造业信息化中的作用

在制造业信息化环境中，工艺设计是生产技术准备工作的第一步，工艺规程是进行工装设计制造和决定零件加工方法与加工路线的主要依据，它对组织生产、保证产品质量、提高劳动生产率、降低成本、缩短生产周期及改善劳动条件等都有直接的影响，是生产中的关键工作。CAPP 系统与企业信息化系统各组成部分主要有三类信息流，如图 6.5 所示。

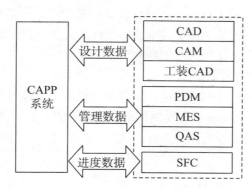

图 6.5　CAPP 信息交互图

1. 设计数据信息流

CAPP 接受来自 CAD 的产品几何、结构、材料信息以及精度、粗糙度等信息作为原始输入，同时向 CAD 反馈产品的结构工艺性评价。

CAPP 向 CAM 提供零件加工所需的设备、工装、切削参数、装夹参数以及反映零件加工过程的刀具轨迹文件，并接收 CAM 反馈的工艺修改意见。

CAPP 向工装 CAD 提供工艺规程文件和工装设计任务书。

2. 管理数据信息流

CAPP 向产品数据管理系统（PDM）提供工艺路线、设备、工装、工时、材料定额等信息，并接受 ERP 发出的技术准备计划、原材料库存、刀夹具状况、设备变更等信息。

CAPP 向制造执行系统（MES）提供各种工艺规程文件和夹具、刀具等信息，并接受由 CAM 反馈的刀具使用报告和工艺修改意见。

CAPP 向质量保证系统（QAS）提供工序、设备、工装等工艺数据，以生成质量控制计划和质量检测规程，同时接收 QAS 反馈的控制数据，以修改工艺规程。

3. 计划安排数据信息流

CAPP 向车间操作控制系统（SFC）提供工艺规程、装配工艺规程等信息文件，为生产调度和在线控制提供数据支持。

综上所述，工艺信息系统提供的数据横向跨越了从 CAD 系统到 ERP 系统等企业信息化的各个方面，纵向涉及从产品需求分析到生产维护等产品整个生命周期全过程。它在制造信息系统中起着承上启下的作用，对于保证制造信息系统中信息流的畅通，实现真正意义上的集成是至关重要的。可以毫不夸张地说，没有一个完善、可靠的工艺设计信息化系统，就不大可能实现完整、集成的企业信息化系统。

6.1.1.5　CAPP技术应用效益

制造业企业在激烈的市场竞争中如何提高市场响应速度，是决定企业能否生存和发展的关键问题之一。应用CAPP技术和软件系统进行工艺设计，将有助于企业提高市场竞争能力，产生更好的社会经济效益。

（1）通过CAPP系统提高工艺设计效率，可缩短产品生产技术准备周期。

（2）用CAPP系统有助于提高工艺设计质量，减少产品制造过程中的废品。

（3）有助于工艺工程师从烦琐、重复的一般性工艺设计中解脱出来，进行工艺试验、工艺攻关、优化工艺设计技术的创新性工作。

（4）有利于继承和共享工艺设计专家的经验与知识。

（5）有利于推进工艺设计的一致性、规范化，提高工艺设计质量。

（6）为ERP、PDM等信息系统提供正确的工艺数据，提高企业各部门间信息集成与共享的能力，为企业物资采购、生产计划调度、组织生产、资源平衡、成本核算等提供基础数据资源。

6.1.1.6　CAPP技术研究的发展趋势

纵观CAPP发展的历程，可以看到CAPP的研究和应用始终围绕着两方面的需要而展开：一是不断完善自身在应用中出现的不足；二是不断适应制造模式对CAPP提出的新的要求。因此，未来CAPP技术与软件系统的发展，将在企业应用范围、应用深度和水平等方面进行拓展，以信息集成和工艺知识为主体来解决企业的数字化工艺设计问题仍然是CAPP技术和软件系统的研究重点，其主要发展趋势有以下几个方面：

（1）面向行业的CAPP应用解决方案与开发技术。

尽管不同企业的CAPP应用需求差别较大，但同一行业内的产品工艺设计及管理模式具有较大的相似性，因此，有必要建立面向行业的CAPP应用参考模型，具体包括工艺信息模型、功能模型、资源模型、组织模型、过程模型等，并以此为基础，提供面向行业的CAPP工艺解决方案。

（2）CAPP标准化技术。

建立CAPP系统的功能定义集合和标准，解决CAPP系统的功能定义标准化及系统体系框架描述标准化问题。基于CAPP基本功能定义及系统体系框架，对企业CAPP的需求进行分析，形成标准化和规范化的描述，包括工艺设计与管理以及工艺信息集成等需求，解决企业在CAPP系统开发中对需求定义的完整性和一致性差的问题。

（3）基于知识的新型智能化工艺设计技术。

目前，以交互式为基础，建立丰富的工艺知识库，应用各种人工智能技术，充分应用工艺设计资源、工艺知识、经验，实现各阶段各种有效的智能化在线辅助，仍是CAPP发展的重要目标之一。在智能化CAPP研究中，人机一体化CAPP系统是一个重要的发展方向。所谓人机一体化，就是在人与计算机组成的系统中，采取以人为中心、人机一体的技术路线，人与计算机平等合作，各自完成自己最擅长的工作，人类智能与人工智能相互补充，基于以人为中心的人机一体化的思想，将人工智能和人类智能结合起来开发 CAPP 系统。

（4）协同工艺设计与工艺知识积累技术。

工艺设计工作的实际需求是协同工作、知识积累、信息共享。工艺设计协同工作的研究包括对工艺设计的协同工作模式、异构信息与资源集成、工艺设计知识发现技术以及协同应用开发环境的研究。

（5）CAPP/PDM/ERP 集成技术。

CAPP 与 PDM、ERP 的集成是企业应用集成的核心部分之一。CAPP 与 PDM 的集成主要体现在对图纸资源的利用，EBOM 的共享利用、EBOM 到 MBOM 的转换等方面；与 ERP 系统的集成，要及时、准确地提供 ERP 等管理系统所需的工艺数据，使 CAPP 真正成为企业生产经营的数据枢纽。

（6）开放的工艺资源集成模式及技术。

在工艺设计中，所涉及的工艺资源包括工艺方法、机床设备、原材料、工艺装备、工艺参数等。上述工艺资源不仅是指定工艺计划的重要依据，更是企业其他技术和管理决策的基础。因此，企业必须建立开放的、可重构的工艺资源管理模式。

（7）支持三维 CAD 的 CAPP 系统及应用。

三维 CAD 技术正在成为企业产品创新设计和数字化设计制造的基础平台，三维 CAD 的应用对工艺设计方式、工艺资源及制造数据管理模式等产生了重大影响，基于三维 CAD 的工艺设计、工装设计、工艺资源管理等成为企业制造工艺数字化的新应用需求。

6.1.2 CAPP 系统中的工艺决策与工序设计

CAPP 系统主要解决两个方面的问题，即零件工艺路线的确定（也叫做工艺决策）与工序设计。前者的目的是生成工艺规程主干，即指明零件加工顺序（包括工序与工步的确定）以及各工序的定位与装夹表面；后者主要包括工序尺寸的计算、设备与工装的选择、切削用量的确定、工时定额的计算以及工序图的生成等内容。

6.1.2.1 创成式 CAPP 的工艺决策

创成式 CAPP 系统的软件设计，其核心内容主要是各种决策逻辑的表达和实现。尽管工艺过程设计决策逻辑很复杂，包括各种性质的决策，但表达方式却有许多共同之处，可以用一定形式的软件设计工具（方式）来表达和实现，最常用的是决策表和决策树。

1. 决策表

决策表是将一组用语言表达的决策逻辑关系用一个表格来表达，从而可以方便地用计算机语言来表达该决策逻辑的方法。例如选择孔加工方法的决策可以表述为：①如果待加工孔的精度在 8 级以下，则可选择钻孔的方法加工。②如果待加工孔的精度为 7～

8，但位置精度要求不高，可选择钻、扩加工；若位置精度要求高，可选择钻、镗两步加工。③如果待加工孔的精度在 7 级以上，表面未做硬化处理，但位置精度要求不高，可选择钻、扩、铰加工；若位置精度要求高，可选择钻、扩、镗加工。④如果待加工孔的精度在 7 级以上，表面经硬化处理，但位置精度要求不高，可选择钻、扩、磨加工；若位置精度要求高，可选择钻、镗、磨加工。将上述文字描述的孔加工方法表达为决策表的形式，则决策逻辑见表 6.1。在决策表中，某特定条件得到满足，则取值为 T（真）；不满足时，取值为 F（假）。表的一列算作一条决策规则，采用"×"标志所选择的动作。

表 6.1　孔加工方法选择决策表

内表面	T	T	T	T	T	T	T
孔	T	T	T	T	T	T	T
8 级以下	T	F	F	F	F	F	F
7~8 级	F	T	T	F	F	F	F
7 级以上	F	F	F	T	T	T	T
硬化处理	F	F	F	F	F	T	T
高位置要求	F	F	T	F	T	F	T
钻	×	×	×	×	×	×	×
扩		×		×	×	×	
镗			×		×		×
铰				×			
磨						×	×

从表 6.1 可以看出，决策表由四部分构成。双横线的上半部代表条件，下半部代表动作（或结果），右半部为项目值的集合，每一列就是一条决策规则。当以一个决策表来表达复杂决策逻辑时，必须仔细检查决策表的准确性、完整性和无歧义性等内容。完整性是指决策逻辑各条件项目的所有可能的组合是否都考虑到了。它也是正确表达复杂决策逻辑的重要条件。无歧义性是指一个决策表的不同规则之间不能出现矛盾或冗余。无矛盾或冗余的规则可称为无歧义规则，否则为有歧义规则。

2. 决策树

树不仅是一种常用的数据结构，当将它用于工艺决策时，也是一种常用的与决策表功能相似的工艺逻辑设计工具。同时，它很容易和"如果（IF）……则（THEN）……"这种直观的决策逻辑相对应，很容易直接转换成逻辑流程图和程序代码。决策树由各种节点和分支（边）构成。节点中有根节点、终节点（叶子节点）和其他节点。根节点没有前趋节点，终节点没有后继节点，其他节点则都具有单一的前趋节点和一个以上的后继节点。节点表示一次测试或一个动作。拟采取的动作一般放在终节点上。分支（边）连接两个节点，一般用来连接两次测试或动作，并表达一个条件是否满足。满足时，测试沿分支向前传送，以实现逻辑与（AND）的关系；不满足时，则转向出发节点的另一分支，以实现逻辑或（OR）的关系。所以，由根节点到终节点的一条路径可以表示一条决策规则。

　　决策树有以下优点：①决策树容易建立和维护，可以直观、准确、紧凑地表达复杂的逻辑关系，而且决策表可以转换成决策树，例如表 6.1 的决策表可以转换成如图 6.6 所示的决策树。②决策树便于程序实现，其结构与软件设计的流程图很相似。决策树是表示"IF……THEN……"类型的决策逻辑的很自然的方法。条件（IF）可放在树的分支上，而预定的动作（THEN）则放在节点上，因此很容易转换成计算机程序。③决策树便于扩充和修改，适合于工艺过程设计。另外，选择形状特征的加工方法，选择机床、刀具、夹具、量具以及切削用量等都可以用决策树。

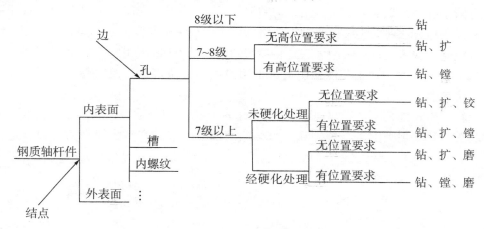

图 6.6　孔加工方法选择决策树

6.1.2.2　基于专家系统的工艺决策方法

　　CAPP 专家系统主要由零件信息输入模块、推理机和知识库三部分组成，其中推理机与知识库是相互独立的。CAPP 专家系统不再像一般 CAPP 系统那样在程序的运行中直接生成工艺规程，而是根据输入的零件信息去频繁地访问知识库，并通过推理机中的控制策略，从知识库中搜索能够处理零件当前状态的规则，然后执行这条规则，并把每次执行规则得出的结论部分按照先后次序记录下来，直到零件加工到终结状态，这个记录就是零件加工所要求的工艺规程。专家系统以知识结构为基础，以推理机为控制中心，按数据、知识、控制三级结构来组织系统，其知识库和推理机相互分离，这就增加了系统的灵活性。当生产环境变化时，可通过修改知识库来加入新的知识，使之适应新的要求，因而其解决问题的能力大大增强。

如上所述，CAPP 专家系统有处理多意性和不确定性问题的能力，并且可以在一定程度上模拟人脑进行工艺设计，使工艺设计中的许多模糊问题得以解决。特别是对箱体、壳体类零件的工艺设计，由于它们结构形状复杂、加工工序多、工艺流程长，而且可能存在多种加工方案，工艺设计的优劣主要取决于人的经验和智慧，因此，一般 CAPP 系统很难满足这些复杂零件的工艺设计要求。而 CAPP 专家系统能汇集众多工艺专家的经验和智慧，并充分利用这些知识进行逻辑推理，探索解决问题的途径与方法，因而能给出合理的甚至是最佳的工艺决策。

1. 专家系统的组成

专家系统由知识库和推理机两大部分组成。这两部分既彼此分离，又通过综合数据库互相联系。知识库存储通过专家得到的有关该领域的专门知识和经验，推理机运用知识库中的知识对给定的问题进行推导并得出结论。

2. 知识的获取

知识的获取就是将解决问题所用的专门知识从某些知识来源变换为计算机程序。知识库包括专家经验、专业书籍和教科书的知识或数据以及有关资料等。

3. 知识的表达

专家系统中知识的表达是数据结构和解释过程的结合。知识表达方法可分成说明型方法和过程型方法两大类。说明型方法将知识表示成一个稳定的事实集合，并用一组通用过程控制这些事实；过程型方法是将一组知识表示为如何应用这些知识的过程。

在 CAPP 系统中，工艺性知识可以采用说明型方法表达，控制性知识可以采用过程型方法表达。

(1) 产生式规则。产生式规则（Productive Rule）将领域知识表示成一组或多组规则的集合，每条规则由一组条件和一组结论两部分组成。产生式规则的一般表达方式如下：

IF　　　〈领域条件 1〉AND/OR

　　　　〈领域条件 2〉AND/OR

　　　　……

　　　　〈领域条件 n〉

THEN　〈结论 1〉AND

　　　　〈结论 2〉AND

　　　　……

　　　　〈结论 m〉

CAPP 系统的控制程序负责将事实和规则的条件部分做比较，若规则的条件部分被满足，则该规则的结论部分就可能被采纳。执行一条规则，可能要修改数据库中的事实集合，增加到数据库中的新事实也可能被规则所引用。

(2) 语义网络。语义网络（Semantic Network）是一种基于网络结构的知识表示方法。语义网络由节点和连接这些点的弧组成。语义网络的节点代表对象、概念或事实，语义网络的弧则代表节点和节点之间的关系。

（3）框架。框架（Frame）是一种表达一般概念和情况的方法。框架的结构与语义网络类似，其顶层节点表示一般的概念，较底层节点是这些概念的具体实例。

框架的一种表示方法是将其表示成嵌套的连接表。连接表由框架名、槽名、侧面名和值组成。框架的表示方式如下：

　　　（〈框架名〉（〈槽名 1〉……）

　　　　　　　　　（〈槽名 2〉……）

　　　　　　　　　……

　　　　　　　　　（〈槽名 i〉（〈侧面名 1〉……）

　　　　　　　　　　　　　　　（〈侧面名 2〉……）

　　　　　　　　　　　　　　　……

　　　　　　　　　　　　　　　（〈侧面名 j〉（〈值 1〉）

　　　　　　　　　　　　　　　　　　　　　（〈值 2〉）

　　　　　　　　　　　　　　　　　　　　　……

　　　　　　　　　　　　　　　　　　　　　（〈值 k〉））

　　　　　　　　　　　　　　　……

　　　　　　　　　　　　　　　（〈侧面名 m〉……））

　　　　　　　　　……

　　　　　　　　　（〈槽名 n〉……））

式中，$1 \leqslant i \leqslant n$，$1 \leqslant j \leqslant m$。

4. 知识的存储

（1）知识库的结构。知识库（Knowledge Base）是领域知识和经验的集合，它存储一组或多组领域知识。知识库的形式有两种：一种是用文件库模拟知识库，将知识经过专门处理后得到知识库文件；另一种是包含在程序中的知识模块。为了提高解题效率，根据系统处理问题的需要，可将领域知识分块存放。

（2）知识库的管理。知识库的管理是对已有的知识库进行维护，其主要功能是规则的增加、删除、修改和浏览。知识库的维护应尽可能直观地进行，并应有测试知识可靠性、一致性等的功能。

5. 基于知识的推理

设计专家系统推理机（Inference Engine）时，必须解决采取何种方式进行推理的问题。推理方式和搜索方式体现了一个专家系统的特色。推理方式有以下几种：

（1）正向推理。正向推理是从一组事实出发，一遍遍地尝试所有可执行的规则，并不断加入新事实，直到问题解决。对于产生式系统，正向推理可分两步进行：

第一步，收集 IF 部分被当前状态所满足的规则。如有不止一个规则的 IF 部分被满足，就使用冲突消解策略选择某一规则触发。

第二步，执行所选择规则 THEN 部分的操作。

正向推理适用于初始状态明确而目标状态未知的场合。图 6.7 说明了正向推理过程，图中已知事实是 A、B、C、D、E、G、H，要证明的事实为 Z，已知规则有三条。

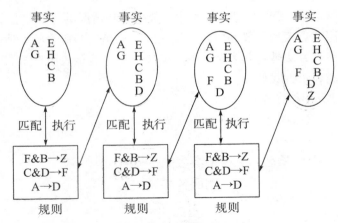

图 6.7　正向推理过程

（2）反向推理。反向推理是从假设的目标出发，寻找支持假设的论据。它通过一组规则，尝试支持假设的各个事实是否成立，直到目标被证明为止。反向推理适用于目标状态明确而初始状态不甚明确的场合。

（3）正反向混合推理。正反向混合推理分别从初始状态和目标状态出发，由正向推理提出某一假设，由反向推理证明假设。在系统设计时，必须明确哪些规则处理事实，哪些规则处理目标，使系统在推理过程中，根据不同情况选用合适的规则进行推理。正反向推理的结束条件是正向推理和反向推理的结果能够匹配。

（4）不精确推理。处理不精确推理常用的方法有概率法、可信度法、模糊集法和证据论法等，有关这些方法的详细内容，可参见相关书籍。

6.1.2.3　CAPP 系统中的工序设计

机械加工工艺规程一般可递阶地分解为工序、装夹、工位、工步等步骤。图 6.8 表示了工艺规程、工序、装夹、工位、工步之间的递阶关系。

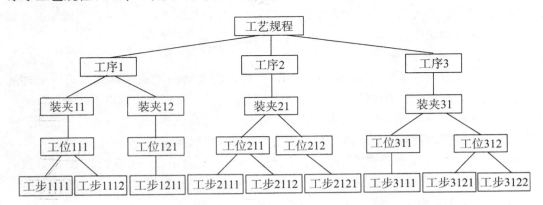

图 6.8　工艺规程的组成

显然，制定机械加工工艺规程的核心内容便是工序设计。一般地，制定的工艺规程用表格的形式来表达，称为工艺卡片。常用的工艺卡片有工艺过程卡（又称工艺路线卡）和工序卡。工艺过程卡用于表示零件机械加工的全貌和大致加工流程，它只反映工序序号、工序名称和各工序的概要内容以及完成该道工序的车间（或工段）、设备，有的还可能标出工序时间。工序卡则要表示每一道加工工序的情况，内容比较详细。各个工厂由于习惯、厂规的不同，所用的工艺卡片不尽相同。

为了简化工艺决策过程，按照分级规划与决策的策略，一般创成式 CAPP 系统在进行工艺决策时，只生成零件的工艺规程主干。一些派生式 CAPP 系统为了简化样件的标准工艺和使样件工艺具有灵活性，标准工艺规程中一般也只包含样件的工艺规程主干。所以在完成工艺决策后，还必须进行详细的工序设计，即分步对工艺规程主干进行扩充。对机械加工工艺而言，工序设计包括以下内容：

（1）工序内容决策。它包括每道工序中工步内容的确定，即每道工序所包含的装夹、工位、工步的安排，加工机床的选择，工艺装备（包括夹具、刀具、量具、辅具等）的选择等。

（2）工艺尺寸确定。其内容包括加工余量的选择、工序尺寸的计算及公差的确定等。工序尺寸是生成工序图与 NC 程序的重要依据，一般采用反推法来实现，即以零件图上的最终技术要求为前提，首先确定最终工序的尺寸及公差，然后再按选定的加工余量推算出前道工序的尺寸。其公差则通过计算机查表，按该工序加工方法可达到的经济精度来确定。这样按与加工顺序相反的方向，逐步计算出所有工序的尺寸和公差。但当工序设计中的工艺基准与设计基准不重合时，就要进行尺寸链计算。对于位置尺寸关系比较复杂的零件，尺寸链的计算是很复杂的。最常用的尺寸链计算方法是尺寸链图表法。

（3）工艺参数决策。工艺参数主要指切削参数或切削用量，一般指切削速度（v）、进给量（f）和切削深度（a_p）。在大多数机床中，切削速度又可通过主轴转速来表达。

（4）工序图的生成和绘制。工序图实际上是工序设计结果的图形表达，它通常附在工序卡上作为车间生产的指导性文件。一般情况下，仅对于一些关键工序提供工序图。当然也有严格要求每道工序都必须附有工序图的情况。工序图的绘制需要准确和完备的零件信息及工艺设计结果信息。在软件的实现上，一般有用高级语言编写绘图子程序和在商品化 CAD 软件上进行二次开发两种模式。而在设计方法上，一般与该 CAPP 系统选择的零件信息描述与输入法相对应，如特征拼装的工序图生成方法对应于基于特征拼装的计算机绘图与零件信息的描述和输入方法，特征参数法或图素参数法对应于基于形状特征或表面元素的描述和输入方法等。

（5）工时定额计算。工时定额是衡量劳动生产率及计算加工费用（零件成本）的重要根据。先进、合理的工时定额是企业合理组织生产、开展经济核算、贯彻按劳分配原则，不断提高劳动生产率的重要基础。在 CAPP 中，一般采用查表法和数学模型法计算工时定额。

（6）工序卡输出。作为车间生产的指导性文件，各个工厂都对其表格形式做出了统一明确的规定。工艺人员填写完毕后，还应经过一定的认定——修改过程，再发至车间，产生效力。CAPP 系统工序卡的输出部分一般纳入工艺文件管理子系统的规划与应用之中。

6.1.3 CAPP 的工艺数据库技术

CAPP 的关键基础技术是工艺设计信息处理模式、制造工艺资源模型以及工艺数据库建立。

6.1.3.1 工艺设计信息处理模式

工艺设计信息处理模式是指由工艺卡片等生成的相关数据资源的组织模式。工艺卡片是设计人员主要的工作对象,然而企业真正关心的是工艺卡片上反映的工艺设计信息,工艺卡片仅仅是设计人员要表达的工艺设计信息的格式化载体。

一个工艺设计中涉及的工艺设计信息多种多样,包括设计项目属性、产品属性、零部件属性、工艺技术条件、各类装备、设计人员等信息,还包括工艺路线、过程和步骤,以及从 CAD 图纸提取的各种信息。各种工艺设计信息之间一般有关联信息。对所有这些数据进行归纳和总结,并进一步抽象,得到一个能对所有工艺设计信息进行格式化处理的软件模型是现代 CAPP 首先要考虑的问题。这就是工艺格式的基本概念。

工艺格式是一个完整的工艺中所包含的工艺设计信息及其类型以及工艺设计信息之间的结构关系的总和,即工艺设计信息的组织。工艺格式在工艺卡片和工艺设计信息之间起到了桥梁作用,使企业关心的所有工艺设计信息都能通过固定的数据库结构去描述,也能通过不同的工艺卡片去反映。工艺卡片只是工艺设计信息的一种形式表达,对工艺卡片中数据的修改,实际上是对数据库中工艺设计信息的修改,两者是双向关联的。这种数据、格式、卡片的三层结构和软件编程中的三层结构非常相似(图 6.9)。

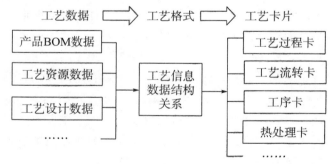

图 6.9 **工艺信息的三层结构**

6.1.3.2 工艺卡片的数据库模型

工艺设计过程围绕着工艺数据进行,工艺数据有多种表现形式。在工艺数据中包含有零件属性数据、产品属性数据、工艺规程数据等,作为一个统一的数据源,对于零件属性信息的修改可能要影响到工艺卡片中的相关内容,即用户以各种方式接触到的工艺数据都是总体工艺数据的一个视图。

工艺卡片只是工艺数据的一种表现形式，对工艺卡片中数据的修改实际上是对数据库中的工艺数据的操作。两者是双向关联的，CAPP 与其他系统的共享也是对数据的共享。为了使基于数据库的工艺数据结构化存储，需要对工艺数据进行格式化划分。

如图 6.10 所示，工艺卡片可以划分为不同的区域：

（1）单元区域。该区域主要用来表现属性数据，如零件材料、产品名称等。

（2）表格区域。该区域主要用来表现二维表形式的属性，如工艺规程、明细表等。

（3）图形区域。该区域主要用来显示图形数据。

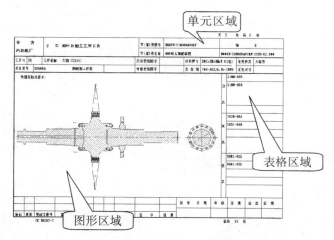

图 6.10　工艺卡片区域划分

工艺卡片的格式多种多样，而且随着企业的发展，工艺卡片的格式会发生变动，也可能会增加新的工艺卡片。为了满足企业对工艺卡片的扩展性需求，建立统一的工艺卡片结构化数据存储模型非常重要。

对工艺卡片进行这种格式化后，结合关系型数据库技术，CAPP 系统数据库结构中至少需要四类基础的数据库表，即单元工艺数据表、表格工艺数据表、图形工艺数据表、工艺数据关系表。这种设计方法使得卡片和工艺设计信息从根本上得到了分离，同时为企业的信息化建设提供了完备的、统一的工艺设计数据库接口。

6.1.3.3　制造工艺资源数据库

制造工艺资源是指一切可以为工艺系统使用的企业资源，包括材料、机床设备、工艺装备（刀具、量具、夹具、辅具等）、车间、工段、切削参数（进给量、切削深度、切削速度等）、工时定额的计算方法、材料定额的计算方法，以及工艺规范、企业技术标准，等等。从传统的系统归属上看，工艺资源既是企业资源计划（ERP）的一部分，又是 CAPP 系统的重要组成部分。通常工艺资源分为制造资源和工艺标准资源两类，如图 6.11 所示。

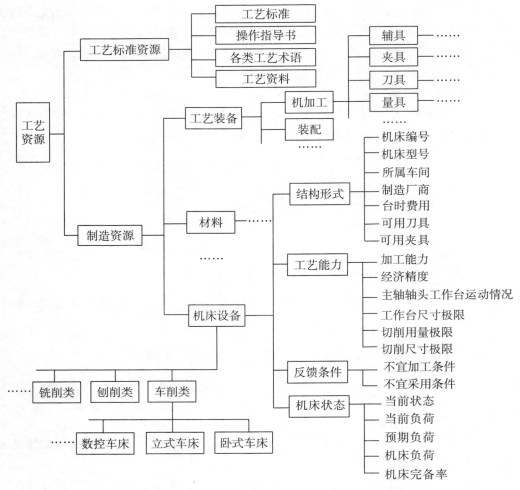

图 6.11　制造工艺资源数据模型

1. 制造资源

制造资源是对企业中的机床设备、工艺装备、材料和产品生命周期所涉及的硬件、软件的总称，也属于 ERP 管理的内容。对制造资源的抽象和描述应该是稳定的，不随应用系统而变；制造资源模型为应用系统提供制造环境的基本信息或信息模块。

制造资源库的数据由两部分组成：一部分是静态数据，是指有关资源、加工设备、材料、管理等方面的信息，它们一般不会在生产过程中发生变化，但可根据需要加以修改和补充；另一部分是动态数据，反映了一些随时有可能变化的信息，与生产实践密切相关。

基于面向对象的思想，把制造资源的结构描述与其相应的行为（工艺能力、状态、反馈等知识）封装，使得每一个资源对象作为一个物理世界相对应的概念，既表示了其结构形式，又表示了它在制造过程中将产生的行为，从而将制造资源的结构信息和工艺能力知识信息及其状态管理信息统一为结构化的对象表示，实现制造资源信息和知识及其生产管理信息的共享、维护和继承。

制造资源模型由资源管理特征（编号、类型、规格、所属车间等）、制造能力特征（能实现的加工方法、保证加工精度的能力和效率）、状态特征（动态状况、运行状况、负荷率）三部分组成。这三部分包含动态和静态两个方面的数据。

2. 工艺标准资源

工艺标准资源主要指工艺设计手册及各类工程标准中已标准化的或相对固定的与工艺设计有关的工艺数据与知识，如公差、材料、余量、切削用量及各种规范（如焊接规范、装配规范等），以及与各企业特定的工艺习惯相对应的工艺规范，如操作指导书、工艺卡片格式规范、工艺术语规范、工序工装编码规范等。

6.1.3.4　工艺设计信息数据库

CAPP 系统除了需要前面所述的制造工艺资源数控库的支持外，还需要建立网络化工艺设计信息数据库，广义上讲还包括制造业内部的信息交流和共享，以及面向制造业的网络应用服务。网络化 CAPP 系统中的工艺设计信息数据类型主要包括以下几个方面：

（1）产品设计和分析数据：如产品的结构分析、性能分析、图形、尺寸公差、技术要求、材料热处理等数据，这些数据具有高度的动态性。

（2）产品模型数据：包括基本体素、产品零部件的几何和拓扑信息，零部件的整体几何特征信息，几何变换信息和其他特征信息。

（3）产品图形数据：包括零件图、部件图、装配图和工序图的数据。

（4）专家知识和推理规则：主要包括智能 CAD、CAPP 系统中专家的经验知识和推理规则。

（5）工艺交流数据：指网络应用服务中发布企业工艺信息，便于指导生产制造过程；跟踪行业技术信息，介绍新工艺、新技术，进行网上信息的交流。

这些数据具有数据结构复杂，数据之间的联系复杂，数据一致性的实时检验、数据的使用和管理复杂等特点。因此，网络化工艺设计信息数据库应具有以下特点和功能：

（1）动态处理模式变化的能力。

（2）能描述和处理复杂的数据类型。

（3）支持工程设计事务管理。

（4）设计信息流的一致性和完整性控制。

（5）版本控制管理。

（6）分布数据处理能力。

（7）权限管理。

（8）用户管理。

6.1.4　CAPP 系统的流程管理与安全模型

6.1.4.1　工艺设计流程管理原理

工艺设计过程管理的主要任务是对整个工艺设计过程进行控制，并使过程在任何时候都可追溯。工艺过程管理应该支持和改善所有与工艺设计过程有关人员的协同工作，从而从整体上提高工作效率。为了有效地控制与管理工艺流程，必须建立一个包括工艺设计过程所有重要特征在内的过程模型。通过对企业工艺设计流程的分析，定义一系列工作流程数据模板并存放于数据库中形成流程模板表。用户可以根据需要调用该数据模板，对具体对象的工作流程进行定义，为每个工作对象建立一个流控卡片表，该表随对象流程的变化与对象一同转移，并记录对象流程过程中的所有过程步骤信息，从而实现对该对象工作流程的控制。其流程控制原理如图 6.12 所示。

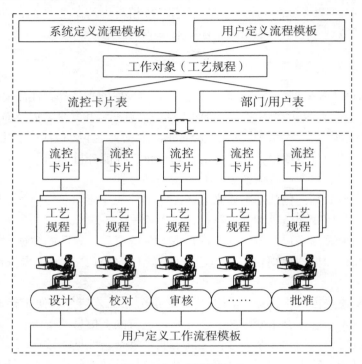

图 6.12　流程控制原理

6.1.4.2　工艺设计流程管理的安全模型

网络化 CAPP 系统是基于网络环境的、允许多个用户同时访问工艺信息数据库的软件系统，因此，必须建立一套可靠的系统安全体系，保证信息在共享和积累的过程中具有高度的安全性和保密性。安全管理功能包括以下几点：

（1）系统数据的安全性，保护系统数据不被入侵者非法获取。

（2）用户账号管理，为用户建立合法的开户账号。

（3）用户授权机制，防止非法侵入者在系统上发送错误信息。

（4）访问控制，控制用户对系统资源的访问。

（5）对数据信息、授权机制和密钥关键字的加密解密管理。

角色是一个组织或机构中的一种工作岗位或职责，在一个组织或机构内部只有具有某种职责或资格的人才能承担某项工作，即岗位责任制。下面将论述基于用户—角色—访问数据库资源权限的安全管理模式及实施方法。

1. 基于用户—角色—访问数据库资源权限的安全管理模式

基于用户—角色—访问数据库资源权限的安全管理模式是将用户与角色相联系，角色与访问权限相联系，为每一个用户指定若干个适当的角色，从而实现安全控制，如图 6.13 所示。

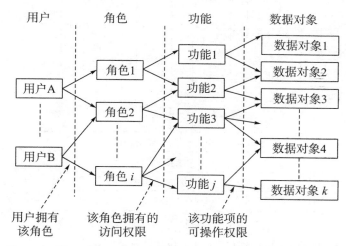

图 6.13　基于用户—角色—访问数据库资源权限的安全管理模式

2. 基于用户—角色—访问数据库资源权限的安全管理模式实施方法

（1）识别和确证：首先是识别和确证访问系统的用户。识别就是系统要识别访问者的身份，即通过唯一标识符（ID）识别访问系统的每个用户。确证是为了防止由于 ID 的非法泄露所产生的安全问题而采取的措施。确证的过程需用户提供能证明其身份的特殊信息，该信息对其他用户是保密的。这里采用常用的口令机制。这一步需要建立一张用户标识表（User 表），包含 ID 号、姓名、部门和口令。

（2）编号：对系统的各项功能（在存取控制中称其为目标对象）进行分类和标号（Target 表）。

（3）确定角色：不但要确定角色的个数，而且要确定相应角色的权限（Role 表）。

（4）实现用户和角色的对应：规定每个系统用户分别属于哪个角色，以用户角色表（Userrole 表）来表达，包含两个字段：用户 ID、角色编码。至此，已经建立了存取控制所需的所有基本表格，包括 User 表、Target 表、Role 表、Userrole 表。

（5）实现存取控制：利用上述表格来控制用户对系统的存取。

6.1.5　CAPP 系统开发与应用实例

应用前述 CAPP 基本原理，四川大学机械工程学院 CAD/CAM 研究所与东方汽轮机厂合作，研制开发了以产品为基本研究对象，以产品工艺数据为中心，以数据库技术为基础，集工艺设计与工艺管理为一体的工艺资源管理与网络分布式 CAPP 工具系统（简称 SCU—CAPPTool）。SCU—CAPPTool 系统结构模型如图 6.14 所示，在分布式组件平台、集成数据管理平台、分布式工艺资源数据库系统的支持下，由工艺任务管理、工艺设计、工艺资源管理、工艺文档管理以及远程协同工艺设计五大分系统组成，通过这些分系统协作地实现工艺设计信息。远程协同工艺设计分系统的有关内容将在下一部分介绍。

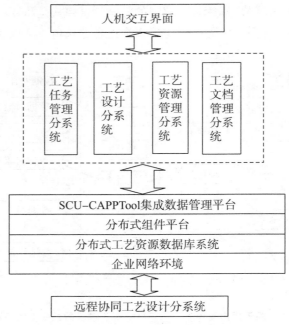

图 6.14　SCU−CAPPTool **系统结构模型**

6.1.5.1　工艺任务管理分系统

工艺任务管理分系统主要实现工艺、工装等技术文件的设计过程管理，以及工艺信息管理、工艺汇总管理等各种工艺管理工作，实现基于各种条件的快速定位、快速获取，以最大限度地利用已有的信息资源，并实现工艺工作的信息集成，真正实现工艺工作的计算机分布集成管理。工艺任务管理分系统的功能结构如图 6.15 所示。

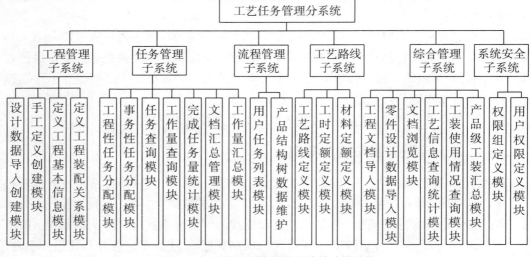

图 6.15　**工艺任务管理分系统的功能结构**

6.1.5.2　工艺设计分系统

由于工艺设计受产品类型、批量、制造资源、经验习惯和设计人员的素质等诸多因素的影响，所以考虑到用户的实际需求，综合利用检索式、派生式、基于实例的推理等设计方法，充分发挥人机一体化的效能进行工艺设计，使系统既具有派生式适应性强的优点，又充分利用了以往成熟的工艺实例。同时，通过流程管理在设计过程中把自己的情况通知给其他的设计人员或更高层的人员，让他们在线校对和审核自己的工作，及时交流信息，提高工作效率。工艺设计分系统由系统定义子系统、工艺编制子系统、工艺输出子系统组成。其功能体系结构如图 6.16 所示。

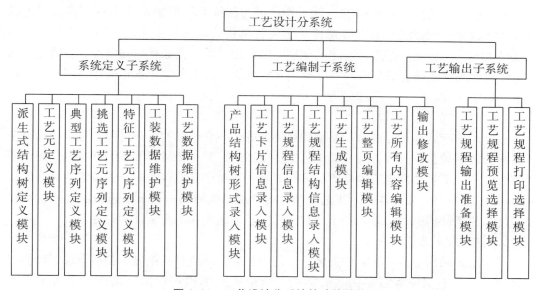

图 6.16　工艺设计分系统的功能结构

6.1.5.3　工艺资源管理分系统

工艺资源信息数据，包括机床、刀具、夹具、量具等设备类资源和加工余量、切削用量、各种工艺知识等工艺技术类资源，以及资料室纸质文档信息，是企业设计工艺规程、制订生产计划、控制产品制造等阶段的重要信息依据。无论是产品设计人员、工艺设计人员，还是生产管理人员均需考虑企业内的工艺资源情况。通过建立工艺资源分布式管理工具系统，管理和规范工艺资源数据，使设计、工艺和生产共享一致的工艺资源，提供一些人们常用的查询方法和手段，以达到快速、准确查询并易于操作。

工艺资源管理分系统从工具开发的角度完成工艺资源查询、删除和修改等功能。其操作简单方便，查找效率高，查询过程直观。在软件应用开发方面，利用面向对象的先进设计思想，实现程序的合理、优化开发，使程序系统具有很强的维护性和扩充性；同时，使用户在一个界面友好、直观、方便的环境中操作。

6.1.5.4　工艺文档管理分系统

　　工艺文档管理分系统对整个工艺工作中产生的大量事务文档和数据，如工装订货信息、工艺计划、入库工作量统计、工艺路线明细、材料定额、内部协调会纪要、车间平面布局图、设备采购规范、纪要及报告、工作联系单等，以及工艺资源管理系统、工艺设计系统、工艺管理系统产生的各类文档进行统一归档、存储等管理，最大限度地管理各种工艺信息。

6.1.5.5　工艺设计分系统运行实例

　　该系统主要完成工艺规程的设计工作，但与传统 CAPP 的功能有所不同。工艺设计系统不仅要实现传统 CAPP 零部件工艺规程的设计，而且要生成与零部件工艺过程相关的大量工艺数据，并进行有序的存储，以保证产品工艺数据的完整性、一致性，从而为实现产品工艺信息的集成与共享提供基础数据，为工艺信息管理取得良好的实际使用效果奠定条件。

　　1. 面向产品的工艺设计

　　企业的生产活动都是围绕产品结构来展开的，一个产品的生产过程实际上就是这个产品所有属性的生成过程。每一份工艺文件虽然是针对一个具体的零部件，但作为产品的属性之一，工艺文件也应围绕产品结构展开，通过产品结构树的节点关键字（一般是节点 ID 或物料号）发生联系，工艺设计针对产品结构树的一个节点进行，这样就可以清晰地描述产品的属性关系，便于产品工艺信息的组织和工艺文件的管理。

　　2. 多模式工艺设计方法

　　对于复杂结构产品，工艺种类多，工艺设计受产品类型、批量、制造资源、经验习惯和设计人员的素质等诸多因素的影响，所以考虑到用户的实际需求，采用派生式（图 6.17）、基于特征的半创成式（图 6.18）、基于实例的推理（图 6.19、图 6.20）等设计方法，充分发挥人机一体化的效能进行工艺设计，使系统既具有派生式适应性强的优点，又充分利用了以往成熟的工艺实例。

图 6.17　派生式工艺设计　　　　　图 6.18　基于特征的半创成式工艺设计

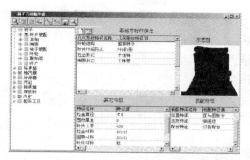

图 6.19　基于实例的工艺设计（叶片部件）

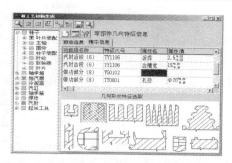

图 6.20　基于实例的工艺设计（转子主轴）

3. 基于文件的工艺附图组织

工艺附图（图 6.21）以文件的形式存放在文件服务器上，由于系统记录了工艺附图操作的工具，而使工艺附图文件的格式可以有多种（几乎包括任何图形类型的文件，甚至 Word 文档）。

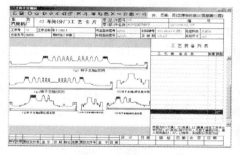

图 6.21　工序卡片格式

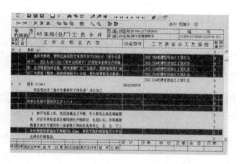

图 6.22　多行复制、删除

4. 工艺编辑各种辅助功能

CAPP 系统提供了强大的编辑功能，如单行、多行、单列、多列的删除、复制、粘贴操作（图 6.22），工艺资源的动态关联（图 6.23），存为典型工艺（图 6.24），工艺文件保存在本地，以及将文档信息导入，等等。

图 6.23　工艺资源的动态关联

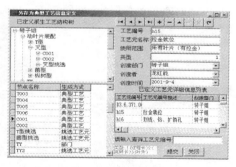

图 6.24　存为典型工艺

6.1.6　面向远程协同工艺设计的 CAPP 系统

面向远程协同工艺设计的 CAPP 系统应具备并行和分布决策的能力，能支持远程工艺设计，支持不同地域的多家企业同时操作和信息共享。Internet/Intranet 提供了远程协同工艺设计和信息共享的物质基础，而 Web 技术则构成了协同设计环境的底层技术支撑。

协同工艺设计的过程控制管理是核心问题，它决定了协同工艺设计群组的组成，参与成员的职责、权限、工具的使用等设备资源的分配。因此，远程协同工艺设计以过程控制为中心，主要涉及协作项目描述、分配规划、工艺任务流控制、产品管理、工艺路线描述、版本管理、签审会审管理以及与 PDM、ERP 的集成等。在协同设计过程控制下进行具体的工艺设计，包括总体工艺分析、加工方法选择、工序生成、工步生成、工序排序、工步排序、机床选择、刀具查询及切参查询等。

远程协同工艺设计系统以支持异地协同工艺设计与信息共享为目标，以群体协同辅助决策为手段，以数据存储和传输的安全为保障，从而能够真正支持异地工艺人员在局域网、广域网上的协同工作和信息共享。系统为用户提供了一致的 Web 界面，可实现跨平台的工作。系统所用的 B/S 结构是一种瘦客户机模式，客户端只需安装浏览器，并根据需要下载所需的应用程序，大部分处理都放在服务器上，从而减小了客户端维护工作的负担，易于管理、维护和版本升级。

针对某企业集团的远程协同工艺设计与信息共享的实际需求，开发了远程工艺信息查询与协同设计系统。应用该系统，协同设计用户可以通过导入 PDM 系统的 EBOM 完成协同工艺设计项目的产品结构 MBOM 配置（图 6.25），协同工艺设计任务的划分及监控（图 6.26），在协同工艺设计过程管理的控制下进行具体的工艺设计（图 6.27）、工时定额（图 6.28）等工作，通过实时交流（图 6.29）的辅助，完成签批工作（图 6.30）并归档（图 6.31）。通过集成相关协作企业的工艺资源信息（图 6.32），为整个协同工艺设计提供支持，并通过与 ERP 集成获得工装库存等信息（图 6.33），辅助工艺人员决策。

图 6.25　协同工艺设计项目

图 6.26　协同工艺设计任务

图 6.27　工艺卡片编制

图 6.28　工时定额管理

图 6.29　工艺交流

图 6.30　工装远程会签

图 6.31　文档管理

图 6.32　工艺资源管理

图 6.33　工装库存管理

6.2　数控加工技术

　　数控加工技术是用数字信息对机械运动和工作过程进行控制的技术，是集传统机械制造技术、计算机技术、现代控制技术、传感检测技术、网络通信技术和光机电技术等于一体的现代制造业的基础技术，具有高精度、高效率、柔性自动化等特点，对制造业实现柔性自动化、集成化和智能化起着举足轻重的作用。

　　CAM 有广义与狭义之分。广义的 CAM 是指利用计算机辅助从毛坯到产品制造全过程的所有直接与间接的活动，包括工艺准备、生产作业计划、物流过程的运行控制、生产控制、质量控制、物料需求计划、成本控制、库存控制、NC 机床、机器人等。狭义的 CAM 通常仅指数控加工程序编制与数控加工过程控制。数控加工程序编制包括刀具路径的规划、刀位文件的生成、刀具轨迹仿真及 NC 代码的生成等。

　　数字控制（Numerical Control，NC），是用数字信息通过控制装置来控制一台或多台机械设备的动作。NC 的工作方式是一种可编程序的自动控制方式。在工作过程中，它通常为某一工件或工艺过程编写一个专用指令程序。当加工的工件或工艺过程改变时，指令程序就要作相应的变化。

　　从 1952 年美国麻省理工学院研制出第一台试验性数控系统，到现在已走过了六十多年的历程。随着计算机技术的飞速发展，各种不同层次的开放式数控系统应运而生，发展很快，目前正朝着标准化开放体系结构的方向前进。就结构形式而言，当今世界上的数控系统大致可分为四种类型：①传统数控系统；②"PC 嵌入 NC"结构的开放式数控系统；③"NC 嵌入 PC"结构的开放式数控系统；④SOFT 型开放式数控系统。

　　目前，国外数控系统技术发展的总体趋势：①新一代数控系统向 PC 化和开放式体系结构方向发展；②驱动装置向交流、数字化方向发展；③增强通信功能，向网络化方向发展；④数控系统在控制性能上向智能化方向发展。

　　智能化、开放性、网络化、信息化将成为未来数控系统和数控机床发展的主要趋势。

6.3　数控编程技术

6.3.1　数控机床的组成与工作原理

　　如图 6.34 所示为数控机床的组成，主要包括输入装置、数控装置、执行装置、检测装置及辅助控制装置几个部分。

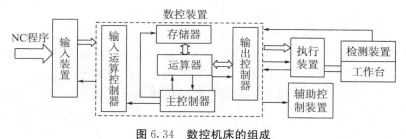

图 6.34　数控机床的组成

数控机床在工作时，每个坐标方向的拖板都是"一步""一步"地进给的，所形成的运动轨迹是折线，而需要加工的零件表面却都是光滑的连续曲面和斜面，这一问题可通过插补来解决。插补分直线插补和圆弧插补两类。

1. 直线插补

在数控机床中要加工如图 6.35 所示的直线 OA，可采用阶梯形的折线来代替。当加工点在直线 OA 上或在其上方时，朝$+x$方向进给一步；当加工点在直线 OA 下方时，朝$+y$方向进给一步。这样每走一步比较一下，刀具从 O 点开始加工，按照折线 $O→1→2→3→4→\cdots→A$ 的顺序逼近 OA 直线，直到 A 点为止。

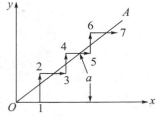

图 6.35 直线插补原理

2. 圆弧插补

当要在数控机床中加工如图 6.36 所示的半径为 R 的圆弧 $\overset{\frown}{AB}$时，也是用插补的方法来加工。此时的插补方法为圆弧插补，其原理同直线插补。当加工点在$\overset{\frown}{AB}$圆弧上方或在$\overset{\frown}{AB}$圆弧的内侧时，朝$+y$方向进给一步；当在$\overset{\frown}{AB}$圆弧的外侧时，朝$-x$方向进给一步。刀具从 A 点开始加工，按照折线 $A→1→2→3→4→\cdots→B$ 的顺序逼近$\overset{\frown}{AB}$圆弧，直到 B 点为止。

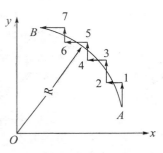

图 6.36 圆弧插补原理

数控机床的规格繁多，但归纳起来可分为以下三类：

（1）点位控制机床。点位控制（Positioning Control），又称点到点控制（Point to Point Control），其主要功能是在坐标系中将刀具从一点定位到另一点。这类机床的数控系统只能控制刀具从一个位置精确地移动到另一个位置，而不考虑两点之间的运动路径。这类机床主要有数控坐标镗床、数控钻床、数控冲床等。

（2）直线控制机床。直线控制（Straight Cut Control），除了控制刀具从一点到另一点的准确定位外，还要保证其运动轨迹必须是一条直线。这类机床主要有简易数控车床、数控铣床、数控镗床等。具有直线控制功能的数控机床同时也具有点位控制的功能。

（3）轮廓控制机床。轮廓控制（Contouring Control），又称连续轨迹控制（Continuous Path Control），可同时对两个或两个以上的坐标轴进行连续控制。这类机床在加工时，不仅要控制刀具的起点和终点，而且要控制整个加工过程中刀具在每一点的位置。利用这种控制方式可加工出各种曲线和曲面。这类机床主要有数控车床、数控磨床和数控铣床。

6.3.2 数控机床的坐标系统

在数控机床的设计制造与数控编程中，为了保证机床的正确运动，简化编程，对数控机床各坐标轴的代码及其运动的正、负方向都进行了统一的规定。

根据 ISO 及 JB 3051—82 标准的规定，数控机床的坐标轴命名规定：机床的直线运动采用笛卡尔直角坐标系，三坐标轴分别为 x 轴、y 轴、z 轴，按右手定则判定方向，如图 6.37 所示。

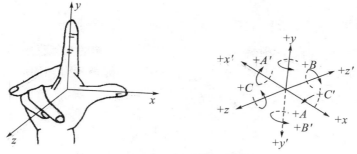

图 6.37　笛卡尔直角坐标系

以 x、y、z 坐标轴线或以与 x、y、z 坐标轴线相平行的直线为轴线的旋转运动分别用 A、B、C 表示。A、B、C 的正方向按右手螺旋定则确定，如图 6.38 所示。

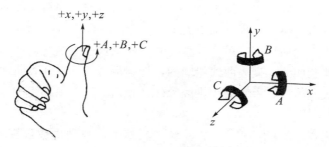

图 6.38　旋转方向

为了编程方便，在数控机床上，无论是工件固定、刀具移动，还是刀具固定、工件移动，一律按照刀具相对于工件运动的情况来确定坐标系。

除了沿 x、y、z 主要方向的直线运动外，若还有其他与之平行的直线运动，可分别用 U、V、W 表示；如果再有，可用 P、Q、R 表示；如果在旋转运动 A、B、C 之外还有其他旋转运动，则可分别用 D、E、F 表示。多坐标数控铣床的坐标系如图 6.39 所示。

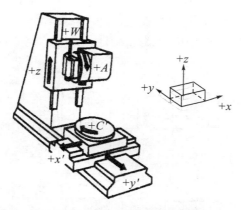

图 6.39　多坐标数控铣床的坐标系

6.3.3 NC 编程

使用数控机床加工时，必须编制零件的加工程序。理想的加工程序不仅要保证加工出符合设计要求的合格零件，而且还应使数控机床的功能得到合理的应用和充分发挥，并能安全、高效、可靠地运转。

6.3.3.1 数控编程方法

数控编程的主要内容包括：分析零件图纸，进行工艺处理，确定工艺过程；计算刀具中心运动轨迹，获得刀位数据；编制零件加工程序；校核程序。

数控程序的编制方法有两种：手工编程与自动编程。

1. 手工编程

从分析零件图纸、制定工艺规程、计算刀具运动轨迹、编写零件加工程序、制备控制介质直到程序校核，整个过程全都由人工完成，这种编程方法称为手工编程。

手工编程适用于几何形状简单、计算简便、加工程序不多的零件加工。对于形状复杂的零件，具有非圆曲线、列表曲线轮廓的，特别是对于具有列表曲面、组合曲面的零件以及程序量很大的零件，手工编程难以胜任，必须采用自动编程加以解决。

2. 自动编程

自动编程是指在计算机及相应软件系统的支持下，自动生成数控加工程序的过程。其特点是采用简单、通用的语言对加工对象的几何形状、加工工艺、切削参数及辅助信息等内容按规则进行描述，再由计算机自动地进行数值计算、刀具中心运动轨迹计算、后置处理，产生出零件加工程序单，并且对加工过程进行模拟。对于形状复杂，具有非圆曲线轮廓和三维曲面等零件编写加工程序，采用自动编程方法效率高，可靠性好。在编程过程中，程序编制人可及时检查程序是否正确，需要时可及时修改。

如图 6.40 所示为数控自动编程的一般过程。编程人员根据零件图纸和数控语言手册编写一段简短的零件源程序作为计算机的输入，计算机经过翻译处理该刀具运动轨迹计算，得出刀位数据，再经过后置处理，最终生成符合具体数控机床要求的零件加工程序。该程序经相应的传输介质传送至数控机床并进行数控加工。后置处理结果还可在计算机上进行仿真加工，以检查处理结果的正确性。

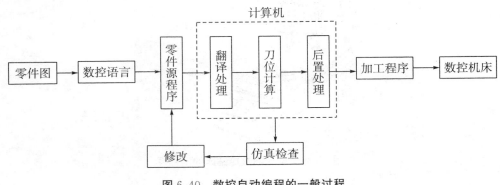

图 6.40　数控自动编程的一般过程

6.3.3.2　数控编程的标准与代码

经过多年的不断实践和发展，在数控编程中所使用的程序格式和功能代码都已形成了一系列的标准。作为数控加工中使用较广的穿孔纸带，其上利用穿孔的方式记录着零件加工程序指令。国际上及我国广泛使用 8 单位的穿孔纸带。国际上采用的穿孔纸带编码标准有 ISO 和 EIA 两种，我国的 JB 3050—82 与 ISO 840 等效。ISO 及 EIA 代码见表 6.2。

表 6.2　数控机床用 ISO 及 EIA 代码表

ISO 代码									EIA 代码									符号	符号含义
8	7	6	5	4	0	3	2	1	8	7	6	5	4	0	3	2	1		
		○	○		o						○			o				0	数字 0
○		○	○		o			○						o			○	1	数字 1
○		○	○		o		○							o		○		2	数字 2
		○	○		o		○	○				○		o		○	○	3	数字 3
○		○	○		o	○								o	○			4	数字 4
		○	○		o	○		○				○		o	○		○	5	数字 5
		○	○		o	○	○					○		o	○	○		6	数字 6
○		○	○		o	○	○	○						o	○	○	○	7	数字 7
○		○	○	○	o								○	o				8	数字 8
		○	○	○	o			○				○	○	o			○	9	数字 9
	○				o			○		○	○			o			○	A	绕着 x 轴的转角
	○				o		○			○	○			o		○		B	绕着 y 轴的转角
○	○				o		○	○		○	○	○		o		○	○	C	绕着 z 轴的转角
	○				o	○				○	○			o	○			D	中间停留机能
○	○				o	○		○		○	○	○		o	○		○	E	其他用
○	○				o	○	○			○	○	○		o	○	○		F	进给速度
	○				o	○	○	○		○	○			o	○	○	○	G	准备功能
	○			○	o					○	○		○	o				H	输入（刀具补偿数）
○	○			○	o			○		○	○	○	○	o			○	I	圆弧起点对圆心沿 x 轴坐标
○	○			○	o		○				○	○		o			○	J	圆弧起点对圆心沿 y 轴坐标
	○			○	o		○	○			○	○		o		○		K	圆弧起点对圆心沿 z 轴坐标
○	○			○	o	○					○			o		○	○	L	其他用
	○			○	o	○		○			○	○		o	○			M	辅助功能
	○			○	o	○	○				○			o	○		○	N	程序号
○	○			○	o	○	○	○			○			o	○	○		O	不用

ISO 代码									EIA 代码									符号	符号含义
8	7	6	5	4	0	3	2	1	8	7	6	5	4	0	3	2	1		
	○		○		o					○		○		o	○	○	○	P	平行于 x 轴的第三坐标
○	○		○		o			○		○		○	○	o				Q	平行于 y 轴的第三坐标
○	○		○		o		○			○			○	o			○	R	平行于 z 轴的第三坐标
	○		○		o		○	○		○	○			o		○		S	主轴转速
○	○		○		o	○				○				o	○	○	○	T	刀具功能
	○		○		o	○		○		○				o		○		U	平行于 x 轴的第二坐标
	○		○		o	○	○			○				o		○	○	V	平行于 y 轴的第二坐标
	○		○		o	○	○	○		○				o	○			W	平行于 z 轴的第二坐标
○	○		○	○	o					○	○		○	o	○	○	○	X	x 轴方向的主运动
	○		○		o			○		○	○	○		o				Y	y 轴方向的主运动
	○		○		o		○			○				o			○	Z	z 轴方向的主运动
	○	○	○	○	o		○			○		○		o	○	○		：	冒号
	○		○	○	o	○				○				o				＋	加/正
	○		○		o	○		○		○				o				－	减/负
○		○		○	o	○			○				o	○				＊	乘
○		○		○	o	○	○	○		○	○		o			○		/	除（省略）（跳带）
○		○		○	o		○			○	○	○		o	○	○		；	分号
○		○		○	o			○		○				o				＝	等号
	○		○	○	o					○	○		o	○				（	括号开
○		○		○	o			○	○	○	○	○		o	○			）	括号闭
○		○		○	o	○		○		○				o		○	○	％	百分比
					o			○					○			○	○	Stop（ER）	倒带停止
	○		○		o			○		○	○	○	○	o	○	○		Tab	制表（或分隔符号）
○		○		○	o	○	○		○					o				CR（或 EOB）	程序段结束
○	○	○	○	○	o	○	○	○	○	○	○	○	○	o	○	○	○	Delete	注销
○		○		○	o							○		o				Space	空格
			○	○	o		○											LF	换行

6.3.3.3 数控编程的指令代码

在数控加工程序的编制中，使用 G 指令代码，M 指令代码，以及 F、S、T 指令来描述零件加工工艺过程和数控系统的运动特征。国际和国内均制定了相应的标准，分别为 ISO－1056－1975E 和 JB 3208—83。

6.3.3.4　G 指令

G 指令，即准备功能指令。它是建立数控机床或数控系统工作方式的一种指令。该指令主要是命令机床作何种运动，为控制系统的插补运算做好准备。G 指令一般位于程序段中坐标数字指令的前面。G 指令从 G00 至 G99 共有 100 种，详见表 6.3。

表 6.3　G 代码——准备功能代码

代码 (1)	功能保持到被取消或被同样字母表示的程序指令所代替 (2)	功能仅在所出现的程序段内有作用 (3)	功能 (4)	代码 (1)	功能保持到被取消或被同样字母表示的程序指令所代替 (2)	功能仅在所出现的程序段内有作用 (3)	功能 (4)
G00	a		快速点定位	G50	#（d）	#	刀具偏置 0/–
G01	a		直线插补	G51	#（d）	#	刀具偏置+/0
G02	a		顺时针方向圆弧插补	G52	#（d）	#	刀具偏置−/0
G03	a		逆时针方向圆弧插补	G53	f		直线偏移，注销
G04		*	暂停	G54	f		直线偏移 X
G05	#	#	不指定	G55	f		直线偏移 Y
G06	a		抛物线插补	G56	f		直线偏移 Z
G07	#	#	不指定	G57	f		直线偏移 XY
G08		*	加速	G58	f		直线偏移 XZ
G09		*	减速	G59	f		直线偏移 YZ
G10～G16	#	#	不指定	G60	h		准确定位 1（精）
G17	c		xOy 平面选择	G61	h		准确定位 2（中）
G18	c		zOx 平面选择	G62	h		快速定位（粗）
G19	c		yOz 平面选择	G63		*	攻丝
G20～G32	#	#	不指定	G64～G67	#	#	不指定
G33	a		螺纹切削，等螺距	G68	#（d）	#	刀具偏置，内角
G34	a		螺纹切削，增螺距	G69	#（d）	#	刀具偏置，外角
G35	a		螺纹切削，减螺距	G70～G79	#	#	不指定
G36～G39	#	#	永不指定	G80	e		固定循环注销
G40	d		刀具半径补偿/偏置的注销	G81～G89	e		固定循环
G41	d		刀具补偿：左	G90	j		绝对尺寸
G42	d		刀具补偿：右	G91	j		增量尺寸
G43	#（d）	#	刀具偏置：正	G92		*	预置寄存

续表6.3

代码 (1)	功能保持到被取消或被同样字母表示的程序指令所代替 (2)	功能仅在所出现的程序段内作用 (3)	功能 (4)	代码 (1)	功能保持到被取消或被同样字母表示的程序指令所代替 (2)	功能仅在所出现的程序段内作用 (3)	功能 (4)
G44	♯（d）	♯	刀具偏置：负	G93	k		时间倒数，进给率
G45	♯（d）	♯	刀具偏置+/+	G94	k		每分钟进给
G46	♯（d）	♯	刀具偏置+/-	G95	k		主轴每转进给
G47	♯（d）	♯	刀具偏置-/-	G96	I		恒线速度
G48	♯（d）	♯	刀具偏置-/+	G97	I		每分钟转数（主轴）
G49	♯（d）	♯	刀具偏置0/+	G98~G99	♯	♯	不指定

注：①♯：如选作特殊用途，必须在程序格式说明中说明。②如在直线切削控制中没有刀具补偿，则 G43~G52 可指定作其他用途。③在表中左栏括号中的字母（d）表示可以被同栏中没有括号的字母 d 所注销或代替，亦可被有括号的字母（d）所注销或代替。④G45~G52 的功能可用于机床上任意两个预定的坐标。⑤控制机上没有 G53~G59、G63 功能时，可以指定作其他用途。

下面介绍常用的 G 指令及其用法。

（1）G00——快速点定位指令。它指令运动部件以点位控制方式和最快速度移动到程序中指定的位置，先前的 F 进给速度指令对之不起作用。它只是快速到位，而无运动轨迹要求。不同坐标轴的运动方式决定于控制系统的设计，可以不协调。

（2）G01——直线插补指令。它以两坐标（或三坐标）插补联动的方式且按程序段中指定的 F 进给速度作任意斜率的直线运动，也就是使机床进行两坐标（或三坐标）联动运动。其程序格式为

$$G01X\_Y\_Z\_F\_$$

（3）G02、G03——圆弧插补指令。G02 为顺时针方向圆弧插补指令，G03 为逆时针方向圆弧插补指令。当要求刀具相对于工件作顺时针方向的圆弧插补运动时，用 G02 指令指定，反之则用 G03。圆弧插补的顺、逆方向按图 6.41 判定。在使用圆弧插补指令之前，必须应用平面选择指令指定圆弧插补的平面。

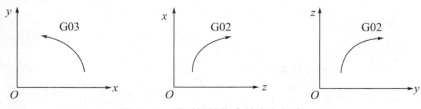

图 6.41　圆弧插补指令的方向规定

（4）G04——暂停指令。它指令运动部件做短暂停留或做无进给光整加工，如车槽

程序结束后进行光整成圆，锪沉孔程序结束后进行端面光整等。

（5）G17、G18、G19——坐标平面指令。分别指定 xOy、zOx、yOz 平面。当机床只运动于一个平面（如车床只运动于 zOx 平面）时，则平面指令省略。

（6）G40、G41、G42——刀具半径补偿指令。数控装置大都具有刀具半径补偿功能，为编程提供了方便。当铣削零件轮廓时，不需计算刀具中心运动轨迹，只需按零件轮廓编程，使用刀具半径补偿指令，并在控制面板上使用刀具拨码盘或键盘人工输入刀具半径，数控装置便能自动地计算出刀具中心轨迹，并按刀具中心轨迹运动。当刀具磨损或重磨后，其半径变小，只需手工输入改变后的刀具半径，而不必修改已编好的程序或纸带。在用同一把刀具进行粗、精加工时，设精加工余量为 Δ，则粗加工的补偿量为 $r+\Delta$，而精加工的补偿量改为 r 即可。

G41 和 G42 分别为左（右）偏刀具补偿指令，即沿刀具前进方向看（假设工件不动），刀具位于零件的左（右）侧时刀具半径补偿。

G40 为刀具半径补偿撤销指令。使用该指令后，G41 和 G42 指令无效。

（7）G43、G44、G49——刀具偏置指令。用于表示刀具偏置的数值（在控制机上预先给定的）在相应程序段中增加或减少坐标尺寸。

（8）G45～G52——刀具偏置指令。用于表示刀具偏置的数值（预先在控制机上给定的）在相应程序段中为加、减或零。

（9）G81～G89——固定循环指令。它指令一个切削过程中几个固定的动作。例如，在钻孔加工中，往往在一个零件上有几个甚至多个孔，而每一个孔的加工都需要快速接近工件、慢速钻孔、快速退出三个固定的动作。对于这类典型的且经常应用的几个固定动作，用一个固定循环指令程序段去执行，可使程序编制简便。

（10）G90、G91——绝对坐标尺寸及增量坐标尺寸编程指令。G90 表示程序输入的坐标值按绝对坐标值取，G91 表示程序段的坐标值按增量坐标值取。

（11）G92——坐标系设定指令。G92 指令只是设定工件坐标系，并不产生运动。当以绝对尺寸编程时，首先要建立编程坐标系，即设定工件坐标原点（程序原点）在距刀具现在位置多远的地方。换言之，就是以程序原点为准，确定刀具起始点的坐标值。所设定的坐标值便由数控装置记忆在相应的坐标轴的存储器中，作为下一程序段用绝对值编程的基数。

图 6.42 为作平面直线插补运动的一个例子。设刀具的起始位置为程序原点 P_0，要求刀具以快速定位方式运动至 P_1，然后以 F20 进给速度沿 P_1P_2、P_2P_3、P_3P_1 运动，再快速回至 P_0 并停止。

当采用绝对值编程时，其程序如下：

N001 G92 X0 Y0 LF（在原位设定坐标系）

N002 G90 G00 X4 Y5⋯LF（P0→P1）

N003 G01 X−3 Y2 F20 LF（P1→P2）

N004 X2 Y−3 LF（P2→P3）

N005 X4 Y5 LF（P3→P1）

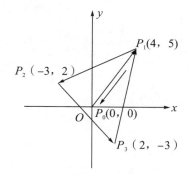

图 6.42　平面直线插补运动

N006 G00 X0 Y0 M02 LF（P1→P0）

当采用增量值编程时，其程序如下：

N001 G91 G00 X4 Y5…LF（P0→P1）

N002 G01 X−7 Y−3 F20 LF（P1→P2）

N003 X5 Y−5 LF（P2→P3）

N004 X2 Y8 LF（P3→P1）

N005 G00 X−4 Y−5 M02 LF（P1→P0）

当采用绝对值和增量值混合编程时，其程序如下：

N001 G92 X0 Y0 LF

N002 G90 G00 X4 Y5…LF

N003 G01 X−3 Y2 F20 LF

N004 G91 X5 Y−5 LF

N005 X2 Y8 LF

N006 G90 G00 X0 Y0 M02 LF

6.3.3.5　M 指令

M 指令，又称辅助功能指令。它是由字母"M"和其后的两位数字组成，从 M00 到 M99 共 100 种，详见表 6.4。这些指令与数控系统的插补运算无关，主要是为了数控加工、机床操作而设定的工艺性指令及辅助功能，是数控编程必不可少的。

表 6.4　M 代码——辅助功能代码

代码(1)	功能开始时间		功能保持到被取消或被同样字母表示的程序指令所代替(5)	功能仅在所出现的程序段内有作用(5)	功能(6)	代码(1)	功能开始时间		功能保持到被取消或被同样字母表示的程序指令所代替(5)	功能仅在所出现的程序段内有作用(5)	功能(6)
	与程序段指令运动同时开始(2)	在程序段指令运动完成后开始(3)					与程序段指令运动同时开始(2)	在程序段指令运动完成后开始(3)			
M00		*		*	程序停止	M36	*		#		进给范围1
M01		*		*	计划停止	M37	*		#		进给范围2
M02		*		*	程序结束	M38	*		#		主轴速度范围1

170

代码 (1)	功能开始时间		功能保持到被取消或被同样字母表示的程序指令所代替 (4)	功能仅在所出现的程序段内有作用 (5)	功能 (6)	代码 (1)	功能开始时间		功能保持到被取消或被同样字母表示的程序指令所代替 (4)	功能仅在所出现的程序段内有作用 (5)	功能 (6)
	与程序段指令运动同时开始 (2)	在程序段指令运动完成后开始 (3)					与程序段指令运动同时开始 (2)	在程序段指令运动完成后开始 (3)			
M03	*		*		主轴顺时针方向	M39	*		#		主轴速度范围 2
M04	*		*		主轴逆时针方向	M40～M45	#	#	#	#	如有需要作为齿轮换挡，此外不指定
M05		*	*		主轴停止	M46～M47	#	#	#	#	不指定
M06	#	#		*	换刀	M48			*	*	注销 M49
M07	*		*		2 号冷却液开	M49	*		#		进给率修正旁路
M08	*		*		1 号冷却液开	M50	*		*		3 号冷却液开
M09		*	*		冷却液关	M51	*		*		4 号冷却液开
M10	#	#	*		夹紧	M52～M54	#	#	#	#	不指定
M11	#	#	*		松开	M55	*		#		刀具直线位移，位置1
M12	#	#	#	#	不指定	M56	*		#		刀具直线位移，位置2
M13	*		*		主轴顺时针方向，冷却液开	M57～M59	#	#	#	#	不指定

171

代码 (1)	功能开始时间		功能保持到被取消或被同样字母表示的程序指令所代替 (4)	功能仅在所出现的程序段内有作用 (5)	功能 (6)	代码 (1)	功能开始时间		功能保持到被取消或被同样字母表示的程序指令所代替 (4)	功能仅在所出现的程序段内有作用 (5)	功能 (6)
	与程序段指令运动同时开始 (2)	在程序段指令运动完成后开始 (3)					与程序段指令运动同时开始 (2)	在程序段指令运动完成后开始 (3)			
M14	*		*		主轴逆时针方向，冷却液开	M60		*		*	更换工作
M15	*			*	正运动	M61	*				工件直线位移，位置1
M16	*			*	负运动	M62	*				工件直线位移，位置2
M17~M18	#	#	#	#	不指定	M63~M70	#	#	#	#	不指定
M19		*	*		主轴定向停止	M71	*				工件角度位移，位置1
M20~M29	#	#	#	#	永不指定	M72	*			*	工件角度位移，位置2
M30		*		*	纸带结束	M73~M89	#	#	#	#	不指定
M31	#	#		*	互锁旁路	M90~M99	#	#	#	#	永不指定
M32~M35	#	#	#	#	不指定						

注：①#：如选作特殊用途，必须在程序说明中说明。②M90~M99可指定作为特殊用途。

常用的辅助功能指令如下：

（1）M00——程序停止指令。完成该程序段的其他功能后，主轴、进给、冷却液送进都停止。此时可执行某一手动操作，如工件调头、手动变速等。如果再重新按下控制面板上的循环启动按钮，就继续执行下一程序段。

（2）M01——计划（任选）停止指令。该指令与 M00 类似。所不同的是，必须在操作面板上预先撤下"任选停止"按钮，才能使程序停止，否则 M01 将不起作用。当零件加工时间较长，或在加工过程中需要停机检查、测量关键部位以及交换班等情况时，使用该指令很方便。

（3）M02——程序结束指令。在全部程序结束时使用该指令，它使主轴、进给、冷却液送进停止，并使机床复位。

（4）M03、M04、M05——主轴顺时针旋转（正转）、主轴逆时针旋转（反转）及主轴停止指令。

（5）M06——换刀指令，用于具有刀库的加工中心数控机床换刀。

（6）M07、M08、M09——冷却液开、关指令。M07 指令 2 号冷却液开，M08 指令 1 号冷却液开，M09 指令冷却液关。

（7）M30——程序结束并倒带。该指令除了具有 M02 的功能外，还能使纸带倒回到起始位置。

（8）M98——子程序调用指令。

（9）M99——子程序返回到主程序指令。

6.3.4　APT 语言系统

APT 语言系统语言词汇丰富，具有很强的几何处理能力，加工功能齐全，并具有 1000 多个后置处理程序，其使用面十分广泛。但该系统庞大，费用昂贵，并需要大型计算机支持。因此，许多国家都相继开发出了具有较强针对性的编程系统，如美国的 ADAPT、AUTOSPOT 等，英国的 2C、2CL、2PC 等，西德的 EXAPT－1（点位）、EXAPT－2（车削）、EXAPT－3（铣削）等，法国的 IFAPT－P（点位）、IFAPT－C（轮廓）、IFAPT－CP（点位、轮廓）和日本的 FAPT、HAPT 等数控自动编程语言系统。

下面介绍国际标准化组织在 APT 语言基础上制定的 ISO 4342—1985 数控语言的结构和使用方法。

6.3.4.1　语句成分

语句由无符号数、字符串、关键词及标识符组成。

无符号数通常为十进制数。角度也用十进制表示，如 30°30′用 30.5 表示。

字符串包括数字（0～9）、字母（A～Z）以及其他专用字符。专用符号包括"＋""－""＊""＝""/（斜杠）"","""$（续行）"等。

关键词相当于英语中的一个单词或词汇，由 2～6 个字母组成，有明确的含义。如 POINT（点）、LINE（直线）、GOLFT（向左，go left 的缩写）、INTOF（相交，intersection of 的缩写）、TANTO（相切，tangent to 的缩写）等共 100 多个，详见 ISO 4342—1985 标准。

标识符是在编制源程序时给几何元素或子程序等说明符命名。它由以字母开头的不超过 6 个字符的字母和数字组成，如 P3、L1、C4、PAT2 等。

6.3.4.2 语句结构

语句由上述语句成分构成，且有一定的格式。大多数语句都由多个成分构成，并用专用字符隔开，如：

$$P1=POINT/INTOF，L1，L2$$

该语句定义点 P_1 是直线 L_1 和直线 L_2 的相交点。其中用"/"隔开的左边为主部，其关键词为主关键词；右边为辅部，用于对主部的说明，其关键词为辅助关键词。辅部各成分用"，"隔开。等号"="左边为标识符，用以对等号右边的主关键词命名。等号"="及其前面的标识符一般用于描述几何元素的几何定义语句和加工定义语句，当然有些语句是不需要这部分的，如：

GOLFT/L4，PAST，L1（相对于前一运动向左并沿 L_4 运动，直到走过 L_4 时为止）

SPINDL/1600，CLW（主轴转速 1600 rpm，顺时针回转）

此外，一个语句也可只有一个关键词。如"FINI"语句，表示程序结束语句。

6.3.4.3 语句类型

ISO 语言根据输入信息的类型将语句分为算术语句、程序定义语句、程序执行语句、几何定义语句以及几何执行语句。

算术语句用作各种代数式运算，包括算术函数、代数函数、三角函数、向量函数等。

程序定义语句用于重复执行某些语句系列，如宏指令定义语句：

MAC1=MACRO（宏指令开始语句，标识符为 MAC1）

GOTO/P1（走到 P1 点）

GODLTA/5（走增量5）

GODLTA/-5（走增量-5）

TERMAC（宏指令结束语句）

当调用时，给 A、B 赋值并用 CALL 语句：CALL/MAC1，A=P1，B=5

程序执行语句用于源程序的执行与输入、输出控制，包括：

源程序标识语句 PARTNO/〈字符串〉。字符串为零件名称和图号。该语句置于程序开始位置。

源程序结束语句 FINI，置于程序最后。

机床语句 MACHIN/〈后置名称，标识号〉。

打印语句 PRINT/…。

穿孔语句 PUNCH/…。

宏指令执行语句 CALL/〈名字，参数〉。

此外，还包括循环开始（LOOPST）、循环结束（LOOPND）、转移（JUMPTO，IF，TRANTO）、复制（COPY）等语句。

几何定义语句和几何执行语句是零件源程序的核心部分，下面进行较为详细的介绍。

6.3.4.4　几何定义语句

几何定义语句用以描述零件的几何图形，其一般表达式为

标识符〈几何名字〉＝几何类型/定义

几何定义有点、点群、直线、圆、椭圆、双曲线、平面、柱面、球面、锥面、二次曲面、列表柱面、直纹面、矢量、矩阵等。

（1）点定义语句：〈标识符〉＝POINT/〈点参数表〉。

点定义语句共 15 种，图 6.43 为部分点定义图例，其对应的点定义语句如下：

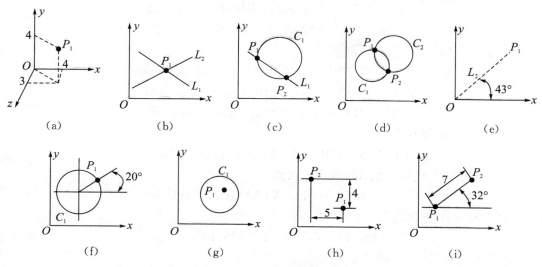

图 6.43　点定义图例

图 6.43（a）图例为

①用直角坐标定义点。

$$POINT/x，y，z$$
$$P1＝POINT/4，4，3$$

②用已知两直线相交定义点。

$$POINT/INTOF，line1，line2$$

图 6.43（b）图例为

$$P1＝POINT/INTOF，L1，L2$$

③用一直线与圆相交定义点。

$$POINT/XLARGE，INTOF，line，circle$$
$$POINT/XSMALL，INTOF，line，circle$$
$$POINT/YLARGE，INTOF，line，circle$$
$$POINT/YSMALL，INTOF，line，circle$$

由于直线和圆有两个交点，因此，需用 XLARGE、XSMALL、YLARGE、YSMALL 这四个修饰词来区分所定义点的位置，一般选用最明显的一个。

图 6.43（c）图例为

$$P1=POINT/XSMALL，INTOF，L1，C1$$
$$P2=POINT/YSMALL，INTOF，L1，C1$$

④用两圆相交定义点。

$$POINT/XLARGE，INTOF，circle，circle$$
$$POINT/XSMALL，INTOF，circle，circle$$
$$POINT/YLARGE，INTOF，circle，circle$$
$$POINT/YSMALL，INTOF，circle，circle$$

图 6.43（d）图例为

$$P1=POINT/YLARGE，INTOF，C1，C2$$
$$P2=POINT/YSMALL，INTOF，C1，C2$$

⑤在给定平面上用极坐标定义点。

$$POINT/RTHETA，XYPLAN，radius，angle$$
$$POINT/RTHETA，YZPLAN，radius，angle$$
$$POINT/RTHETA，ZXPLAN，radius，angle$$

图 6.43（e）图例为

$$P1=POINT/RTHETA，XYPLAN，12，43$$

⑥在已知圆上且与 x 轴成一角度定义点。

$$POINT/circle，ATANGLE，angle$$

图 6.43（f）图例为

$$P1=POINT/C1，ATANGLE，20$$

⑦圆心点定义。

$$POINT/CENTER，circle$$

图 6.43（g）图例为

$$P1=POINT/CENTER，C1$$

⑧用已知点的坐标增量定义点。

$$POINT/point，DELTA，increment1，increment2，increment3$$

其中，increment1，increment2，increment3 分别为 x，y，z 增量。

图 6.43（h）图例为

$$P2=POINT/P1，DELTA，-5，4$$

⑨用相对于已知点成一定角度并有一定径向距离定义点。

$$POINT/point，THETAR，angle，distance$$
$$POINT/point，RTHETA，distance，angle$$

图 6.43（i）图例为

$$P2=POINT/P1，THETAR，32，7$$
$$P2=POINT/P1，RTHETA，7，32$$

其他点定义语句及点群定义语句参见相关参考资料。

（2）直线定义语句。

直线定义语句共 18 种，如图 6.44 所示为其中的几例。

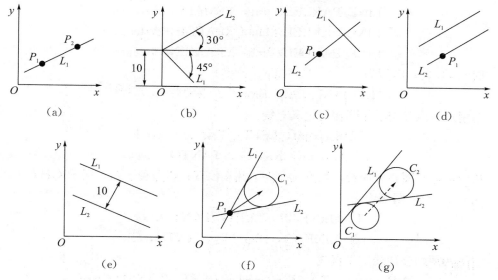

图 6.44　直线定义图例

①用两已知点定义一直线。

$$L1=LINE/P1，P2$$

或

$$L1=LINE/x1，y1，x2，y2$$

或

$$L1=LINE/（POINT/x1，y1），（POINT/x2，y2）$$

②用坐标轴定义直线。

$$LINE/XAXIS 或 LINE/YAXIS$$

表示该直线在坐标轴上。

③用坐标轴 y 的截距及与 x 轴的夹角定义直线。

$$LINE/ATANGL，angle，INTERC，YAXIS，distance$$

图 6.44（b）图例为

$$L2=LINE/ATANGL，30，INTERC，YAXIS，10$$
$$L3=LINE/ATANGL，-45，INTERC，YAXIS，10$$

④用过一点且垂直于已知直线定义直线。

$$LINE/point，PERPTO，line$$

图 6.44（c）图例为

$$L2=LINE/P1，PERPTO，L1$$

⑤用过一点且平行于已知直线定义直线。

$$LINE/point，PARLEL，line$$

图 6.44（d）图例为

$$L2=LINE/P1，PARLEL，L1$$

⑥用给定距离的平行线定义直线。

$$LINE/PARLEL，line，XSMALL，distance$$

LINE/PARLEL，line，YSMALL，distance

LINE/PARLEL，line，XLARGE，distance

LINE/PARLEL，line，YLARGE，distance

图 6.44（e）图例为

L2=LINE/PARLEL，L1，XSMALL，10

⑦用过一点且与已知圆相切定义直线。

LINE/point，LEFT，TANTO，circle

LINE/point，RIGHT，TANTO，circle

从给定点向圆心方向看，切点位于左，用 LEFT；切点位于右，用 RIGHT。

图 6.44（f）图例为

L1=LINE/P1，LEFT，TANTO，C1

L2=LINE/P1，RIGHT，TANTO，C1

⑧用两圆的公切线定义直线。

LINE/LEFT，TANTO，circle，LEFT，TANTO，circle

LINE/RIGHT，TANTO，circle，RIGHT，TANTO，circle

LINE/RIGHT，TANTO，circle，LEFT，TANTO，circle

LINE/LEFT，TANTO，circle，RIGHT，TANTO，circle

从句中第一个圆的圆心向第二个圆的圆心方向看，切点位于左，用 LEFT；切点位于右，用 RIGHT。

图 6.44（g）图例为

L1=LINE/LEFT，TANTO，C1，LEFT，TANTO，C2

L2=LINE/LEFT，TANTO，C1，RIGHT，TANTO，C2

其他直线定义语句略。

（3）圆定义语句。

圆定义语句共有 20 种，如图 6.45 所示为其中的部分示例。

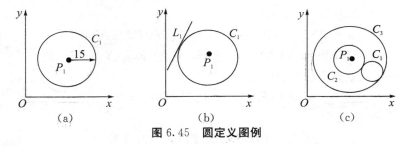

图 6.45　圆定义图例

①用圆心点和半径定义圆。

CIRCLE/CENTER，point，RADIUS，r

图 6.45（a）图例为

C1=CIRCLE/CENTER，P1，RADIUS，15

②用圆心点且与给定直线相切定义圆。

CIRCLE/CENTER，point，TANTO，line

图 6.45（b）图例为

　　　　　　C1＝CIRCLE/CENTER，P1，TANTO，L1

③用圆心点且与给定圆相切定义圆。

　　　　　　CIRCLE/CENTER，point，LARGE，TANTO，circle

　　　　　　CIRCLE/CENTER，point，SMALL，TANTO，circle

图 6.45（c）图例为

　　　　　　C2＝CIRCLE/CENTER，P1，SMALL，TANTO，C1

　　　　　　C3＝CIRCLE/CENTER，P1，LARGE，TANTO，C1

其他圆定义语句从略。

另外，平面、矢量、二次曲线、曲面等几何定义语句参见相关资料。

6.3.4.5　几何执行语句

前述几何定义语句只是描述零件的几何图形，且所描述的直线或平面都是无限延伸的，所描述的圆总是整圆。几何执行语句，也称刀具运动语句，是在一个零件的几何语句基础上，描述零件加工过程中刀具运动的顺序和状态，并生成刀具运动轨迹的数据，供后置处理阶段应用。

ISO 语言的几何执行语句包括刀具轨迹控制语言、运动语句、启动方向控制语句、刀位变换语句以及数据（刀位）文件输出语句，其中运动语句是最基本的语句。运动语句的分类如下：

$$
\text{简单运动语句}
\begin{cases}
\text{点位语句}
\begin{cases}
\text{相对运动：GODLTA（走增量）}\\
\text{绝对运动：GOTO（走到点）}
\end{cases}\\[2ex]
\text{连续运动语句}
\begin{cases}
\text{初始运动：GO（启动）}\\
\text{连续切削}
\begin{cases}
\text{GOLFT（向左），GORGT（向右）}\\
\text{GOFWD（向前），GOBACK（向后）}\\
\text{GOUP（向上），GODOWN（向下）}
\end{cases}
\end{cases}
\end{cases}
$$

　　复合点位语句：GOTO/pattern

6.4　常见的 NC 系统

普通的 NC 装置是由硬件逻辑电路来实现插补和其他功能的。它一旦制成，就难于更改。它的通用性差，灵活性差，成本高。针对普通 NC 存在的问题，人们对其做了大量的改进，进一步发展起来了 CNC、DNC、FMC、FMS 等 NC 系统。

6.4.1　数控系统的分类

就系统硬件和软件组成及其结构形式而言，当今世界的各种数控系统大致可分为以下四种类型。

1．传统专用型数控系统

这类数控系统的硬件由数控系统生产厂家自行开发，具有很强的专用性，经过了长时间的使用，质量和性能稳定可靠，目前还占领着制造业的大部分市场。但由于其采用一种完全封闭的体系结构，往往存在以下缺点：

（1）用户的应用、维修以及操作人员培训完全依赖于数控系统生产厂家，系统维护费用较高。

（2）系统功能的扩充以及更新完全依赖于公司的技术水平，周期比较长。

（3）大量市售廉价通用软硬件在专用数控系统上无法使用，功能比较单一。

因此，随着开放式体系结构数控系统的不断发展，这种传统专用型数控系统的市场正在受到挑战，市场份额已经在逐渐减小。

2. PC 嵌入 NC 结构的开放式数控系统

PC 嵌入 NC 结构的开放式数控系统有 FANUC16i/18i、Simens840D、NumIO60 等。这类数控系统与传统专用型数控系统相比，结构上具备一些开放性，功能十分强大，但系统软硬件结构十分复杂，价格也十分昂贵，一般的中小型数控机床生产厂家没有经济能力去购买。

3. NC 嵌入 PC 结构的开放式数控系统

这类数控系统的硬件部分由开放式体系结构的运动控制卡与 PC 机构成。运动控制卡通常选用高速 DSP 作为 CPU，具有很强的运动控制和 PLC 控制能力，如日本 MAZAK 公司用三菱电机的 MELDASMAGIC 64 构造的 MAZATROL 640 CNC。这种数控系统的开放性能比较好，并且对功能进行改进也比较方便，系统的控制功能主要由运动控制卡来实现，机床硬件发生改变时，只需要修改相应部分的控制软件，并且系统性价比也比较高，能够满足大多数数控机床生产厂家的需要。

4. 全软件型开放式数控系统

这是一种最新型的开放式体系结构的数控系统，所有的数控功能（包括插补、位置控制等）全部都由计算机软件来实现。与前几种数控系统相比，全软件型开放式数控系统具有最高的性价比，因而最有生命力。其典型产品有美国 MDSI 公司的 Open CNC，德国 Power Automation 公司的 PA8000NT、NUM 公司的 NUM1020 系统等。

6.4.2　CNC

随着大规模集成电路的广泛应用，机床数控系统由 NC 向 CNC 方向发展。

CNC 是利用存储在计算机存储器里的系统程序对机床设备进行数字逻辑控制。CNC 系统一般采用小型计算机或微型计算机代替数控装置，其系统框图如图 6.46 所示。

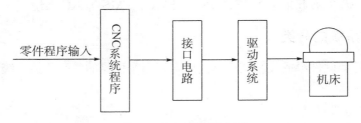

零件程序输入 → CNC系统程序 → 接口电路 → 驱动系统 → 机床

图 6.46　CNC 系统框图

采用计算机代替了传统的 NC 系统后，输入信息的存储、数据的交换、插补运算以及各种控制功能都通过计算机软件来完成。计算机和机床的驱动以及强电等设备之间的连接采用接口电路。用计算机控制各种类型的机床或其他控制对象，其基本结构都是类似的。图 6.47 为 CNC 系统的一般结构。

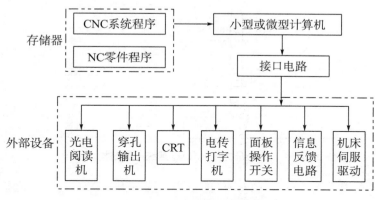

图 6.47　CNC 系统的一般结构

图 6.47 为 CNC 系统的一般结构，由图 6.47 可以看出，CNC 系统由四个部分组成——计算机、存储器、接口电路和外部设备。

由于采用计算机来实现对机床等设备的控制，所以 CNC 系统具有以下特点：

（1）很强的灵活性和适应性，控制性能灵活可变且易于扩展。在 CNC 系统中是用软件来实现数控机床的逻辑控制的，因此，只需对控制软件的结构做适当的修改即可实现不同的控制功能。

（2）对输入信息的存储能力。零件的加工程序只需经光电阅读机或键盘一次性输入，或分批输入存储器，把待加工零件的全部加工指令存储起来，等到加工时再将其从存储器中读出，经过运算处理后去控制机床的操作。这样可以降低故障率，提高设备运行的可靠性。

（3）手动数据输入功能。当被加工零件简单、加工程序不长时，可采用键盘手动输入全部加工程序，然后依次执行。这种方法使用方便，可免去光电阅读机。

（4）程序编辑方便。若在加工之前发现加工程序不完善或有错误，可以十分方便地进行增加、删除或修改，并进行调试。

（5）故障诊断能力。若 CNC 系统配有诊断程序，则当机器发生故障时，可以迅速查明故障的类型和部位，从而减少故障停机时间。

（6）采用通用计算机，可以方便地进行自动编程，实现群控，增加适应控制。

6.4.3　DNC

DNC 是用一台计算机集中控制多台数控机床的计算机群控系统。DNC 是计算机管理数控系统的又一种重要方法，它降低了机床数控装置的制造成本，提高了设备的工作可靠性。

早期的 DNC 系统根据计算机的种类与作用范围、机床的种类与台数、机床控制装置的形式与信息交换形式和插补方式等不同而分为多种类型。但随着 CNC 系统的不断发展与成熟，用一台中心计算机直接控制多台以 CNC 系统为机床控制装置的 DNC 系统已逐渐增多。图 6.48 为 DNC 系统一般结构示意图。

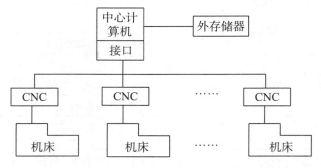

图 6.48 （CNC 方式）DNC 系统一般结构示意图

从图 6.48 可以看出，DNC 和 CNC 的主要区别在于，DNC 是用一台以分时方式管理多台机床的计算机取代专用计算机。

DNC 的功能包括数控程序的编制、后置处理、数控程序存储、分配数控程序至各台机床和调度控制。

DNC 的工作过程大致如下：当某台机床需要控制指令时，该机床的 CNC 系统立即通过接口电路与中心计算机通信联系，中心计算机接收到请求信号后，通过接口电路及时向该机床 CNC 系统发出所需要的指令。由于这两路信息（I/O）采用了实时中断方式，所以中心计算机可随时准备接收其他机床控制系统发出的请求信号，还可实时接收来自机床的反馈信息并进行处理。

中心计算机配有大容量的外存储器（磁盘或磁鼓）、自动编程软件，全部零件的加工程序和各种管理软件均可存放在外存储器中，需要时由计算机调用。零件加工程序可直接通过接口电路传输到 CNC 系统。只有当中心计算机出现故障、单台机床独立工作时，才从该机床的 CNC 系统输入装置输入加工程序。

DNC 系统是一个综合的以计算机和数控机床为基础的机械加工系统。它的目标是以系统的观点，用计算机同时对多台数控机床实施管理和控制，为建立自动化生产系统奠定基础。

6.4.4 STEP-NC

STEP-NC 是为现代计算机数控系统制定的一种与 STEP 兼容的数据接口，其基本思想是将基于 STEP 的 CAD 模型和工艺数据直接用于数控机床的编程，取代传统的 G 代码编程。

6.4.4.1 STEP-NC 的发展与研究情况

欧洲于 1999 年启动 STEP-NC。该项目分为两个阶段。第一阶段（1999 年 1 月—2001 年 12 月）开发了针对 Simens 840D 控制器以及 CATIA V5 等 CAM 系统的接口软件，并将 STEP－NC 数据模型扩展到放电加工（EDM）和木材加工。他们在 Simens 840D 控制器上加装了 STEP－NC 解释器和人机界面，开发了第一台 STEP－NC 控制器原型机。该控制器能自动识别 STEP－NC 数据，在屏幕上显示工作步骤及其他必要信息，得到确认后自动控制五轴数控铣床进行简单特征的加工。第二阶段除了进一步完善已有成果外，重点研究 STEP－NC 的反馈机制（检测）。

1999 年，STEP Tools 公司在美国国家标准与技术局（NIST）和美国先进技术计划（ATP）的资助下启动了 STEP－NC 研究项目，称为 Super Model（1999 年 10 月—2002 年 9 月），其主要目标是基于 STEP－NC 等标准开发一个可提供完整的产品设计和制造信息的开放式数据库及其智能接口。目前，STEP－NC 的应用解释模型已被接受为标准草案，即 ISO 10303—238。此外，他们还开发了一些 STEP 和 STEP－NC 应用开发工具（软件），如 STDeveloper、ST－Machine、ST－Plan 等。

6.4.4.2　STEP－NC 的特点

1. 开放性

STEP－NC 本身虽然并未涉及数控系统的结构，但其数据模型的中性机制却为开放式数控的发展提供了良好的条件。STEP－NC 数控程序采用了 STEP 中性描述，不依赖于具体的 CAM 系统或数控系统。这显然会极大地提高数控程序的可移植性，并在一定程度上解决制造系统间的兼容性问题。同时，基于高级语言的 STEP－NC 程序也决定了数控系统向基于 PC 的软件化开放式数控系统方向发展的必然趋势。

2. 智能化

数控系统的智能化是智能化制造的重要条件。数控机床难以实现智能化的瓶颈问题主要有：①数控系统获得的产品信息不全；②目前的智能算法速度慢，不能满足数控加工的实时要求。

STEP－NC 应用将有可能改变这一现状。STEP－NC 完整的信息模型可以保证数控系统得到工件的全面信息。通过现场编程界面，机床操作者在加工前即可以直观地了解到最终产品。更重要的是，完整的信息模型为数控系统的功能提升提供了保障。为此，Suh 等提出了智能型 STEP－NC 控制器的基本框架，并探讨了基本的实施策略。

3. 网络化

可以直接读取 XML 形式 STEP－NC 文件的数控机床，为网络化数控加工准备了初步的技术基础。另外，STEP－NC 与 STEP 的兼容保证产品设计系统和制造系统之间可实现无缝连接。

4. 可重构性

可重构性是现代市场环境对制造系统的要求。对一个制造系统而言，可重构性是指通过重组或改变自身软硬件，快速调整其功能和结构以适应新的需要的能力。

对于 STEP－NC 控制器，其可重构技术的研究将主要集中在通过重组来适应受控机床和适应加工任务两个方面，其中组件技术被认为是实现数控系统可重构性的重要手段。

STEP－NC 是一种新的数控编程接口，同时也代表了一种正在崛起的 CAD/

CAPP/CAM/CNC 集成技术。与传统数控加工模式不同，STEP－NC 要求数控系统自行处理与数控机床密切相关的决策问题。

6.4.5 FMC

柔性制造单元（FMC），是多品种、小批量生产中机械加工系统的基本构成单元，是一种能独立运行并具有机械加工、物料搬运、监控功能的以单元为独立整体的加工设备。

柔性制造单元是为了使机械制造企业能迅速适应市场的需求，对外界不断变化的条件有高度的适应性而发展起来的。这里柔性的通用定义是指适应生产条件变化的能力。

6.4.6 FMS

单台数控机床或柔性制造单元具有较大的柔性，当被加工对象改变时，只需重新编制数控加工程序即可。它适用于单件和小批量生产，生产率较低。对于中、小批量生产几何形状复杂的零件，要求其生产设备既要有较高的生产率，又要有较大的柔性，才能迅速适应新产品的生产。柔性制造系统就是适合多品种、小批量生产的自动生产线。

柔性制造系统（FMS），是由若干数控机床或制造单元通过一个公用的物料输送系统和中央控制系统相互连接而成的制造组织模式。FMS 包括以下几个基本组成部分：

（1）计算机控制系统。其职能有机床控制、生产控制、运输控制、工件运输监控、刀具监控、系统工况监控报告。

（2）数控加工设备。FMS 主要配置 CNC 机床，并以 DNC 方式工作。

（3）自动化物料输送与存储系统。

这三部分相互以技术集成为基础进行有机的组合，以实现系统的柔性，所以 FMS 是一种集成化的制造系统。FMS 各部分之间的组成关系如图 6.49 所示。

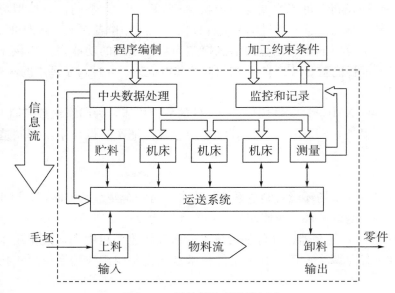

图 6.49　柔性制造系统的组成

图 6.49 中以空心箭头表示的为信息流，以实线箭头表示的为物料流，虚线框内为 FMS。FMS 中的信息流和物料流都是自动化的。

FMS 中的计算机控制系统具有以下职能：

（1）机床控制。FMS 中的机床通常采用 CNC 机床，以便与计算机控制的其他部分相配合。大多数 FMS 按 DNC 方式工作。

（2）生产控制。根据输入到计算机中的数据决定被加工零件组合和每种零件进入系统的速率。所输入的数据包括每种零件的年产量、毛坯数量以及工件托盘数量等。计算机确定工件托盘运输规划，并告知工人装上所需毛坯。

（3）运输控制。控制工件、半成品或成品在系统内的运输、停留与装卸。

（4）工件运输监控。计算机必须监控每个工件托盘的状态及每个待加工工件的状态。

（5）刀具监控。包括监控每一把刀具的当前位置和刀具寿命两个方面。

（6）系统工况监控报告。计算机可以提供管理所需的各种报告。

FMS 中的自动化物料输送与存储系统实现从仓库到机床、机床与机床之间、机床与存储装置之间的自动装卸、输送和存储原材料、半成品、成品及工具等。物料输送系统通常分为一级运输系统和二级运输系统。一级运输系统在机床之间传送待加工零件。典型的一级运输系统有电动小车、滚子传送带、架空单轨输送器或机器人。二级运输系统为每台机床及时提供待加工零件。

6.5　数控加工过程仿真

数控加工过程仿真是虚拟制造的基层关键技术。数控加工过程仿真是一个行之有效的数控程序验证方法。在进行产品加工前，采用三维实体模型下的数控加工过程仿真，能真实地显示出加工过程中的零件模型、切削形状、刀具轨迹、进退刀方式是否合理、刀具和约束面是否干涉与碰撞，等等。它具有减少材料浪费、延长机床和刀具寿命、提高数控加工程序的可靠性和检验过程的安全性等优点。

目前，比较普遍的方法是应用 VC++ 和三维造型软件开发面向对象的数控加工仿真系统，利用 VC++ 提供的可视化开发环境开发虚拟仿真平台，并读取三维造型软件输出的实体模型，实现数控机床的仿真。

6.5.1　数控加工仿真系统的主要类型

6.5.1.1　基于不同目标的加工仿真

按不同的仿真目标，数控加工仿真可分为几何仿真和物理仿真。几何仿真不考虑切削参数、切削力及其他因素的影响，只仿真刀具、工件、夹具、机床等的几何位置和运动关系，以验证 NC 程序的正确性。几何仿真方法可分为基于实体造型的 NC 仿真和基于曲面的 NC 仿真。

切削过程的力学仿真属于物理仿真范畴，它通过仿真切削过程的动态力学特性来预测刀具磨损、破损、振动等，控制切削参数，从而达到优化切削过程的目的。力学仿真需建立相应的力学模型，以探索加工精度与材料性能、刀具参数、切削用量等之间的关系。

6.5.1.2　基于不同数据的加工仿真

根据仿真过程中采用的数据驱动不同，数控加工仿真可分为两类：一类是基于后置处理前数据的仿真，即基于刀位（Cutter Location，CL）数据的数控加工过程仿真或者叫作刀具轨迹仿真；另一类是基于后置处理所产生的 NC 程序而进行的仿真，即基于 NC 程序的数控加工过程仿真。前者的仿真结果能适用于多台同类型数控机床，但不足以反映后置处理以后数控程序的加工效果，故存在一定的安全隐患。后者由于其仿真对象与数控机床实际使用的数据相一致，仿真结果能很好地反映零件的实际加工过程和加工结果。

6.5.1.3　基于不同加工场景的加工仿真

从仿真系统的加工场景看，加工仿真系统可分为四类：

第一类是针对刀具与零件的加工仿真，主要反映刀具与零件、夹具的相对运动关系，其仿真功能相对简单，大多数 CAM 系统均具备这种仿真功能。

第二类是针对整个数控机床的加工仿真，包括机床本身、附件及刀夹具等。机床仿真能较完整地反映零件在机床上的加工过程和 NC 程序的运行结果，仿真系统相对复杂。除了验证 NC 程序的正确性之外，机床仿真还用于碰撞与干涉检测。

第三类是针对整个加工车间的仿真系统，包括车间内的所有数控机床、传送装置等。

第四类是面向工件整个加工流程的仿真系统，可称为全过程仿真。它以工件为中心，目的在于完整地仿真工件从毛坯到成品的全部加工过程。

目前，数控加工仿真主要集中于刀具轨迹和机床运动仿真。在仿真复杂零件的加工过程时，通常的做法：①分别针对每种机床建立仿真模型；②在第一台机床上进行仿真加工，完成后输出半成品的模型文件；③将前面输出的模型文件导入下一台机床的仿真模型中，定位后继续下一步仿真；④以此类推，完成零件的全部仿真工作，最后得到成品模型，进行检测与分析。

这种方式存在明显的不足，主要在于手工输出和输入模型文件时会出现信息丢失的情况，导致数据不一致，从而影响仿真的效果和有效性。

全过程仿真一次会话完成零件加工所经机床及相应工序的全部仿真内容，无须模型的导出与导入。全过程仿真至少具有以下优点：①易于保证数据的一致性，从而确保仿真的精度；②省去了模型转换的步骤，可提高仿真效率；③有利于实现制造系统的集成。

6.5.2　基于 UG 和 VERICUT 的数控加工仿真技术

VERICUT 由美国 CGTECH 公司开发，可运行于 Windows 及 UNIX 平台上，具有强大的三维加工仿真、验证、优化等功能。VERICUT 6.0 可在一个工程中仿真多台机床及相应的加工步骤。基于 UG 和 VERICUT 的加工仿真流程如图 6.50 所示。

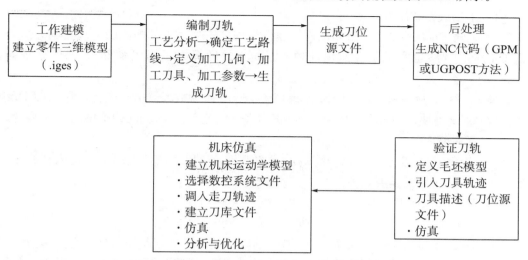

图 6.50　基于 UG 和 VERICUT 的加工仿真流程

　　UG 建模（Modeling）模块由实体建模（Solid Modeling）、特征建模（Features Modeling）、自由曲面建模（Freeform Modeling）三部分组成，完全可以满足建立复杂结构零件参数化模型的要求；UG 制造（Manufacturing）模块可以根据输入的制造信息，如刀具直径、切削用量、主轴转速、切削速度等，自动生成刀具轨迹；UG 后置处理（Post-processing）模块可以根据指定的数控系统，生成针对具体机床的数控加工程序。

　　用 VERICUT 进行机床仿真是以 NC 代码为驱动数据，需要有相应的数控系统文件（*.ctl），才能正确读取 UG 中生成的 NC 代码。可以直接调用已有的控制系统文件，也可以根据相应数控系统建立新的控制系统文件。为了实现机床的动态仿真，还需要建立数控机床文件（.mch），其中包括机床的运动学模型和实体模型。运动学模型定义机床各部件之间的关系和各自的位置，实体模型可以由 UG 调入，也可以直接在 VERICUT 中建立。因为 NC 代码不像刀具源文件一样包含刀具形状、尺寸的描述，因此必须在 VERICUT 中建立刀具库文件（.tls），并进行合理的参数设置。还可以建立优化刀具库文件（.olb），加工仿真时调用优化刀具库文件，能够在不改变原有加工路线的条件下，产生优化的刀具轨迹文件（.opti），其中包含最佳的切削参数设置，能够实现最大的加工效率等优化要求。

6.6　FANUC 数控系统简介

　　FANUC 数控系统可以实现进给速度的高速化，主轴速度的高速化，程序段处理时间的高速化，加工路径误差的减小，对机床无冲击的平滑的移动指令，以及大容量加工程序的高速运行。

　　FANUC 的 NGC（Next Generation Controllers）数控系统包括三个系列：0i 系列、16i 系列和 30i 系列，涵盖了低端到高端数控系统。

FANUC 数控系统的主要特点有以下几个方面。

1. 采用最新的硬件技术

NGC 的 30i 系列采用了最新的超高速微处理器，缩短了程序段的处理时间。另外，CNC 内部的总线也实现了高速化处理，因而大幅度提高了构成系统的 CNC 处理器、PMC 处理器、数字伺服处理器之间的数据传输速度。

NGC 系列采用高速光缆（FSSB）将 CNC 与多个伺服放大器串行连接，由于采用光缆传送信号的速度快，同时大大减少了连接的电缆，因此大大提高了加工的速度和可靠性。

2. 适应面广

NGC 系列可以满足从低端到高端加工的需要，可以适应从金属切削机床到冲压成形机床的不同工种的需要。

3. 具有 5 轴加工功能

NGC 系列具有丰富的 5 轴加工功能，这些功能主要如下：

（1）用于 5 轴加工的刀具中心点位置控制。5 轴加工机床的加工程序在大多数情况下以小程序块指定，许多用户希望以简便而较少的程序段来编制复杂的加工轮廓。根据这个需求，可采用 5 轴加工的刀具中心位置控制功能，不管刀具的方向怎么变换，刀尖的路径以及速度都按照程序指定的路径及速度进行自动控制。

（2）倾斜面加工命令。在对工件上的某个倾斜面进行钻孔或铣槽等形状加工时，通过指定加工面为 xOy 平面，编程工作就会变得很简单。倾斜面加工命令可以实现这种指定方式，同时，不需要指定刀具的方向，就可以使刀具以垂直于倾斜的加工面的方式自动定位。

（3）用于 5 轴加工的手动进刀。通过手轮、JOG 和增量进给，可以轻而易举地使刀具沿着斜面移动，或使刀具沿着斜面的方向移动，或者在保持刀尖位置的情况下改变移动方向。这样，也就减轻了操作人员准备作业的负担。

（4）5 轴加工用的刀具半径补偿。可以在垂直于刀具方向的补偿平面上针对指令路径在右/左侧进行刀具半径补偿。

由专用的处理器和最新的专用 LSI 组成的 PMC，可对大量的顺序控制进行高速处理。可以在 1 台 PMC 上执行最多 3 个路径各自独立的梯形程序。每个梯形程序具有其自身独立的数据区，因而可以进行具有较高独立性的模块化程序开发。可以分别创建用于装载轴控制和外围设备控制的梯形程序，并对其自由地进行添加和修改。可以根据每个用户的机床配置，简单地进行梯形程序的开发，实现机床的系统化。此外，由于不需要用于外围设备控制的外部 PLC，因而可以减低系统成本。

4. 具有丰富的高精、高速功能

（1）纳米插补。纳米插补产生以纳米为单位的指令给数字伺服控制器，使数字伺服控制器的位置指令平滑，因而也就提高了加工表面的平滑性。

（2）AI 纳米轮廓控制功能。该功能不需要选择专用的硬件，就可以在直线插补和圆弧插补时进行纳米插补。

（3）加速度控制。防止由于加工形状的突然变化而产生加速度的急剧变化，从而引起冲击和振动。这个功能可以提高加工表面的质量，减少加工时间。

（4）NURBS 插补。NURBS（Non Uniform Rational B Spline）是一种自由曲线。进行 CAD 设计时，NURBS 被广泛地用来表示自由曲线。NURBS 插补方法允许用较少的程序段定义由大量短直线段组成的程序，减轻了数据流的瓶颈。

（5）纳米平滑。纳米平滑是以 NURBS 曲线从 CAD/CAM 系统创建的微小线段程序中推测原来的自由曲面，以纳米为单位对创建的 NURBS 曲线进行插补的技术。因此，可以得到接近所设计的形状的光洁加工表面，减少手工研磨的工序。

（6）前瞻控制。为了使机床连续运行，在执行某个程序段时，读取另一个程序段并进行运算，把运算的结果保存到缓冲器中。这样，运行的程序完成以后，下个程序段可以立刻进行。当数控系统应用在高速加工时，进给率大大提高，因此由于加速度、减速度产生的延迟和伺服产生的延迟引起的误差也就大大地减少。

5. 伺服 HRV（High Response Vector）控制

FANUC 的伺服 HRV 控制是实现纳米 CNC 系统高速、高精度的伺服控制。目前已发展和实现了 HRV4 控制，这种控制具有以下特点：①作为伺服的位置指令，总是使用以纳米为单位的命令；②标准安装具有 1600 万/转分辨率的脉冲编码器作为检测器；③采用超高速的伺服控制处理器，可以在最高速下实现周期时间为 31.25 μs 的电流控制和周期时间为 250 μs 的速度控制；④利用共振跟踪型 HRV 过滤器来避免机械共振，同时通过畸变预测控制来降低机床的振动。通过以上功能的组合，进行纳米级别的控制，实现高质量的机械加工。

6. 丰富的网络功能

利用丰富的网络功能和软件，通过网络传递和共享信息管理系统和使用系统。利用以太网与工厂的网络相互连接构成 FA（工厂自动化）系统，也可以从工厂外部进行远程监控。将 CNC 与 PC 连接起来，既可观察 NC 程序的传输和机床的运转状态，又可以实时集中监控加工现场的作业。通过将 CNC 连接到工厂的网络，将管理部门和加工工厂连接起来，就可以通过生产指令和实际加工数据对整个工厂进行管理，从而提高生产效率。从工厂外的管理部门和家庭连接互联网也可远程监控机床的运转状态。

7. 方便操作的"MANUAL GUIDE"

MANUAL GUIDE 是在一个界面上支持从加工程序的编制、程序的检查、准备到实际加工等所有操作的操作指南功能。它免掉了操作人员来回切换屏幕的麻烦，可以在程序屏幕和偏置屏幕上一次显示出大量数据，提高输入和确认的效率。在多轴系统中可以一次显示出多个位置信息，使得操作性有了改善。在多路径的系统中，最多可以将4 个路径显示在一个屏幕上。在构建复杂的多路径系统中，MANUAL GUIDE 实现优良的可视性和操作性。

8. 方便调试的"SERVE GUIDE"

SERVE GUIDE 通过 CNC 的以太网，把 CNC 和 PC 连接在一起。利用 FANUC 的"SERVE GUIDE"软件作为伺服和主轴的调整工具，很容易检测出机床的误差和伺服调整的状态。它具有参数窗口（通过 PC 设定伺服参数，输出到 CNC）、程序窗口（从PC 端编制测试程序，输出给 CNC 执行）和图形窗口（电机反馈脉冲经过 CNC 的缓冲器后显示在图形窗口，以便观测）。

6.7 SIEMENS 数控系统简介

西门子（SIEMENS）数控系统是西门子集团旗下自动化与驱动集团的产品，采用模块化结构设计，经济性好，在一种标准硬件上配置多种软件，使它具有多种工艺类型，能满足各种机床的需要，并成为系列产品。随着微电子技术的发展，该系统越来越多地采用大规模集成电路（LSI）、表面安装器件（SMC）及应用先进加工工艺，新的系统结构更为紧凑，性能更强，价格更低。它采用 SIMATICS 系列可编程控制器或集成式可编程控制器，用 SYEP 编程语言构建的系统具有丰富的人机对话功能，具有多种语言显示。目前，广泛使用的主要有 802、810、840 等几种类型。图 6.51 简要说明了西门子各类型系统的定位。

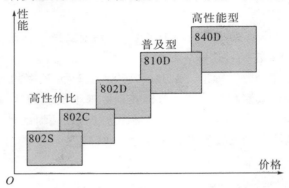

图 6.51　西门子各类型系统的定位

6.7.1　SINUMERIK 802D

SINUMERIK 802D 是一个集成的单元，具有免维护性能，其核心部件 PCU（面板控制单元）将 CNC、PLC、人机界面和通信等功能集成为一体，通过 PROFIBUS 总线连接驱动装置以及输入输出模板，完成控制功能，如图 6.52 所示。SINUMERIK 802D 可控制四个进给轴和一个数字主轴或模拟主轴，通过生产现场 PROFIBUS 总线将驱动器、输入输出模块连接起来。

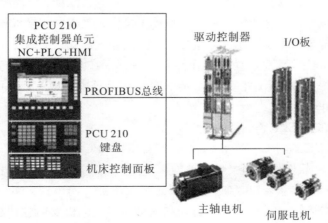

图 6.52　SINUMERIK 802D 的实物构成

模块化的驱动装置 SIMODRIVE 611Ue 配套 1FK6 系列伺服电机，为机床提供了全数字化的动力。

通过视窗化的调试工具软件，可以便捷地设置驱动参数，并对驱动器的控制参数进行动态优化。

SINUMERIK 802D 集成了内置 PLC 系统，对机床进行逻辑控制；采用标准的 PLC 编程语言 Micro/WIN 进行控制逻辑设计；随机提供标准的 PLC 子程序库和实例程序，简化了制造厂的设计过程，缩短了设计周期。

6.7.2　SINUMERIK 810D

在数字化控制领域中，SINUMERIK 810D 第一次将 CNC 和驱动控制集成在一块电路上。快速的循环处理能力使其在模块加工中独显威力。

SINUMERIK 810D NC 软件选件的提前预测功能可以在集成控制系统上实现快速控制。SINUMERIK 810D NC 软件选件还具有坐标变换功能。固定点停止可以用来卡紧工件或定义简单参考点。模拟量控制功能用来控制模拟信号输出。

刀具管理是 SINUMERIK 810D NC 软件另一种功能强大的管理软件选件。

样条插补功能（A、B、C 样条）用来产生平滑过渡，压缩功能用来压缩 NC 记录，多项式插补功能可以提高 810D/810DE 运行速度。

温度补偿功能保证数控系统在高技术、高速度运行状态下保持正常温度。此外，系统还提供了钻、铣、车等加工循环。

6.7.3　SINUMERIK 840D

SINUMERIK 840D 数字 NC 系统用于各种复杂加工，它在复杂的系统平台上，通过系统设定而适用于各种控制技术。840D 与 SINUMERIK_611 数字驱动系统和 SIMATIC7 可编程控制器一起，构成全数字控制系统，适用于各种复杂加工任务的控制，具有优于其他系统的动态品质和控制精度。

1. 功能

SINUMERIK 840D 标准控制系统的特征是具有大量的控制功能，如钻削、车削、铣削、磨削以及特殊控制，这些功能在使用中不会有任何相互影响。全数字化的系统、革新的系统结构、更高的控制品质、更高的系统分辨率以及更短的采样时间，确保了一流的工件质量。

2. 控制类型

SINUMERIK 840D 采用 32 位微处理器实现 CNC 控制，用于完成 CNC 连续轨迹控制以及内部集成式 PLC 控制。

3. 机床配置

SINUMERIK 840D 可实现钻、车、铣、磨、切割、冲、激光加工和搬运设备的控制，备有全数字化的 SIMDRIVE 611 数字驱动模块，最多可以控制 31 个进给轴和主轴，进给和快速进给的速度范围为 100 mm/min～9999 mm/min。其插补功能有样条插补、三阶多项式插补、控制值互联和曲线表插补，为加工各类曲线、曲面零件提供了便利条件。此外，SINUMERIK 840D 还具备进给轴和主轴同步操作的功能。

4．操作方式

SINUMERIK 840D 的操作方式主要有 AUTOMATIC（自动）、JOG（手动）、示教（TEACH IN）、手动输入运行（MDA）。自动方式是指程序自动运行，加工程序中断后，可从断点恢复运行；可进行进给保持及主轴停止，具有跳段功能、单段功能和空运转功能。

5．轮廓和补偿

SINUMERIK 840D 可根据用户程序进行轮廓的冲突检测、刀具半径补偿的进入和退出策略及交点计算、刀具长度补偿、螺距误差补偿、测量系统误差补偿、反向间隙补偿、过象限误差补偿等。

6．安全保护功能

数控系统可通过预先设定极限开关的方法进行工作区域的限制及程序执行中的进给减速，同时还可以对主轴的运行进行监控。

7．NC 编程

SINUMERIK 840D 系统的 NC 编程符合 DIN 66025 标准（德国工业标准），具备有高级语言编程特色的程序编辑器，可进行公制、英制尺寸或混合尺寸的编程，程序编制与加工可同时进行，系统具备 1.5 兆字节的用户内存，用于零件程序、刀具偏置、补偿的存储。

8．PLC 编程

SINUMERIK 840D 的集成式 PLC 完全以标准 sIMAncs7 模块为基础，PLC 程序和数据内存可扩展到 288 kB，I/O 模块可扩展到 2048 个输入/输出点，PLC 程序能以极高的采样速率监视数据输入，向数控机床发送运动停止/启动等指令。

6.8 EdgeCAM 智能数控编程系统

EdgeCAM 作为全球著名的智能数控编程系统，凭借其独特的实体加工理念和广泛的加工适用范围，正在被越来越多的用户认可。EdgeCAM 智能化的发展思路降低了数控编程软件的应用门槛，真正令使用者易学易用。EdgeCAM 为产品加工和模具制造提供了一套完整的编程解决方案。它可以全面支持 2 轴至 5 轴铣、车和车铣复合加工设备，可与 CAD 平台实现无缝集成并对各种复杂零件提供完美的编程支持。

6.8.1 适用加工范围

铣切——2 轴半到 5 轴数控铣切设备。

车削——基本数控车床、C&Y 轴车铣复合数控机床、多主轴多刀架车铣复合数控加工中心。

线切割——2 轴到 4 轴数控线切割设备。

6.8.2 EdgeCAM 智能数控编程系统的特点

最新的 EdgeCAM V12 版本增强了其 5 轴加工的能力，并对 CAD 模型的处理能力进行了改善，计算刀具路径的速度比以前更快。在孔加工命令中还添加了新的优化选项，并且全面支持当前最新的 Windows 操作系统。

EdgeCAM V12 版本增强了其对 5 轴加工设备的支持范围，包括双摆头/旋转工作台设备的联动加工和定位加工。通过对加工设备的仿真可将机床的全部工作过程模拟化，对工装设备也可进行校验。仿真时，设备和刀具的运动过程可以实时显示，这样可以保证设备的安全和对加工过程进行优化。

EdgeCAM 所提供的仿真加工功能可以实时模拟加工设备和加工过程中的所有动作。这对于 5 轴加工是非常实用的功能，某一点小角度的动作都可能会有发生机床干涉的危险。其对于车削加工功能也做了进一步的完善，提供了更新后的控制参数，使得刀具路径更加完善。

使用 EdgeCAM 可对最复杂的模型进行最简单的编程，同时，EdgeCAM 还全面支持最新的 CAD 软件、机床设备和刀具。

（1）直读主流 CAD 模型文件，保证数据完整。

①EdgeCAM 可以从主流的 CAD 系统（如 Inventor、SolidWorks、SolidEdge、Pro/E、Pro/Desktop、CATIA、Solid3000 等）中载入实体模型文件，也可以接受 iges、dxf、vda、X_T 等格式的文件，如图 6.53 所示。

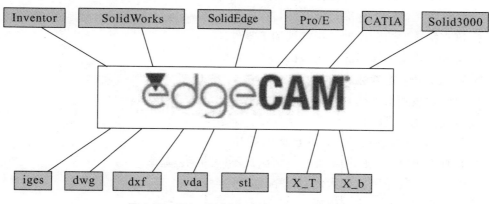

图 6.53 EdgeCAM 与主流 CAD 系统的接口

②直接读取实体模型，无须任何数据转换。

③实体特征参数保持完整，生成的刀具路径可与 CAD 环境实现动态关联。

④同一个操作环境下支持多种实体文件共存，可以将不同格式的实体文件同时打开，将其中任意实体指定为被加工零件、夹具或毛坯。

（2）易学易用，是真正 Windows 环境下的应用程序。

①基于 Windows 平台开发，完全符合 Windows 界面下的应用习惯，如图 6.54 所示。

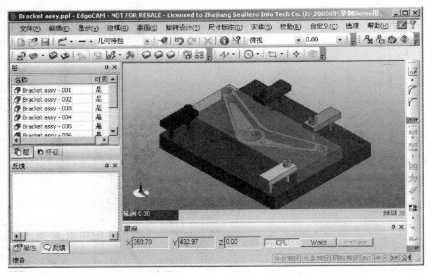

图 6.54　EdgeCAM 环境界面

②全中文的多种界面风格，可自定义当前风格主题。

③动态菜单工具条，工作界面直观、简洁。

④无限制的 redo/undo。

⑤多视图窗口显示（支持 spaceball）。

⑥继承了 Windows 的常用快捷操作。

（3）具备实体加工标准，是人性与智能的结合。

①可直接读取装配模型，指定被加工零件。

②自动查找实体模型的加工特征。

③自动识别特征参数。

④自动加载辅助功能。

⑤自动优化刀具路径。

⑥与 CAD 环境动态关联，并自动更新刀具路径。

（4）具有丰富高效的加工方法，可满足不同的工艺需求。

①可利用毛坯轮廓裁减优化刀具路径。

②任意指定起点和终点位置。

③多种刀具导入、导出与连接方式。

④从端面、外圆到螺纹多种车削方式。

⑤从简单的平面铣、孔加工、轮廓铣到复杂的粗加工、精加工、残料加工、清根铣、投影加工、插铣加工、四轴旋转铣、五轴精加工等数十种生成刀具路径的加工方法，如图 6.55 所示。

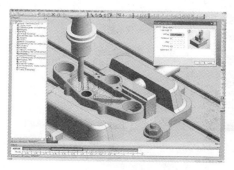

图 6.55　EdgeCAM 刀具路径

⑥独特的成组加工方法，高效、快捷。

⑦曲面加工计算时间短，速度快。

⑧适合高速加工的多种参数选项。

⑨加工时间即时显示。

（5）三维实体刀具库，可方便、直观地建立刀具模型，如图 6.56 所示。

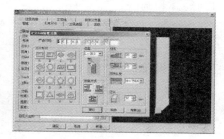

图 6.56　EdgeCAM 刀具库

①显示三维实体刀具，直观、准确。

②内置专家系统提供加工参数。

③车、铣刀具过滤器分类显示。

④支持各种自定义成型刀具并同时生成刀具模型。

⑤支持 ISO 标准刀具。

⑥任意增加刀具备注。

⑦可定义刀具的安装状态。

⑧可从 SANDVIK 的刀具数据库中直接调用刀具和刀套图形。

（6）包括机床结构的模拟仿真校验，直观、逼真，如图 6.57 所示。

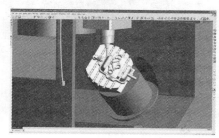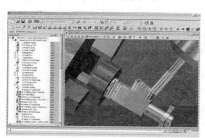

图 6.57　EdgeCAM 机床结构库示意

①独立开发的仿真模块具有逼真的仿真效果。

②提供快速仿真和模拟加工两种仿真模式。

③具有实体、线框、半透明、剖视等多种显示方式。

④仿真过程支持任意角度的拖动、放大、旋转等动态操作。

⑤可将任意时刻的仿真状态或仿真结果输出成 stl 格式的文件。

⑥模拟显示夹具、刀套的运动和干涉情况。

⑦过切报警图形显示和文本提示。

⑧仿真结果与实体模型进行对比显示。

⑨具有过切处停止等多种停止选项。

（7）向导式后处理系统，能够轻松满足任何控制机的代码要求，如图 6.58 所示。

①完全的 Windows 界面，提供向导模式。

②提供众多的标准模板，使配置过程标准化。

③无须任何软件开发和编程经验，可根据标准模板配置各种后处理文件。

④自动编译和调试。

⑤可任意增加特殊的 M 指令到 EdgeCAM 界面。

⑥允许进行二次开发等高级功能。

⑦根据用户设备情况设置机床模型。

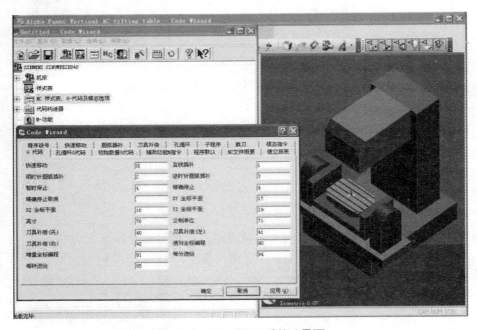

图 6.58　EdgeCAM 后处理界面

习题

1. 简述 CAPP 技术的含义与功能需求，CAPP 系统在制造业信息化中有哪些作用。结合当前制造业信息化工程技术的发展，分析和总结 CAPP 技术的发展趋势。

2. 分析 CAPP 软件系统的基本组成，选择一种 CAPP 软件系统，画出其功能结构框图。

3. 叙述交互型、派生式、创成式、混合式和基于知识的 CAPP 系统等类型的特点及其应用场合。你认为应采用哪种类型来开发 CAPP 系统能适应制造企业的需要？

4. 在 CAPP 系统中，工艺决策与工序设计有哪些主要方法？分析常用 CAPP 系统的在这方面所采用的技术方法。

5. 派生式 CAPP 系统和创成式 CAPP 系统各有何特点？其主要区别是什么？

6. 网络化 CAPP 系统的主要特征是什么？分析和总结网络化 CAPP 系统的体系结构和主要功能需求。

7. 什么是工艺设计信息模型？如何实现工艺卡片与工艺数据之间的映射？

8. 分析论述基于知识的 CAPP 系统的关键技术方法，工艺设计知识库系统应包含哪些知识内容，如何进行工艺设计知识获取与描述。

9. 简述基于实例的推理技术及其在 CAPP 系统中的应用概况。

10. CAPP 系统分为哪几类？各有什么特点？

11. 简述数控机床的组成和分类。

12. 什么是 G 指令？什么是 M 指令？它们的作用分别是什么？

13. 在 APT 语言中主要包括哪几种语句类型？各自的作用是什么？

14. 简述 CNC 系统的组成和主要功能。

15. DNC 系统与 CNC 系统的主要区别是什么？

16. FMS 中中央计算机控制系统的作用是什么？

17. 数控系统是如何进行分类的？结合有代表性的商业化数控系统产品，分析和阐述各种数控系统的特点。

18. 数控加工仿真的基本原理是什么？具体是如何实现的？

19. 数控加工仿真系统有哪些主要类型？各自的特点是什么？请你通过对相关企业的调研，了解数控加工仿真系统的应用情况，尚存在哪些问题，你认为这些问题应如何解决。

20. 分别简述 FANUC 数控系统和 SIEMENS 数控系统的主要特点。

21. 简述 EdgeCAM 智能数控编程系统的特点。收集、了解当前市场主流数控编程系统产品，分析其各自的优缺点，总结数控编程系统的技术发展趋势。

第7章 虚拟现实技术

由于用户的要求越来越高，现代机械产品的结构日益复杂，科技含量越来越高，产品的开发周期日趋延长。如何解决好产品市场寿命缩短和新产品开发周期延长的尖锐矛盾，已经成为决定企业兴衰成败的问题。因此，现代产品快速开发技术的研究与应用近年来得到了广泛关注，尤其是以虚拟现实技术（Virtual Reality，VR）为基础的虚拟样机技术得到快速发展。本章将主要介绍这些技术方法的内容及应用概况。

7.1 虚拟产品开发

虚拟产品开发是以 CAD 技术为基础，集计算机图形学、智能技术、并行工程、虚拟现实技术和多媒体技术为一体，由多学科知识组成的综合系统技术。当今的 CAD 系统已发展到以实体造型为主的时代，比如 CATIA、UG、Pro/E 以及 I-DEAS 等软件，但就用户界面而言，无一例外地遵循 WIMP（Windows-Icons-Menu-Pointer）的操作方式，其系统采用二维显示方式，设计者与系统的交互依赖于键盘、鼠标等设备。这种输入以串行性和精确性为特征，设计者每次只能利用一种输入设备来指定一个或一系列完全确定的指令或参数。三维的设计常常不得不分解为二维甚至一维的操作，这使得三维设计过程异常复杂、乏味，影响了交互的效率。人们一直期望一种具备自然交互方式的全新的 CAD 技术产生。基于虚拟现实技术的 CAD 技术的问世，使虚拟产品开发系统更加人性化。

虚拟产品开发是现实产品开发在计算机环境中数字化的映射，它使现实产品开发全过程的一切活动及产品演变过程都基于数字化模型，并对产品开发的行为进行预测和评价。应用虚拟现实技术，可以达到虚拟产品开发环境的高度真实化，并使之与人有着全面的感官接触和交融。虚拟产品开发具有以下特点：

（1）数字化。虚拟产品开发技术要求全局产品的信息定义必须是用计算机能理解的方式给出的产品生命周期全过程的数字化定义。

（2）集成化。虚拟产品开发不再是单一的 CAD、CAM 或 CAPP 系统，而是一种在计算机技术和网络通信技术支持下的集成的、虚拟的开发环境。

（3）智能化。通过设立中间软件平台，使虚拟产品开发系统既能支持共性知识的获取，又能有效地支持专业化知识的获取。

（4）并行化。开发人员、开发工具软件和虚拟资源可以分布于不同的区域，一旦需要，通过一些决策软件就能实现强强联合、优势互补、资源共享和协同设计，从而缩短开发时间，提高产品竞争力。

（5）高度的可视化和直觉感受。由于采用虚拟现实技术，开发者和用户在产品实物制造前就可以感知产品的外形、色彩、质地、结构等。

（6）良好的交互性。在虚拟产品开发过程中，不仅开发人员可以方便地修改和优化设计结果，用户也可以参与设计过程并提出修改意见，从而大大增强了产品开发的灵活性。

虚拟产品开发体系的核心内容包括产品开发过程数字化建模、数字化产品建模和数字化产品仿真三个方面。

产品开发过程数字化建模的内容包括过程模型、组织模型、资源模型的建立，约束规则的制定，以及过程的监控和协调等几个方面。

数字化产品建模主要以面向对象技术为工具，以 STEP 标准为指导思想，建立支持工程分析工具的应用以及支持产品异地、并行设计的产品定义模型。

数字化产品仿真包括全生命周期的产品演变仿真和产品开发全过程的活动仿真。全生命周期的产品演变仿真是通过产品的数字模型反映产品从无到有再到消亡的整个演变活动，用户和开发者在制造实物之前即可充分地评审其美观度、可制造性、可装配性、可维护性、可销售性和环保性能等，从而提高产品开发的一次成功率。

7.2　虚拟现实概述

7.2.1　虚拟现实的概念

虚拟现实技术又称"灵境"技术，是一种可以创建和体验虚拟世界的计算机系统，是 20 世纪末兴起的一种崭新的综合性信息技术。它不仅融合了数字图像处理、计算机图形学、人工智能、多媒体技术、智能接口技术、传感器、网络以及并行处理和高性能计算机系统等多个信息技术分支的最新成果，还涉及数学、物理、地理、美学、气象等学科领域。

从本质上说，虚拟现实就是一种先进的计算机用户接口。它通过各种传感设备，使人能够对虚拟场景中的物体进行观察与操作，给用户同时提供诸如视、听、触等各种直观而又自然的实时感知交互手段，最大限度地方便用户的操作，从而减轻用户的负担，提高整个系统的工作效率。根据虚拟现实应用场合的不同，虚拟现实的作用可以表现为不同的形式。例如，虚拟现实可以将某种概念设计或构思"可视化"和"可操作化"，即把抽象的概念和想法等用具体的见得到的东西来表示。虚拟现实也可以产生逼真的现场效果，以达到在复杂环境下进行模拟训练的目的。

虚拟现实技术是指利用计算机生成一种模拟环境，并通过多种专用设备使用户"投入"到该环境中，实现用户与环境直接进行交互的技术。VR 技术能够让用户使用人的自然技能对虚拟世界中的物体进行考察和操作，同时提供视、听、触等多种直观而又自然的实时感知。虚拟现实系统的构成如图 7.1 所示。

确切地讲，一个真正意义上的虚拟现实系统应具备以下几个要素：

（1）能为用户创建 3D 立体的虚拟境界。

（2）能给用户第一人称的感觉和实时任意活动的自由。

（3）用户能通过一些控制装置和手段实时操纵和改变所处的虚拟环境。

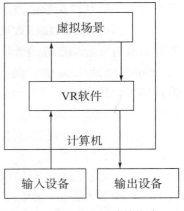

图 7.1　虚拟现实系统的构成

7.2.2　虚拟现实技术的发展

1935 年，小说家 Stanley G. Weinbaum 写了一部小说，这部小说提出了以眼镜为基础，涉及视觉、嗅觉、触觉等全方位沉浸式体验方法，被认为是首次提出了虚拟现实的概念。

1957 年，电影摄影师 Morton Heiling 发明了名为 Sensorama 的仿真模拟器，并在 5 年后为这项技术申请了专利。这款设备通过三面显示屏来实现空间感。从本质上来说，Sensorama 只是一款简单的 3D 显示工具，它不仅无比巨大，而且需要用户坐在椅子上将头探进设备内部，才能体验到沉浸感。

1968 年，计算机图形学之父、著名计算机科学家 Ivan Sutherland 设计了第一款头戴式显示器 Sutherland。虽然是头戴式显示器，但由于当时硬件技术的限制，Sutherland 相当沉重，根本无法独立穿戴，必须在天花板上搭建支撑杆，否则无法正常使用。Sutherland 的诞生，标志着头戴式虚拟现实设备与头部位置追踪系统的诞生，为现今的虚拟现实技术奠定了坚实的基础，Ivan Sutherland 也因此被称为虚拟现实之父。

20 世纪 70~80 年代是整个虚拟技术理论和概念形成的时期，虚拟头盔的各种组件在技术上已经十分成熟，也可以在市面上买到了。当时的显卡已经能够实现每秒渲染上千个三角面，能够展示比较复杂的三维图像模型，索尼公司生产的便携式 LCD 显示器也能将画面完整地呈现出来。Polhemus 公司开发出了 6 个自由度的头部追踪设备，比起 Sutherland 机械连杆，精准度已经大大提升，同时，还省去了很多束缚。同时，带有关节传感器的手套实现了体感操作，技术的成熟使得虚拟技术在航天、模拟飞行等领域得到了比较广泛的应用。虚拟现实概念也最终在 20 世纪 80 年代被正式提出。

20 世纪 90 年代，虚拟现实技术的理论已经非常成熟，但对应的 VR 头盔依旧是概念性的产品。1991 年出现的一款名为"Virtuality 1000CS"的 VR 头盔充分展现了 VR 产品的尴尬之处——外形笨重、功能单一、价格昂贵。

随着计算机技术的迅猛发展，虚拟现实技术开始进入了商业化运营阶段，在工业中的应用日趋广泛。Facebook 首席执行官 Mark Zuckerberg 坚信虚拟现实将成为继智能手机和平板电脑等移动设备之后，计算平台的又一大事件。

7.2.3　虚拟环境的结构及实现的关键技术

采用 VR 技术可以形成虚拟环境（Virtual Environment，VE），有时也将其称为计算机生成的环境。虚拟环境具备以下要素：

（1）多感知性（Multi-Sensory）。多感知是指虚拟现实技术除了一般计算机所具有的视觉感知外，还应具有听觉、力觉、触觉、运动感知，甚至还包括味觉、嗅觉等。

（2）存在感（Presence）或沉浸感（Immersion）。存在感或沉浸感是指用户感到作为主角存在于虚拟环境中的真实程度。理想的虚拟环境应该达到使用户难以分辨真假的程度。

（3）交互性（Interaction）。它是指用户对虚拟环境中物体的可操作程度和从虚拟环境得到反馈的自然程度以及实时性。

（4）自主性（Autonomy）。它是指虚拟环境中物体依据物理定律动作的程度。例如，当物体受到力的推动时，物体会朝力的方向移动、滚动等。

（5）构想性（Imagination）。它是指虚拟现实技术应具有广阔的可想象空间，能够提供给用户一个开放的世界，这个世界不仅能重现真实的世界，还能够实现一些实际上不可能出现的情况。

虚拟环境一般由传感器、控制器和执行机构组成，其典型结构如图 7.2 所示。常用的传感器有位置传感器、手势传感器、眼球目视方向传感器，也包括识别语音的声传感器等。控制器是 VE 的核心，它的数学模型描述虚拟环境中的对象特性和状态信息。对象特性包括对象的几何外形、视觉特性、物理特性、声响特性等。状态信息包括对象的位置、姿态、方位、速度、加速度，以及与其他对象的接触关系等。对象行为的描述包括静态、动态和交互作用。执行机构是 VE 的输出部分，能给参与者提供真实的感觉。VE 常用的执行机构有头盔跟踪与显示器、三维立体音响装置、数据手套中的触觉、力反馈装置等。

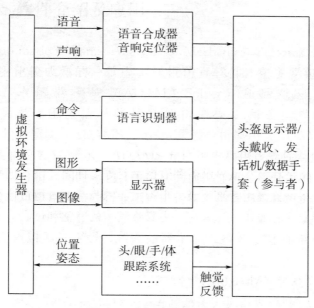

图 7.2　虚拟环境典型结构

VR 的关键技术和研究内容包括：①动态环境建模技术，包括实际环境三维数据获取方法和非接触式视觉建模技术等；②实时三维图形生成技术，包括对图形的质量和复杂程度、图形的刷新频率控制等；③立体显示和传感器技术，包括头盔式三维立体显示器、数据手套、数据衣、力觉和触觉传感器技术的研究等；④应用系统开发工具，包括VR的开发工具、VR系统开发平台、分布式VR系统等；⑤系统集成技术，包括信息的同步技术、模型的标定技术、数据转换技术、数据管理模型、语音识别与合成技术等。

7.2.4 虚拟现实系统分类

虚拟现实系统按照交互和浸入程度的不同可分为四类：桌面式VR系统、沉浸式VR系统、叠加式VR系统、分布式VR系统。

1. 桌面式VR系统（Desktop VR）

桌面式VR系统也称非沉浸式VR系统，是指利用个人计算机和工作站实现模拟，把计算机的显示屏作为参与者观察虚拟环境的一个窗口，同时，用户可以利用各种输入设备或位置跟踪器，包括鼠标、键盘和力矩球等控制该虚拟环境，并且操纵在虚拟场景中的各种物体，如图7.3所示。在桌面式VR系统中，参与者利用位置跟踪器和手拿输入设备，可以通过计算机屏幕观察360°范围内的虚拟环境。桌面式VR系统最大的特点是缺乏真实的现实体验，但是成本也相对较低，因而应用比较广泛。常见的桌面式VR技术有基于静态图像的虚拟现实（QuickTime VR）、虚拟现实造型语言（VRML）、桌面三维虚拟现实、多使用者空间（MUD）等。

图7.3　桌面式VR系统　　　　　图7.4　沉浸式VR系统

2. 沉浸式VR系统（Immersive VR）

沉浸式VR系统是利用头盔显示器和数据手套等多种交互设备把用户的视觉、听觉和其他感觉封闭起来，让使用者真正成为虚拟世界的一部分，通过这些设备可以对虚拟环境中的对象进行交互和操作，让人有一种身临其境的感觉和体会，如图7.4所示。常见的沉浸式VR系统有基于头盔式显示器的系统、投影式虚拟现实系统、远程存在系统。

3. 叠加式VR系统（Mixed Reality）

叠加式VR系统也称增强现实系统（Augmented Reality，AR），是指允许用户在对现实世界进行观察的同时，将虚拟图像叠加在现实世界之上，如图7.5所示。例如，战斗机驾驶员使用的头盔可让驾驶员同时看到外面世界及安装在驾驶员面前的穿透式屏幕上的合成图像。这样有利于增强驾驶员对真实环境的感受，以便驾驶员能更准确、有效地对周围的物体进行定位和操作。叠加式VR系统在很大程度上依赖于对使用者及其视线方向精确的三维跟踪。

图 7.5　叠加式 VR 系统

图 7.6　分布式 VR 系统

4. 分布式 VR 系统（DVR）

分布式 VR 系统是一种基于网络的虚拟现实系统，它可使一组虚拟环境连成网络，使其能在虚拟域内交互，同时在交互过程中意识到彼此的存在，每个用户是虚拟环境中的一个化身（Avatar），如图 7.6 所示。它的基础是网络技术、实时图像压缩技术等，它的关键是分布式交互仿真协议，必须保证各个用户在任意时刻的虚拟环境视图是一致的，而且协议还必须支持用户规模的可伸缩性。常用的分布式协议是 DIS 和 HLA。

分布式 VR 技术主要运用于远程虚拟会议、虚拟医院、虚拟战场等。国外许多大学和研究机构很早就致力于分布式 VR 系统的研究，并开发了多个试验性的 DVR 系统，如美国斯坦福大学的 PARADISE/Inverse 系统、瑞典计算机科学研究所的 DIVE、加拿大 Albert 大学的 MR 工具库等。我国在 DVR 方面也有一定的研究，如国家 "863 计划" 和北京航空航天大学共同研发的分布式虚拟环境网络（DVENET），并在此基础上开发了直升机仿真器、坦克仿真器等。

目前最典型的分布式 VR 系统是 SIMNET。SIMNET 由坦克仿真器通过网络连接而成，用于部队的联合训练。通过 SIMNET，位于德国的仿真器可以和位于美国的仿真器一样运行在同一个虚拟世界，参与同一场作战演习。

7.2.5　增强现实系统

增强现实是一项将虚拟世界和现实世界结合在一起的技术，它能够将原本存在于计算机里的虚拟数据通过模拟仿真之后，和真实的事物结合在一起。通过这样的结合，真实的世界与虚拟的世界相互补充，就像虚拟的物体真实存在于现实世界一样，人们能得到超越现实的体验。增强现实系统具有以下特点：①真实世界和虚拟世界的信息集成；②具有实时交互性；③是在三维尺度空间中增添定位虚拟物体。

AR 技术应用的范围十分广泛，从医疗教育领域到网络军事领域，它都有不凡表现。由于具有对真实环境加强输出这一特性，其在医疗研究训练、精密仪器制造维修、军事演习等领域甚至比 VR 具有更明显的优势。经过几十年的发展，AR 技术在各个方面取得了很大的进步，但是目前 AR 还是很少应用在实际生活中。AR 技术的实际应用主要面临以下问题：

（1）景物与生成：由于设备自身原因，在明亮的环境下成像较暗，虚拟物体在真实场景中的定位不准确。

（2）通信设备传输速度：多数系统都假设在带宽满足的情况下进行操作，但实际情况并非如此，在绝大多数分布式 AR 应用中，系统能力都要受制于数据传输速度。因此，在大型协作 AR 系统中，还有赖于通过动态兴趣度管理算法和动作预测算法来降低所需传输的数据量。

（3）计算能力：AR 技术应用于实际中，数据处理采用便携式设备是必然的，但是目前便携式设备的计算能力尚不足以应付 AR 技术的需要。

以上的各种问题限制了 AR 技术的发展，解决这些问题是目前 AR 技术研究的重点。

7.3 虚拟现实系统常见硬件设备

7.3.1 环境生成设备

虚拟现实是以计算机技术为核心的现代高新科技，高性能的计算处理技术是直接影响系统性能的关键所在。具有高计算速度、强处理能力、大存储容量和强联网特性等特征的一台或多台高性能计算机用以生成虚拟环境，其主要的计算处理技术包括以下研究内容：

（1）服务于实物虚化和虚物实化的数据转换和数据预处理。

（2）实时、逼真图形图像生成与显示技术。

（3）多种声音的合成与声音空间化技术。

（4）多维信息数据的融合、数据转换、数据压缩、数据标准化以及数据库的生成。

（5）模式识别，如命令识别、语音识别，以及手势和人的面部表情信息的检测、合成和识别。

（6）高级计算模型的研究，如专家系统、自组织神经网络、遗传算法等。

（7）分布式计算与并行计算，以及高速、大规模的远程网络技术。

7.3.2 跟踪技术

1. 空间位置跟踪技术

虚拟环境的空间跟踪主要是通过头盔显示器、数据手套、数据衣等交互设备上的空间传感器，确定用户的头、手、躯体或其他操作物在三维虚拟环境中的位置和方向。

空间位置跟踪系统一般由发射器、接收器和电子部件组成。位置跟踪器的形式很多，原理也完全不同，通常由超声波、低频磁场、光学和机械位移等多种传感器构成，用以测量 3 个坐标的位移和方向（6 个自由度），其优缺点见表 7.1。

表 7.1　各种空间位置跟踪技术的优缺点

传感器类型	优　点	缺　点
机械式传感器	价格较低，滞后性较小	工作空间受限制
电磁传感器	使用方便，价格较低	作用范围小，滞后大，对磁场干涉敏感
超声传感器	价格较低	精度有待提高
光学传感器	位置精度和采样频率较高	成本高

2. 声音跟踪技术

利用不同声源的声音到达某一特定地点的时间差、相位差、声压差等进行虚拟环境的声音跟踪。

声波飞行时间测量法和相位相干测量法是两种可以实现声音位置跟踪的基本算法。在小的操作范围内，声波飞行时间测量法能表现出较好的精确度和响应性。随着操作范围的扩大，声波飞行时间测量法的数据传输率降低，易受伪声音的脉冲干扰。相位相干测量法本质上不易受到噪声干扰，并允许过滤冗余数据且不会引起滞留。但相位相干测量法不能直接测量距离，只能测量位置的变化，易受累计误差的干扰。

声音跟踪系统一般包括若干个发射器、接收器和控制单元。它可以与头盔显示器相连，也可以与数据衣、数据手套等其他设备相连。

3. 视觉跟踪技术

视觉跟踪技术使用从视频摄像机到 xOy 平面的阵列、周围光或者跟踪光在图像投影平面不同时刻和不同位置上的投影，计算被跟踪对象的位置和方向。视觉跟踪的实现必须考虑精度和操作范围间的折中选择，采用多发射器和多传感器的设计能增强视觉跟踪的准确性，但会使系统变得复杂并且昂贵。

视点感应必须与显示技术相结合，采用多种定位方法（眼罩定位、头盔显示、遥视技术和基于眼肌的感应技术）可确定用户在某一时刻的视线。例如，将视点检测和感应技术集成到头盔显示系统中，飞行员仅靠"注视"就可在某些非常时期操纵虚拟开关或进行飞行控制。

7.3.3　感知设备

1. 投影设备

早期虚拟现实的投影设备大多采用 CRT 三枪投影技术，现已基本淘汰。目前高端的产品采用 DLP 和 3LED 技术，光通量可以轻松达到 5000 lm，一般大型虚拟现实系统，如 CAVE、PowerWall 等都采用多个投影设备，并进行拼接，这种系统大多要求投影设备具有边缘融合功能（Edge Blending），如图 7.7 所示。

图 7.7　投影设备

图 7.8　立体眼镜

2. 立体眼镜

目前主要有两种技术来实现立体图像。一种称为被动式（Passive），即两幅图像可以并排放置，然后重叠在一起，图像能够通过放置于眼前的不同的滤波器投影到眼睛。立体图像使用偏振光眼镜或红/蓝玻璃眼镜，以提供天然的（无色彩）立体视觉，这类眼镜造价低廉，电影等娱乐业大量采用。另一种称为主动式（Active），即计算机交替产生左、右眼图像，使用液晶显示眼镜与显示器上的立体图像配对，同步开关，遮挡左/右眼，使大脑很快收到交替图像，并融合图像为单一的场景和景深。这种技术需要高速的场频（最小为 60 Hz）来避免闪烁，否则用户佩戴后会感到头昏（如图 7.8 所示）。

3. 双目镜（BOOM）

双目镜是利用分屏的方法产生立体图像的一种装置。双目镜把屏幕分成两个部分，同时显示左、右眼图像。通常是正对着显示器放置一种安装在头部的观察器，帮助用户的两个眼睛分离开，从而正确地看到立体的图像。

4. 头盔式显示器（HMD）

虚拟现实系统中常用的一种硬件设备是头盔式显示器，如图 7.9 所示。它使用某种类型的头盔或护目镜，在每只眼睛前放置一个小型视频显示器，并以特殊的光学技术来聚焦并延伸到可感觉到的视区范围。大多数 HMD 使用两个显示器，能够提供双目图像。

图 7.9　头盔式显示器

5. 力反馈、触觉传感器

能否让参与者产生"沉浸"感的关键因素之一是用户能否在操纵虚拟物体的同时感受到虚拟物体的反作用力，从而产生触觉和力觉感知。

力觉感知主要由计算机通过力反馈手套、力反馈操纵杆对手指产生运动阻尼，从而使用户感受到作用力的方向和大小。由于人的力觉感知非常敏感，一般精度的装置根本无法满足要求，而研制高精度力反馈装置又相当困难和昂贵，这是人们面临的难题之一。

如果没有触觉反馈，当用户接触到虚拟世界的某一物体时容易使手穿过物体。解决这种问题的有效方法是在用户的交互设备中增加触觉反馈。触觉反馈主要是基于视觉、气压感、振动触感、电子触感和神经肌肉模拟等方法来实现的。向皮肤反馈可变电脉冲的电子触感反馈和直接刺激大脑皮层的神经肌肉模拟反馈都不太安全，相对而言，气压式和振动触感式是较为安全的触觉反馈方法。

7.3.4　基于自然方式的人机交互设备

1. 六自由度（6D）鼠标/控制杆

六自由度（6D）鼠标/控制杆如图 7.10 所示。它们都带有额外的按钮和滑轮，不仅可用于控制 xOy 坐标变换，而且可以控制 z 方向的旋转。全设备 6D 控制杆是一个 6D 游戏杆，看起来像一个附在短棒上的网球，可以在左/右和上/下方向拉扭这个球。

2. 数据手套与数据衣

数据手套如图 7.11 所示，其制作技术相当复杂。数据手套由很轻的弹性材料构成，紧贴在手上。这个系统包括位置、方向传感器和沿每个手指背部安装的一组有保护套的光纤导线，它们检测手指和手的运动。

图 7.10 6D 鼠标/控制杆

图 7.11 数据手套

数据手套大多数采用了安装于指关节的光纤传感器和用于全位置跟踪的跟踪器。一般数据手套通过手的姿势变化以及位置来与虚拟场景进行交互，还有一些带力反馈的数据手套通过机械式或小型充气泵等方式产生力觉。其中比较知名的是 Manus 这款无线 VR 手套，它源于荷兰初创公司 Manus Machina。此外，Power Claw 是一款有线传输数据手套，能给用户带来冷热、震动和粗糙感等皮肤触觉。数据手套的位置精度由跟踪设备提供，姿态的多少（即传感器多少）决定了数据手套的功能。目前，主要有 5 触点数据手套、14 触点数据手套、18 触点数据手套和 28 触点数据手套。传感器数量越多，数据手套的价格越昂贵。

7.4 常见的虚拟产品开发工具

目前，虚拟产品开发工具有数十种，如何选择一种合适、高效的开发工具对整个系统的开发具有重要意义。下面介绍几种常见的虚拟现实开发工具。

7.4.1 Cult3D

Cult3D 是由 Cycore 公司开发的一款面向电子商务的交互三维软件。它是一种全新的网络 3D 技术、一个跨平台的 3D 引擎，其功能是在网页上建立交互的 3D 对象。利用 Cult3D 技术可以让设计者制作出 3D 立体产品，并且放置于网页中。浏览者通过鼠标即可控制 3D 产品的旋转、缩放，实现与 Cult3D 对象的交互。Cult3D 主要应用于电子商务和电子交易、产品和销售展示、娱乐以及游戏。其主要具有以下几个特点：

（1）人性化界面。可以轻松地添加复杂的产品动作和交互事件，而不用编写任何代码。

（2）Cult3D 对象能够嵌入到 HTML 页面、微软办公系列和 PDF 文档中。

（3）硬件无关性，即与三维图形图像加速器等硬件无关，只由软件控制。

（4）支持创建 3D 模型的主流工具，例如，Discreet 公司的 3DS Max，Alias（Wavefront）公司的 Maya，Realviz 公司专为 Cult3D 开发的 Image Modeler 等。

（5）Cult3D 支持标准的后端系统和数据库界面，允许产品配置人员在线实施并和现有的数据库连接。

（6）多重信息简化和压缩技术减小 Cult3D 文件的大小，使其适应与低带宽的连接。

（7）高质量的输出效果。Cult3D 支持光线贴图、环境贴图，能真实地反映出对象的细节。

（8）安全性。开发者能够对文件格式进行加密，防止 Cult3D 模型被他人修改。

（9）实现了 Cult3D 对象与 Java 之间的通信。通过与 Java 的结合，可以制作出更为复杂的材质的变化和动画，如半透明、折射、镜面反射、阴影、碰撞检测等。

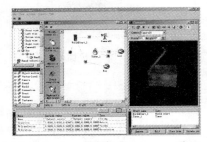

由于 Cult3D 本身没有建模功能，因此其所用的模型必须从其他三维建模软件中导出。Cult3D Exporter 便实现了这一功能。目前，Cult3D Exporter 只有支持 3DS Max 和 Maya 导出的版本。如图 7.12 所示为 Cult3D 用户界面。

Cult3D 工作流程：首先在三维建模工具（3DS Max、Maya）中建立 Cult3D 对象，通过 Cult3D Exporter 导出 Cult3D 模型，然后在 Cult3D Designer

图 7.12 Cult3D 用户界面

中给对象施加相应的行为并保存为 co 格式后在网上发布。Cult3D 工作流程如图 7.13 所示。

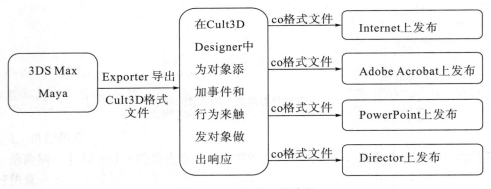

图 7.13 Cult3D 工作流程

7.4.2 Vega Prime

Vega Prime 是美国 MPI 公司开发的用于实时视景仿真和虚拟现实等领域的开发软件，具有强大的实时渲染和快速、准确开发虚拟三维仿真的功能，同时也是最具适用性和可扩展性的商业软件，支持面向对象技术，是 Vega 的升级版本。目前，Vega Prime 已有多个版本，其最新版本为 VP 6.0。VP 在提供强大的仿真功能的同时，也提供友好的操作界面 Lynx Prime（LP）。LP 具有操作简单、方便的特点，可以快速定义 acf 格式的文件，在快速开发视景仿真应用程序方面，可以减少代码编写的工作量。目前，VP 被广泛应用于军事、教育、医学、建筑、工程等领域。

VP 是在开放源码三维图形库 OpenGL 的基础上开发出来的视景仿真系统交互开发

平台。MPI 公司在传统的 OpenGL 图形库的基础上，采用了面向对象的方式封装和扩展了 OpenGL 的功能，开发出了高级的跨平台的场景图形渲染引擎 VSG（Vega Scene Graph），并提供了功能相当完备的 C++程序接口函数，用来开发高级视景渲染应用程序。

VP 具有跨平台的特性，可以在 Windows、Linux、Unix 等操作系统上开发应用程序，而且用户在一种操作系统平台上开发的应用程序，在不修改代码的情况下可以在多种平台上运行。VP 可以与 C++ STL（Standard Template Library）兼容，在开发应用程序时可以使用模板函数或者模板类，提高编程的效率，同时还可以使用 OpenGL 和 Direct3D 提供的函数开发程序。VP 还支持 MetaFlight 格式的大地形文件。MetaFlight 是采用 XML 形式描述的数据规范，可以与 VP 场景模型数据库相关联，扩展 OpenFlight 格式的模型数据库的应用范围。VP 还具有可扩展模块，在 VP 结构体系中采用的可扩展的插件体系结构技术可以使得在开发应用程序的时候，根据视景仿真的需要扩展相应的模块以实现特定的功能。若 VP 自带的扩展模块中不存在所需的模块，用户也可以根据仿真的要求开发出自己的模块类。VP 用户界面如图 7.14 所示。

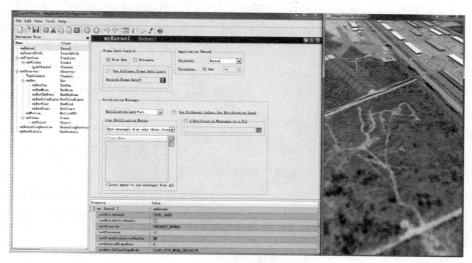

图 7.14　VP 用户界面

7.4.3　Unity3D

Unity3D 是一款用于创建游戏（二维及三维）、建筑可视化等类型互动内容的综合性创作工具。Unity 类似于 Blender Virtools 以及 Eon 等利用交互的图形化开发环境为首要方式的软件，可发布项目至 Windows、Android、OSX 或 IOS 平台。新版 Unity 5.0 支持新的 WebGL 技术。繁复的发布技术工作都已经由 Unity 内部封装，开发者只需要专注于创造应用内容即可。Unity3D 的主要特征包括以下几点：

（1）层级式的综合开发环境、视觉化编辑、详细的属性编辑器和动态的资源预览。尤其是它特有的层级式的组织结构，可在物体之间建立父子关系，使系统层次更加明确。层级式的组织管理也符合人的思维习惯，能够使开发者更加容易上手。

（2）自动资源导入。项目中的资源会被自动导入，并根据资源的改动自动更新。其支持很多主流的三维建模软件，包括 3DS Max、Maya、Blender、SketchUp 等。

（3）图形引擎使用的是 Direct3D（Windows）、OpenGL（Mac、Windows）和自有的 APIs（Wii）。

（4）支持 Bump Mapping（凹凸贴图）、Reflection Mapping（反射贴图）、Screen Space Ambient Occlusion（环境剔除），动态阴影使用的是 Shadow Map（阴影贴图）技术，并支持 Render-to-texture（渲染至纹理）和全屏 Post Processing（后处理）效果。

（5）支持 Shade。编写使用 ShaderLab 语言，主要分为顶点着色器与像素着色器，支持 Cg、GLSL 语言编写的 Shadero。

7.4.4　VRML

虚拟现实建模语言（Virtual Reality Modeling Language，VRML）是一种与互联网结合，用来描述三维交互世界的程序语言，可应用于创建虚拟现实的对象、景象和展示模型等。VRML 语义描述的是基于时间的交互式三维多媒体信息的抽象功能行为。利用三维 VRML 格式的图形预览，用户可以对三维模型进行旋转、漫游等方式的浏览。虚拟原型机用场景图描述，因此要建立虚拟原型机的坐标空间。原型机的基本模块用节点（Node）表达。节点以层次关系组织在一起，并通过脚本定义模块的行为。节点之间可以通过消息（称为事件）相互通信，事件通过路由在场景中传播。

1. VRML 的特点

VRML 的基础是采用 HTTP 协议传输数据的全球互联网和 SGI 设计的 Open Invertor 文件格式。VRML 可用来在互联网上建造和改变虚拟世界，同时又具有很好的交互性，可支持大量的用户。VRML 具有与平台无关的特性，易于扩展并基于大带宽的网络连接。通过 VRML 浏览器，用户可以在虚拟场景中漫游，并可通过超链接（Hyperlink）到达新的三维世界。VRML 是一种面向对象的描述语言，其对象包括三维几何形体、MIDI 数据和 JPEG 文件等。

2. VRML 对三维虚拟世界的具体描述方式

VRML 通过各种对象来描述三维场景，这些对象称为节点。每个节点具有一个或多个域，而且某些节点的域值本身也可以是一个节点。一个造型由形体或几何构造定义其 3D 结构，虚拟原型机在由具有不同层次结构的多个节点组成的场景图中建立其坐标空间，具有基于特定形状、材质、纹理和颜色的外观。所有这些定义和设置均通过 VRML 提供的 Shape 节点的相关域值设定，再由 VRML 语义描述为具有基于时间的交互式三维多媒体信息抽象功能行为的实体，并通过脚本定义其模块的行为。

虽然 VRML 与 HTML 同为描述性语言，但其强有力的三维真实感描述是 HTML 所不具有的。VRML97 标准规定了 3D 应用中大多数常见的功能如下：

（1）建模能力。VRML 定义了类型丰富的几何、编组、定位等节点，建模能力较强。

①基本几何形体：Box、Sphere、Cone、Cylinder。

②构造几何形体：IndexLineSet、IndexFaceSet、Extrusion、Point Set、Elevation Grid。

③造型编组、造型定位、旋转及缩放：Group、Transform。

④特殊造型：Billbord、Background、Text。

（2）真实感及渲染能力。通过提供丰富的渲染相关节点，可以很精细地实现光照、着色、纹理贴图、三维立体声源等。

①光照：Head Light、Spot Light、Point Light、Directional Light。

②材质及着色：Material、Appearance、Color、Color Interpolator。

③纹理：Image Texture、Movie Texture、Pixel Texture、Texture Transform。

④雾：Fog。

⑤明暗控制法向量说明：Normal、Normal Interpolator。

⑥三维声音：Sound。

（3）观察及交互手段。VRML 内建传感器类型丰富，功能强大，可以感知用户施加的交互作用。视点可以控制用户对三维世界的观察方式。

①传感器：Cylinder Sensor、Plane Sensor、Visibility Sensor、Proxymity Sensor、Sphere Sensor、Touch Sensor。

②控制视点：View Point、Navigation Info。

（4）动画。VRML 提供了方便的动画控制方式。

①关键帧定时器：Time Sensor。

②线性插值路径规划及姿态调整：Coordinate Interpolator、Orientation Interpolator、Scalar Interpolator。

（5）细节等级管理及碰撞检测：LOD、Collision。

（6）超链接及嵌入：Anchor、Inline。

3. 用 VRML 建立虚拟原型的过程

利用 VRML 的原型机建立虚拟原型的过程，包括如何从一个产品的 CAD/CAM 模型创建虚拟原型以及如何在虚拟环境中使用虚拟原型，另外还应包括如何开发人机交互工具、自动算法和数据格式等。建立虚拟原型的主要步骤如下：

（1）利用 CAD 软件进行几何造型和装配，这是生成虚拟原型的基础。

（2）从 CAD 模型中取出几何模型，利用接口工具转换并输出 VRML 文件，将实体零件用多边形网格来逼近，以便与虚拟原型信息的描述方式相一致。

（3）简化。为了保证虚拟环境中能够以每秒 20～30 幅画面进行人机交互，必须根据不同要求简化算法，减少多边形的数目，删去不必要的细节，必要时对由于简化引起的边界裂缝或重叠需借助修补算法进行重构。

（4）利用 3D Max，结合 VRML 文本编辑器，对虚拟原型进行着色、材料特性渲染、光照渲染、属性信息附加及运动建模等编辑加工。

（5）输出虚拟原型并存入数据库。

7.5 虚拟现实技术在数字化设计与制造中的应用

7.5.1 虚拟现实技术与虚拟设计

虚拟设计是近年来随着计算机技术的发展而产生的新兴设计方法，它将虚拟现实技术与高度发展的 CAD 技术结合起来，在虚拟环境中进行产品设计。虚拟设计对制造企业提高产品的设计效率和质量，适应激烈的市场和行业竞争有着十分重要的作用。

虚拟设计（Virtual Design）是以虚拟现实技术为基础，以机械产品为对象，在虚拟环境中进行设计的手段。借助这样的设计手段，设计人员可以在虚拟环境中通过多种传感器与多维的信息环境进行自然的交互，对在计算机内建立的模型进行修改，实现从定性和定量综合集成环境中得到感性和理性的认识，从而帮助人们深化概念和萌发新意。

虚拟设计充分利用了模拟仿真技术，在现有的计算机辅助设计的基础上，通过视觉、听觉、触觉及语音、手势等与设计的对象在虚拟的环境中进行自然的、直观的交互。虚拟设计技术基本上不消耗资源和能量，也不生产实际产品，而是产品的设计、开发与加工过程在计算机上得以实现，即完成产品的数字化过程。

7.5.2 虚拟现实技术与虚拟装配

虚拟现实技术在数字化设计与制造中的另一个重要应用领域是虚拟装配。虚拟装配一般被定义为：无须产品或支撑过程的物理实现，只需通过分析、先验模型、可视化和数据表达等手段，利用计算机工具来安排或辅助与装配有关的工程决策。虚拟装配是一种将 CAD 技术、可视化技术、仿真技术、决策理论及装配和制造过程研究、虚拟现实技术等多种技术加以综合运用的技术。

在传统的 CAD 系统中，装配过程如下：设计者逐个调入零部件，利用定位技术，选取相匹配的几何特征并输入几何约束，系统反馈给用户一些约束信息，如一致性检查、碰撞等，系统经过几何约束求解后，零部件就装配在所约束的位置上，同时系统显示装配后的模型，可以演示其装配过程。然而，传统的装配过程中，用户必须事先确定好装配路径，装配者在真实环境中的装配往往非常复杂，这种"爆炸图"式装配并不能给装配设计带来什么，或者说传统的装配仿真根本就不是面向装配设计的，这样零件的可装配性被隐藏起来。另外，用户采用的是二维的鼠标和其他输入设备，对零件的装配不自然，指导用户的装配功能非常有限，给用户带来的视觉信息也少。在虚拟现实环境中的虚拟装配系统具有以下三个明显的特点：

（1）设计中通过三维输入设备直接对零部件进行三维操作，非常直观且具有较高的交互性。

（2）三维显示设备让设计者可以像在真实世界中一样观察物体。虚拟装配比传统的 CAD 系统的动态装配具有更强的真实感和更大的实用性，更能适应虚拟造型、装配规划等仿真要求。

（3）完全自由的装配过程。通过自然的装配，可以模拟装配者的实际装配过程，这样不仅可以检查可装配性，而且可以研究装配过程的人机工程。

7.5.3　虚拟现实技术与虚拟产品

虚拟产品是实际产品在虚拟现实环境中的映射，是存储在计算机内部的产品数据模型，亦称数字化试验原型或数字化产品。虚拟原型具有真实产品的所有属性和特征，适合设计人员从不同层次上对产品模型进行定义和施加约束，并且具有动态特性，能够随着设计的进行，逐步更新设计信息。产品开发过程中的原型可以分为设计原型、功能原型和技术原型。虚拟产品应该能够满足产品开发对以上三种原型的全部功能要求。虚拟原型是虚拟产品的初期形式，具有数字化产品的特性。建立数字化试验模型的目的是对产品外形、功能、使用性、可靠性等进行测试，以便加快决策速度，改善产品开发的并行性。为了对虚拟产品的加工、装配、使用性能等进行建模，必须要有完整可靠的产品描述，不仅包括产品定义数据本身，还包括产品生命周期内所有相应的环境描述，以及产品和环境相互作用规律的描述。通过产品、环境及其相互作用规律来考察产品生命周期中的各项性能。虚拟原型是利用虚拟环境在可视化方面的优势及可交互性对虚拟物体的功能进行探索，即利用 VR 技术对产品进行几何、功能、制造等方面的建模与分析。

7.5.4　飞机部件装配生产线的虚拟仿真

在飞机制造过程中，飞机部件的装配所占比重极大，涉及的方面极其广泛。制作实物模型进行预装配，会让生产周期变得很长，而且不能有效提高产品的质量。采用基于虚拟现实的装配技术，能够在早期发现设计中的各种问题，在研发阶段就将各种可能出现的问题解决，从而缩短产品的开发周期，降低开发的成本。

虚拟装配主要涉及数据层、执行层、支撑层三个层面。数据层中包含各种来自 CAD 软件（如 UG、Pro/E、SolidWorks 等）的模型数据，主要有产品零部件几何数模信息、工装及工具几何数模信息、软件系统管理数据信息以及产品工艺规划设计信息。执行层主要包括虚拟装配环境建立、装配工艺流程设计、仿真分析结果输出。虚拟现实环境是虚拟装配工艺设计规划的硬件支撑，以工艺操作人员为中心，实现在沉浸环境中装配工艺设计的信息交流与交互操作。支撑层主要通过虚拟操作指令和参数的输入，调用应用层相应的处理模块进行处理，实现场景的虚拟漫游，从而使系统具有直观、逼真的人机交互界面。虚拟装配工艺技术体系结构如图 7.15 所示。虚拟装配过程如图 7.16 所示。

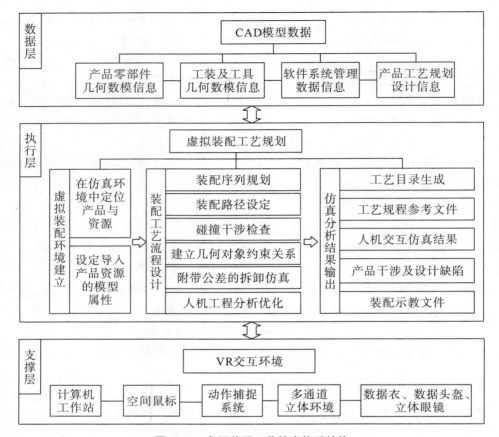

图 7.15　虚拟装配工艺技术体系结构

图 7.16　虚拟装配过程

7.6　产品虚拟原型技术

7.6.1　物理原型、数字原型与虚拟原型的概念

原型是一个产品的最初形式，它不必具有最终产品的所有特性，只需具有进行产品某些方面（如形状的、物理的、功能的）测试所需的关键特性。在设计制造任何产品时，都有一个叫作"原型机"的环节。所谓原型机，是指对于某一新型号或新设计，在结构上的一个全功能的物理装置。通过这个装置，设计人员可以检验各部件的设计性能

214

以及部件之间的兼容性，并检查整机的设计性能。产品原型分为物理原型、数字原型和虚拟原型三种。

1. 物理原型（Physical Prototyping）

开发一种新产品，需要考虑诸多因素。例如，在开发一种新型水泵时，其创新性要受到性能、人机工程学、可制造性及可维护性等多方面要求的制约。为了在各个方面做出较好的权衡，往往需要建立一系列小比例（或者是全比例）的产品试验模型，通过重新装配试验模型并进行试验，供设计、工艺、管理和销售等不同经验背景的人员进行讨论和校验产品设计的正确性。为了反映真实产品的特性，这种试验模型通常需要花费设计者相当多的时间和经费才能制造出来，甚至还可能影响系统性能的确定和进一步优化，我们通常称这种模型为物理原型或物理原型机。对物理原型机进行评价的是来自不同部门的人员，他们不仅希望能看到直观的原型，而且希望原型最好能够被迅速、方便地修改，以便能体现出讨论的结果，并为进一步讨论做准备，但这样做要花费大量的时间和费用，有时甚至是不可能的。

2. 数字原型（Digital Prototyping）

数字原型是应用 CAD 实体造型软件和特征建模技术设计的产品模型，是物理原型的一种替换技术。在 CAD 模型的基础上，可进行有限元、运动学和动力学等工程分析，以验证这一阶段所考虑的重点是外观、总体布置以及一些诸如运动约束、可接近性等特征。这样，基于传统 CAD/CAM 的数字原型就不能满足要求了。

3. 虚拟原型（Virtual Prototyping）

虚拟原型是通过构造一个数字化的原型机来完成物理原型机的功能，在虚拟原型上能实现对产品几何、功能、制造等方面交互的建模与分析。它是在 CAD 模型的基础上，使虚拟技术与仿真方法相结合，为原型的建立提供的一种方法。这一定义包括以下几个要点：

（1）对于指定需要虚拟的原型机的功能，应当明确定义并逼真仿真。

（2）如果人的行为包含于原型机指定的功能中，那么人的行为应当被逼真地仿真或者人被包含于仿真回路之中，即要求实现实时的人在回路中的仿真。

（3）如果原型机的指定功能不要求人的行为，那么离线仿真即非实时仿真是可行的。同时，定义指出，虚拟原型机还有以下特点：首先，它是部分的仿真，不能要求对期望系统的全部功能进行仿真；其次，使用虚拟原型机的仿真缺乏物理水平的真实功能；最后，虚拟原型就是在设计的现阶段，根据已有的细节，通过仿真期望系统的响应来做出必要判断的过程。同物理原型机相比，虚拟原型机的一个本质的不同点就是能够在设计的最初阶段就构筑起来，远远先于设计的定型。

当然，虚拟原型不是用来代替现有的 CAD 技术，而是要在 CAD 数据的基础上进行工作。虚拟原型给所设计的物体提供了附加的功能信息，而产品模型数据库包含完整的、集成的产品模型数据及对产品模型数据的管理，从而为产品开发过程各阶段提供共享的信息。

虚拟原型技术是一种利用数字化的或者虚拟的数字模型来替代昂贵的物理原型，从而大幅度缩短产品开发周期的工程方法。虚拟原型是建立在 CAD 模型基础上的结合虚拟技术与仿真方法而为原型建立提供的新方法，是物理原型的一种替换技术。

在国外相关文献中，出现过"Virtual Prototype"和"Virtual Prototyping"两种提法。"Virtual Prototype"是指一个基于计算机仿真的原型系统或原型子系统，对比物理原型，它在一定程度上能够达到功能的真实，因此可称为虚拟原型或虚拟样机。"Virtual Prototyping"是指为了测试和评价一个系统设计的特定性质而使用虚拟样机来替代物理样机的过程，它是构建产品虚拟原型机的行为，可用来探究、检测、论证和确认设计，并通过虚拟现实呈现给开发者、销售者，使用户在虚拟原型机构建过程中与虚拟现实环境进行交互，可称为虚拟原型化。虚拟原型化属于虚拟制造过程中的主要部分，而一般情况下简称的 VP 则泛指以上两个概念。美国国防部将虚拟原型机定义为利用计算机仿真技术建立与物理样机相似的模型，并对该模型进行评估和测试，从而获取关于候选的物理模型设计方案的特性。

7.6.2 虚拟原型开发方法的特点

与传统的基于物理原型的设计开发方法相比，虚拟原型开发方法具有以下特点：

首先，它是一种全新的研发模式。虚拟原型技术真正地实现了系统角度的产品优化，它基于并行工程，使产品的概念设计阶段可以迅速地分析、比较多种设计方案，确定影响性能的敏感参数，并通过可视化技术设计、预测产品在真实工况下的特征以及所具有的响应，直至获得最优工作性能。

其次，它具有更低的研发成本、更短的研发周期和更高的产品质量。通过计算机技术建立产品的数字化模型，可以克服成本和时间条件的限制，完成无数次物理样机无法进行的虚拟试验，从而无须制造及试验物理样机就可获得最优方案。这样不但克服了成本和时间条件的限制，而且缩短了研发周期，提高了产品质量。

最后，它是实现动态联盟的重要手段。虚拟原型机是一种数字化模型，它通过网络输送产品信息，具有传递快速、反馈及时的特点，进而使动态联盟的活动具有高度的并行性。

7.6.3 虚拟产品开发的意义

虚拟产品开发（Virtual Product Development，VPD）的基本构思是用计算机完成整个产品的开发过程。工程师在计算机上建立产品模型，对模型进行各种分析，然后改进产品设计方案。VPD 通过建立产品的数字模型，用数字化形式来代替传统的实物原型试验，在数字化状态下进行产品静态和动态的性能分析，然后对原设计进行重新组合或者改进。即使对于复杂的产品，也只需要制作一次最终的实物原型，使新产品开发能够一次获得成功。

VPD 由从事产品设计、分析、仿真、制造以及产品销售和服务等方面的各种人员网络组成，他们通过网络通信组建成"虚拟"的产品开发小组，将设计和制造工程师、分析专家、销售人员、供应厂商以及顾客联成一体，不管他们所处何地，都可实现异地协同工作。

VPD 技术的应用过程是用数字形式"虚拟地"创造产品，并在制造实物原型之前对产品的外形、部件组合和功能进行评审，从而快速地完成新产品开发。由于在 VPD 环境中的产品实际上只是一种数字模型，因此可以对它随时随地进行观察、分析、修改及更新版本，这样使新产品开发所涉及的方方面面，包括设计、分析以及对产品可制造性、可装配性、易维护性、易销售性等的测试，都能同时相互配合进行。

7.6.4　建立虚拟原型的主要步骤

美国密执安大学（University of Michigan）的虚拟现实实验室曾经在克莱斯勒汽车公司的资助下对建立汽车虚拟原型的过程进行了研究，包括如何从一个产品的 CAD 模型创建虚拟原型以及如何在虚拟环境中使用虚拟原型，同时还开发了人机交互工具、自动算法和数据格式等，结果使创建虚拟原型所需的时间从几周降低到几小时。

建立虚拟原型的主要步骤如下：

（1）从 CAD/CAM 模型中取出几何模型。

（2）镶嵌：用多面体和多边形逼近几何模型。

（3）简化：根据不同要求删去不必要的细节。

（4）虚拟原型编辑：着色、材料特性渲染、光照渲染等。

（5）粘贴特征轮廓，以更好地表达某些细节。

（6）增加周围环境和其他要素的几何模型。

（7）添加操纵功能和性能。

7.7　ADAMS 软件介绍及应用

ADAMS（Automatic Dynamic Analysis of Mechanical Systems）是由美国 MDI 公司开发的现今应用比较成熟的一款虚拟样机仿真软件。它主要包括用户界面模块（ADAMS/View）、求解器模块（ADAMA/Solver）和后处理模块（ADAMS/PostProcessor）。另外，还包括一些特殊的扩展模块和接口模块，如轿车模块（ADAMS/Car）、轮胎模块（ADAMS/Tire）、柔性分析模块（ADAMS/Flex），各模块间的数据传输关系如图 7.17 所示。ADAMS 允许用户利用该软件对虚拟样机进行静力学、动力学和运动学分析。同时，它又可以作为虚拟样机分析开发的工具，其开放性的程序结构和多种接口可以用作特殊行业用户进行特殊类型虚拟样机分析的二次开发工具平台。

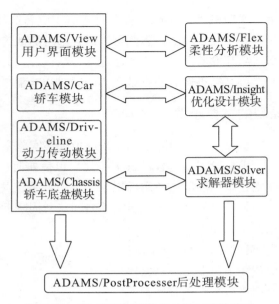

图 7.17　ADAMS 各模块间的数据传输关系

7.7.1　ADAMS 模块介绍

7.7.1.1　软件基本模块

1. 用户界面模块（ADAMS/View）

用户界面模块是 ADAMS 以用户为中心而建立的交互式图形环境，用户界面如图 7.18所示。

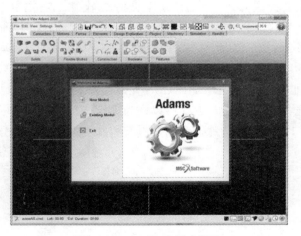

图 7.18　ADAMS 用户界面

用户界面模块将图标、菜单、鼠标点取操作与交互式图形建模、仿真计算、动画显示、xOy 曲线图处理、结果分析和数据打印等功能完美地集成在一起，采用简单的分层方式完成建模工作，提供丰富的零件几何图形库、约束库和力/力矩库，并且支持布尔运算，采用 Parasolid 作为实体建模的核，支持 FORTRAN/77 和 FORTRAN/90 中的所有函数。同时，用户界面模块还支持用户进行二次开发，用户可以根据自己的需要修改已有菜单或者创建自定义的对话框及菜单。

用户界面模块采用 Motif 界面（UNIX 系统）和 Windows 界面（NT 系统）。它提供了相对任意参考坐标系方便定位的功能，从而大大提高了快速建模能力。用户在本模块中利用 Table Editor，可像用 EXCEL 一样方便地编辑模型数据；同时还提供了 Plot Browser 和 Function Builder 工具包；具有 DS（设计研究）、DOE（实验设计）、OPTIMIZE（优化）功能，可使用户方便地进行优化工作。用户界面模块有自己的高级编程语言，支持命令行输入命令和 C++语言，有丰富的宏命令以及快捷方便的图标、菜单、对话框创建和修改工具包，而且具有在线帮助功能。

2. 求解器模块（ADAMS/Solver）

求解器模块是 ADAMS 系列产品的核心模块之一，在 ADAMS 产品系列中处于核心地位，因此被形象地比喻为仿真"发动机"。它具有自动形成机械系统模型的动力学方程，提供静力学、运动学和动力学的解算结果等特点；具有各种建模和求解选项，以便精确有效地解决各种工程问题。该软件研究的对象可以是刚体，也可以是弹性体。仿真完成后，不仅能够输出位移、速度、加速度和力等，还能够输出用户的自定义数据。求解器模块有强大的二次开发功能，支持 C++、FORTRAN 语言，可按照用户需求定制求解器，能够基本满足用户的各种需求。

3. 后处理模块（ADAMS/PostProcessor）

MDI 公司开发的后处理模块主要用来输出高性能的动画和各种数据曲线，从而提高 ADAMS 仿真结果的处理能力。该软件既可在用户界面环境运行，也可以脱离该环境单独运行。

7.7.1.2　专用领域模块

1. 轿车模块（ADAMS/Car）

轿车模块集成了 MDI、Audi、BMW、Renault 和 Volvo 等公司在汽车设计、开发等方面的经验，是一个整车设计软件包。工程师可以利用该模块快速地建立高精度的整车虚拟样机并进行仿真。使用该模块的设计师不必经过专业培训，就可以使用该软件进行卓有成效的开发工作。该模块能够进行仿真的工况包括方向盘阶跃、斜坡和脉冲输入、蛇形穿越试验、漂移试验、加速试验、制动试验和稳态转向试验，同时可设定试验过程中的节气开度、变速器挡位等。

2. 概念化悬架模块（CSM）

概念化悬架模块（Conceptual Suspension Module）是一个选装模块，可作为 ADAMS/CAR 的一部分，也可以单独使用。使用该模块不用建立详细的多体悬架模型，就可以研究系统级的车辆动力学性能。

3. 悬架设计软件包（Suspension Design）

悬架设计软件包中包括以特征参数（前束、定位参数、速度）表示的概念式悬架模型。通过特征参数，设计师可以快速确定在任意载荷和轮胎条件下的轮心位置和方向，在此基础上，快速建立包括橡胶衬套等在内的柔体悬架模型，可以得到与物理样机试验完全相同的仿真试验结果。悬架设计软件包采用全参数的面板建模方式，借助悬架面板，设计师可以提出原始的悬架设计方案。该软件包可以进行的悬架试验包括单轮激振试验、双轮同向激振试验、双轮反向激振试验、转向试验和静载试验等。

4. 动力传动模块（ADAMS/Driveline）

动力传动模块是 ADAMS 推出的全新模块，利用此模块，用户可以快速地建立、测试具有完整传动系统或传动系统部件的数字化虚拟样机，也可以把建立的数字化虚拟样机加入 ADAMS/Car 中进行整车动力学分析性能的研究。动力传动模块从轿车模块继承了关键的特征，如模板、参数以及可扩展的仿真环境，与轿车模块和发动机模块一起构成完整的车辆仿真工具。

5. 驾驶员模块（ADAMS/Driver）

驾驶员模块是 ADAMS 软件包中的可选模块，该模块是在德国的 IPG-Driver 基础上，经过二次开发而形成的成熟产品。利用驾驶员模块，用户可确定汽车驾驶员的行为特征，确定各种操纵工况（如稳态转向、转弯制动、ISO 变线试验、侧向风试验等），同时确定方向盘转角或转矩、加速踏板位置、作用在制动踏板上的力、离合器的位置、变速器挡位，以提高车辆动力学仿真的真实感。

6. 柔性体生成器模块（ADAMS/FBG）

柔性体生成器（Flexible Body Generator）模块实际上是在 ADAMS 中集成了一个简单的有限元求解器，是 ADAMS 由系统动力学向结构动力学的一次重要功能扩展。该模块主要是为了轿车模块、动力传动模块、铁路车辆模块等采用模板建模方式配备的装配模块。

使用该模块，把中心线、横截面、柔性元素等信息添加到 AFI 文件中，利用柔性体生成器模块对输入的 AFI 文件进行解析，进而生成相应的 MNF 文件，然后把 MNF 文件导入到采用模板建模方式的模块中，把生成的柔体信息赋给已存在的柔体，或者创建一个新的柔体。

7. 经验动力学模型（EDM）

利用经验动力学模型可以快速建立基于试验数据的高精度弹性件模型，设计复杂的悬架、阻尼器、衬套、发动机悬置和轮胎等。该模块基于试验数据，能进行自我校验，减少了试验验证工作，节约了计算时间。经验动力学模型易于生成和使用，适用于部件装配以及系统装配中。

使用经验动力学模块可以在产品开发的早期就创建高精度的弹性元件模型。与传统模型相比，其适用于较高的振幅和频率范围，且运算速度显著提高，加速了车辆的开发过程，缩短了研制周期。

8. 轮胎模块（ADAMS/Tire）

轮胎模块是研究轮胎/道路相互作用的建模可选模块。利用轮胎模块，工程师可以更方便地计算侧向力、自动回正力矩及由于路面不平而产生的力，进行装备不同轮胎的整车在各种路面条件下的多组道路试验。该模块可以计算轮胎克服滚动阻力而受到的垂向、纵向和侧向载荷，仿真研究车辆在制动、转向、加速、滑行、滑移等大变形工况下的动力学特性，与轿车模块结合，研究车辆的稳定性，计算汽车的偏转、俯仰和侧倾特性。轮胎模块模型的数据输入形式多样，既可以是轮胎特性，也可以是试验数据表。

9. 柔性环轮胎模块（F Tire Module）

柔性环轮胎模块（F Tire Module）是 ADAMS/Tire 的新增模块。它主要是针对乘坐舒适性、耐久性以及操纵性能方面的应用而设计的一个 2.5 维的非线性轮胎模型。

10. 配气机构模块（ADAMS/Engine Valvetrain）

配气机构模块是 MDI 公司推出的发动机设计软件包中的第一个模块。应用配气机构模块，可以快速建立配气机构的虚拟样机模型，研究凸轮轴的扭转振动和轴承载荷、气门机构的凸轮压力、气门动力学、弹簧动力学和摩擦损失等，而且用户还可以方便地控制输出文件的格式和内容，输出二维曲线和多维曲面，仿真数据也可以深入其他图形工具，进行专业的后处理。

11. 正时链模块（ADAMS/Engine Chain）

正时链模块是 MDI 公司继发动机软件设计包后推出的又一力作。应用该模块，用户可以建立由滚子和衬套组成的正时链模型，分析当链轮和导向轮任意布置时正时链系统的性能，研究正时链中衬套、链振动以及冲击载荷、齿形带的张紧力和振动、斜齿/锥齿轮传动、齿轮振动。利用该模块，还可以方便地定义滚子/衬套传动链的斜率、后节距、宽度、质量分布和惯量等特性，设计非对称齿，定义传动齿之间的接触特性，创建旋转式、移动式、固定式等不同形式的导向轮。

12. 正时带模块（ADAMS/Engine Timing Belt）

应用正时带模块，用户可以建立由导向轮和齿形带组成的正时带系统模型。

13. 附件驱动模块（Accessory Drive Module）

附件驱动模块是发动机设计模块中的一个新模块，是发动机子系统完整解决方案的一部分。利用附件驱动模块，用户可以创建"V"形布置的皮带轮和张紧轮，并把它们布置在附件驱动机构中的正确位置，在整个机构上安装皮带就构成了附件驱动系统。把附件驱动系统与其他发动机设计模块的子系统（如配气机构、齿轮传动等）装配起来，并由数值或者用户自定义函数来设置皮带的速度和阻尼扭矩评价传动性能。

14. 铁道模块（ADAMS/Rail）

铁道模块是专门用于研究铁路机车、车辆、列车和线路相互作用的动力学分析软件。利用铁道模块可方便快速地建立完整的、参数化的机车车辆或列车模型以及各种子系统模型，并根据用户分析目的不同定义相应的轮/轨接触模型，然后自动组装成用户所需的系统模型，执行相应的分析，进而进行诸如机车车辆稳定性临界速度、曲线通过性能、脱轨安全性、牵引/制动特性、轮轨相互作用力、随机响应性能和乘客舒适性指标以及纵向列车动力学等问题的研究。

7.7.1.3　软件工具箱

1. 虚拟试验工具箱（Virtual Test Lab）

为了加快汽车模型及零部件的验证过程，缩短产品的开发周期，MDI 与 MTS 公司合作开发了虚拟试验工具箱与经典动态模型。利用经典动态模型，可以快速建立高精度模型，显著提高仿真精度。使用虚拟试验工具箱，用户可以在设计与验证的过程中预测疲劳、车辆动力性、操纵性、乘坐舒适性以及噪音和振动特性。经典动态模型、虚拟试验工具箱与 ADAMS 虚拟样机相结合，大大加速了虚拟样机技术的发展。

2. 软件开发工具包（ADAMS/SDK）

利用 ADAMS/SDK，用户可以把运动仿真功能完全集成到自己的软件包中，也可以为已有的产品增加更强的运动仿真能力。软件开发工具包使用流行的 C 或 C++语言作为编程接口环境，可以快速、简单、有效地在用户的软件包中增加运动仿真功能，用户通过集成 ADAMS 在各行业中已验证的经验，可以大大地节省在运动仿真开发方面的投资。

3. 履带/轮胎式车辆工具箱（ADAMS/Tracked /Wheeled Vehicle Toolkit）

履带/轮胎式车辆工具箱是 ADAMS 用于履带/轮胎式车辆的专用工具箱，是分析军用或商用履带轮胎式车辆各种动力学性能的理想工具。通过履带/轮胎式车辆工具箱，利用经过验证的参数化模型，可研究在各种使用条件下系统参数对整个车辆性能的影响并确定所需性能的参数值。利用 ADAMS 仿真工具，可研究车辆模型在各种路面、不同的车速和使用条件下的动力学性能。工具箱可以将 CAD 软件中的车辆模型直接传到 ADAMS 中，然后与履带/车轮及地面模型直接装配成系统模型。

4. 齿轮传动工具箱（ADAMS/Gear Tool）

利用齿轮传动工具箱可以快速地计算齿轮之间的传动特性，捕捉齿在啮合前后的动力学行为，可以在一个模型中研究直齿、斜齿及其摩擦的动力学性能，方便快捷地对轮系（包括行星轮系）进行仿真。

5. 飞机起落架工具箱

飞机起落架工具箱是专门用来构造飞机起落架模型和飞机模型的软件环境，不但能够创建飞机和飞机起落架系统的数字化功能样机，而且能够在各种试验条件下分析测试这些数字化功能样机。

6. 钢板弹簧工具箱

钢板弹簧是车辆上应用十分广泛的悬梁形式之一。应用钢板弹簧工具箱，能根据物理样机数据进行分析，应用虚拟实验台进行仿真试验，验证钢板弹簧力—变形曲线及钢板弹簧在承载状态下的形状，并进行钢板弹簧片间摩擦的研究。

7.7.1.4 软件接口模块

1. Pro/E 接口模块（Mechanism/Pro）

Pro/E 接口模块是连接 Pro/E 与 ADAMS 的桥梁。它采用无缝连接的方式，使 Pro/E 用户不必退出其应用环境，就可以将装配的总成根据其运动关系定义为机构系统，进行系统的运动学仿真，并进行干涉检查，确定运动锁止的位置，计算运动副的作用力。因此，Pro/E 用户可以在其熟悉的 CAD 环境中建立三维机械系统模型，并对其运动性能进行仿真分析，通过一个按键操作，可将数据传送到 ADAMS 中，进行全面的动力学分析。

2. 图形接口模块（ADAMS/Exchange）

图形接口模块是 ADAMS/View 的一个可选集成模块。利用 IGES、STEP、STL、DWG/DXF 等产品数据交换库的标准文件格式完成 ADAMS 与 CAD/CAM/CAE 软件之间数据的双向传输，可使 ADAMS 与 CAD/CAM/CAE 软件更紧密地集成在一起。它具有可保证传输精度、节省用户时间、增强仿真能力的优点。当用户将 CAD/CAM/CAE 软件中建立的模型向 ADAMS 传输时，ADAMS/Exchange 自动将图形文件转换成一组包含外形、标志和曲线的图形要素，通过控制传输时的精度获得较为精确的几何形状，并获得质量、质心和转动惯量等重要信息。用户可在 CAD/CAM/CAE 软件中建立的模型上添加约束、力和运动等，这样就减少了在 ADAMS 中重建零件几何外形的要求，节省了建模时间，从而增强了用户观察虚拟样机仿真模型的能力。

3. CATIA 专业接口模块（CAT/ADAMS）

为了使 ADAMS 能够更方便地与 CATIA 进行数据交换，Dassault Systems 公司与 MDI 公司在汽车企业 BMW、Chrysler 和 Peugeot 等的大力支持下，开发了 CATIA 专业接口模块。应用 CATIA 专业接口模块可将虚拟样机技术有机地融入 CATIA 之中，即同时将 CATIA 的运动学模型、几何图形和其他实体信息方便地传递至 ADAMS。

7.7.2　实例应用

7.7.2.1　曲柄连杆机构

1. 启动 ADAMS 软件

启动软件之后选择 "Create New Model"，之后再设置参数，如图 7.19 所示。

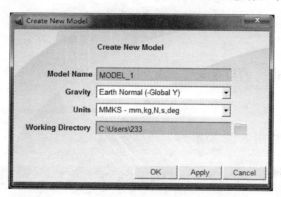

图 7.19　启动软件

2. 设置工作环境

在 "Setting" 中选择 "Working Grid"，之后设置参数，如图 7.20 所示。

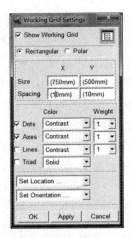

图 7.20　工作环境参数的设置

3．建立几何模型

建立曲柄连杆机构，如图 7.21 所示。其中曲柄的宽度为 4 cm，厚度为 2 cm；滑块的高度和宽度均为 20 cm，长度为 30 cm。

图 7.21　曲柄连杆机构

4．进行仿真

给曲柄一个 15 rad/s 的角速度后，设置停止时间为 50 s，步数为 150 步，之后开始进行仿真。

5．仿真结果

系统的仿真结果如图 7.22 所示。

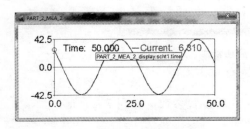
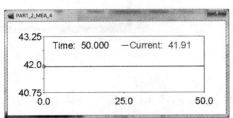

（a）连杆 1 质点在 x 方向的速度　　　　　　（b）连杆 1 质点的总速度

224

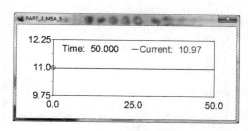

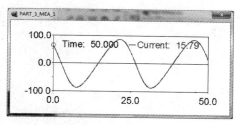

（c）连杆 1 质点的加速度　　　　　　　　　（d）滑块的加速度

图 7.22　仿真结果

7.7.2.2　四连杆机构

（1）启动 ADAMS 软件，选择"Create New Model"，之后再设置参数，如图 7.19 所示。在"Setting"中选择"Working Grid"，设置参数如图 7.20 所示。

（2）建立几何模型，如图 7.23 所示。连杆 1 的长度为 150 mm，宽度为 30 mm，厚度为 10 mm。

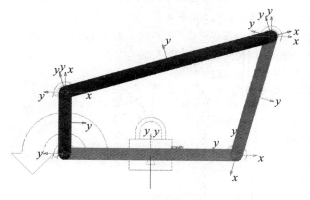

图 7.23　四连杆机构

连杆 2、连杆 3、连杆 4 的长度分别为 400 mm、300 mm、500 mm，宽度和厚度同连杆 1。

（3）在运动模块中，赋予连杆 1 一个 50 rad/s 的角速度。进入仿真模块，设置终止时间（End Time）为 15 s，设置总步数（Step）为 150 步，得到仿真的部分结果如图 7.24所示。

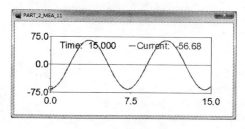

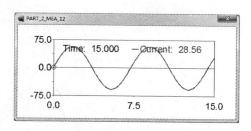

（a）连杆 1 在 x 方向的速度分量　　　　　　（b）连杆 1 在 x 方向的加速度

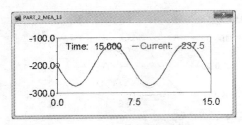 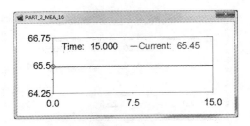

（c）连杆 1 在 x 轴上的坐标随时间的变
化情况 　　　　　　　　　　　　　　　（d）连杆 1 的总速度

图 7.24　仿真结果

习题

1. 阐述虚拟现实技术的概念及其实现的关键技术。
2. 典型虚拟现实系统的基本构成有哪些部分？
3. 虚拟现实系统分为哪几类？试结合具体应用案例说明其技术特点。
4. 虚拟现实技术的空间位置跟踪技术有哪几类？各有什么优缺点？
5. 虚拟现实系统的视觉感知设备有哪几类？分别说明其特点。
6. 阐述虚拟原型的概念，试说明建立虚拟原型的基本步骤。
7. 分析总结虚拟现实技术在虚拟设计中的应用。
8. 阐述虚拟产品开发的意义。

第8章　逆向工程技术

逆向工程是相对于传统的正向工程而言的。逆向设计类似于反向推理，属于逆向思维体系。作为一种逆向思维的工作方式，逆向设计技术与传统的产品正向设计方法不同，它是根据已经存在的产品或零件原型来构造产品或零件的工程设计模型，在此基础上对已有产品进行剖析、理解和改进。作为先进制造技术的一个重要组成部分，逆向设计已从最初的原型复制技术逐步发展成为支持产品创新设计和新产品开发的重要技术手段。

8.1　逆向工程概述

8.1.1　逆向工程的概念

逆向工程（Reverse Engineering，RE）也称反求工程、逆向设计、反求设计，是近年来随着计算机技术的发展和成熟以及数据测量技术的进步而迅速发展起来的一门新兴学科与技术。广义的逆向工程包括几何反求、材料反求和工艺反求等，是一个复杂的系统。目前逆向工程研究的重要领域集中在几何反求方面。在机械领域，逆向工程是指在没有设计图纸或者设计图纸不完整以及没有 CAD 模型的情况下，按照现有模型，利用各种数字化技术及 CAD 技术重新构造原型 CAD 模型的过程，是一种基于逆向推理的设计，通过对现有样件进行产品开发，运用适当的手段进行仿制，或按预想的效果进行改进，并最终超越现有产品或系统的设计过程。逆向工程的体系结构如图 8.1 所示，它由离散数据获取技术、数据预处理、三维重构等部分组成。逆向工程的基本过程可以用以下几个部分概括：

（1）产品实物原型制作。在对被设计加工对象进行样品数据采集前，要考虑到数据采集的设备和方式。为了保证数据的精度，减少数据误差，要先对样品进行清洗、风干等预处理，对于激光扫描的工件要进行喷涂处理。对于特殊的零部件还要进行夹具设计，考虑数据采集的完整性。

（2）原型的三维数字化测量。采用三坐标测量机或三维激光扫描等反求测量系统，通过测量采集零件原型表面点的三维坐标值，使用逆向工程软件处理离散的点云数据。复杂零件多呈现多种形态的不规则特征，一次扫描只能针对一个表面进行。对于复杂的表面，很难从一个角度进行扫描而得到所需的全部数据。因此，在进行扫描时，需要根据特定零部件样品制作能够翻转的支架，转换各种角度进行扫描。扫描完成后要对多视扫描数据重新进行整合。

227

（3）原型的三维重构。按测量数据的几何属性对零件进行分割，采用几何特征匹配与识别的方法来获取零件原型所具有的设计与加工特征。将分割后的三维数据在 CAD 系统中做曲面拟合，并通过各曲面片的求解与拼接获取零件原型的 CAD 模型。

（4）CAD 模型的分析与改进。对于重构出的零件 CAD 模型，根据产品的用途及零件在产品中的地位、功能等进行原理和功能的分析、优化，确保产品良好的人机性能，并进行产品的改进创新。根据获得的 CAD 模型，采用重新测量和加工样品的方法来校验重建的 CAD 模型是否满足精度或其他试验性能指标的要求。对不满足要求的样品需找出原因，重新进行扫描、造型，直到达到零件的功能、用途等设计指标的要求。

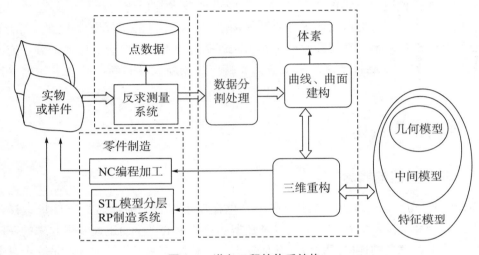

图 8.1　逆向工程的体系结构

逆向工程以设计方法学为指导，以现代设计理论、方法、技术为基础，运用各种专业人员的工程设计经验、知识和创新思维，对已有模型进行解剖、深化和再创造，是已有设计的设计。逆向工程所涵盖的意义不只是重制，也包含了再设计的理念。逆向工程为快速设计和制造提供了很好的技术支持，已经成为制造业信息获取、传递的重要和简捷途径之一。以往单纯的复制或仿制已不能满足现代化生产的需要，逆向工程主要是将原始物理模型转化为工程设计概念或设计模型，重点是运用现代设计理论和方法去探究原型的精髓和再设计。一是提高工程设计、加工、分析的质量和效率，提供足够的信息；二是充分利用先进的 CAD/CAM/CAE 技术对已有的部件进行再创新工程服务。

8.1.2　逆向工程与正向工程的区别

逆向工程与传统的正向工程的区别主要在于：传统产品的开发实现通常是从概念设计到图样，再创造出产品，因此正向工程是由抽象的较高层概念或独立实现的设计过渡到设计的物理实现，从设计概念到 CAD 模型具有一定明确的过程；逆向工程是基于一个可以获得的实物模型来构造出它的设计概念，并且可以通过重构模型特征的调整和修改来达到对实物模型/样件的逼近或修改，以满足生产要求，从数字化点的产生到 CAD 模型的产生是一个推理的过程。逆向工程与正向工程的过程区别如图 8.2 所示。

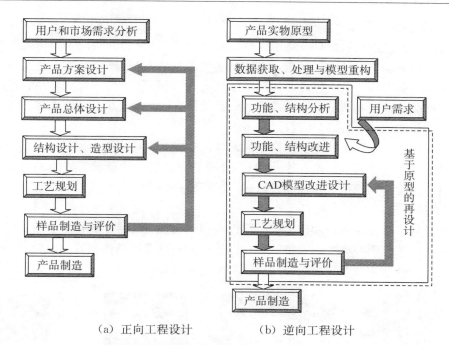

（a）正向工程设计 　　　　　（b）逆向工程设计

图 8.2　正向工程设计过程与逆向工程设计过程

8.1.3　逆向工程技术的应用

近年来，逆向工程技术的研究和应用已有很大进展，其应用领域已扩展到包括机械、电子、汽车、自动化、生物医学、航空航天、文物考古、光学设备和家电等相关行业，成为产品开发中的重要技术手段。逆向设计的主要应用包括以下几个方面。

1. 产品快速开发

企业为了适应竞争需要不断完善自己的产品，并将工业美学设计逐渐纳入创新设计的范畴，使产品朝着美观化、艺术化的方向发展。在产品的外形设计过程中，首先由工业设计师使用油泥、木模或泡沫塑料做成产品的比例模型，易于从审美角度评价并确定产品的外形，然后通过逆向工程技术将其转化为 CAD 模型，进而得到精确的数字定义。这样不但可以充分利用 CAD 技术的优势，还能适应智能化、集成化的产品设计制造过程中的信息交换需求。

很多物品很难用基本几何来表现与定义，例如流线型产品、艺术浮雕及不规则线条等，如果利用通用 CAD 软件，以正向设计的方式来重建这些物体的 CAD 模型，在功能、速度及精度方面都将异常困难。在这种场合下，引入反求工程，可以加速产品设计，降低开发难度。

当设计需要通过实验测试才能定型的工件模型时，通常采用反求工程的方法，比如航空航天、汽车等领域，为了满足产品对空气动力学等的要求，首先在实体模型、缩小模型的基础上经过各种性能测试（如风洞实验等）建立符合要求的产品模型。此类产品通常是由复杂的自由曲面拼接而成的，最终确认的实验模型必须借助反求工程，转换为产品的三维 CAD 模型模具。

2. 产品仿制与改型

在没有设计图纸或者设计图纸不完整以及没有 CAD 模型的情况下，需要利用逆向工程技术进行数据测量和数据处理，重建与实物相符的 CAD 模型，并在此基础上进行后续的操作，如模型修改、零件设计、有限元分析、误差分析、数控加工指令生成等，最终实现产品的仿制和改进。这是常见的产品设计方法，也是消化、吸收国内外先进的设计方法和理念，从而提高自身设计水平的一种手段。

在模具行业，常需要通过反复修改原始设计的模具以得到符合要求的模具，然而这些几何外形的改变却往往反映在原始的 CAD 模型上。借助于反求工程的功能和它在设计、制造中所扮演的角色，设计者可以建立或修改在制造过程中变更过的设计模型。

3. 产品修复

利用逆向工程技术可以从破损的零部件中提取出相应的特征或特征参数，进行自主设计开发，或从表面数据中获取特征信息以进行面貌恢复和结构推算，或对产品的局部区域进行还原修复。图 8.3 为模具局部区域的还原修复。

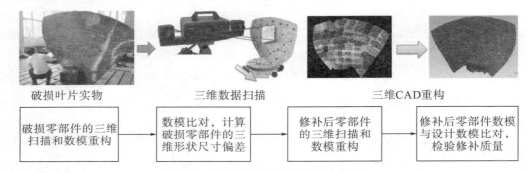

破损叶片实物　　　　　　　三维数据扫描　　　　　　　三维CAD重构

破损零部件的三维扫描和数模重构	→	数模比对，计算破损零部件的三维形状尺寸偏差	→	修补后零部件的三维扫描和数模重构	→	修补后零部件数模与设计数模比对，检验修补质量

图 8.3　破损叶片局部区域的还原修复

4. 文物保护和监测

大型的户外文物常年经受风吹日晒，容易发生风化而遭到破坏。利用逆向设计技术定期对其进行测量扫描，把表面数据输入计算机进行模型重构，通过两次模型的比较找出风化破坏点，从而制定相应的保护措施，或者进行相应的修复，可使其保持原样。如图 8.4 所示为兵马俑模型的三维扫描工程。

图 8.4　兵马俑模型的三维扫描工程

5. 生物医疗领域

结合 CT、MRI 等先进的医学技术，逆向设计可以根据人体骨骼和关节的形状进行假体的设计和制造。通过对人体表面轮廓测量所获得的数据，建立人体几何模型，可以制造出与表面轮廓相适应的特种服装，如头盔、座椅以及航空领域中宇航的服装等。逆向设计方法结合 3D 打印技术在医学上有广泛的应用需求，如外科手术植入和修复设计等。如图 8.5 所示为利用逆向工程进行颌面修复的过程。

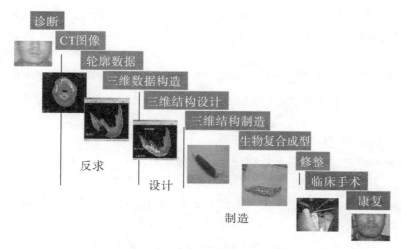

图 8.5　基于逆向工程和 3D 打印技术的颌面修复过程

8.1.4　逆向工程技术的发展趋势

近年来，逆向工程方面的研究和应用已有很大进展，但也存在不少问题。其中数据获取技术、3D 打印技术的发展已趋成熟，但通过测量数据建构实物数字模型技术相对滞后，严重影响着反求工程的实用化程度。绕开测量数据的 CAD 特征建模，利用测量数据产生 STL 文件直接用于快速成型或规划 NC 加工路径，不失为一种避难就易的快捷途径。但由于 STL 文件不包含有效的几何拓扑关系，不能进行修改再设计，难以从根本上解决问题，因此逆向设计领域今后的研究应侧重于包含复杂曲面的实体特征建模技术方面。

关于复杂曲面产品逆向工程的研究，目前相当活跃，并取得了一些成果。在许多情况下，要在只有产品的实物模型/样件这样的条件下进行产品的制造，如汽车外形、人造假肢、陶瓷产品、艺术雕塑品和各种复杂零件。但是这类零件或者产品具有非常复杂的曲面，其设计表达式或者数学模型的建立是非常困难的，一旦重构出自由曲面和建立 CAD 模型后就可以对它进行后序的操作，如产品设计、有限元分析、模型修改、误差分析和数控加工代码生成等。市场上流行的商用 CAD/CAM 系统也相继推出各自的反求工程模块，如 Strim、Unigraphics、Pro/E、Cimatron 等。另外，一些测量设备生产企业为配合其设备的竞争，也推出各自的逆向工程软件，如 Renishaw 公司、DEA 公司等。但是，由于理论和方法上的限制，各种软件都没有达到理想的使用性能：①一般很难达到理想的曲面拟合精度；②处理时需要的交互太多；③适用的数据范围不广；④对具有重叠特性的多视数据或补测数据无法自动处理。针对复杂曲面产品型面的反求工程问题，应进一步研究：①开展实体模型、特征模型重建的研究工作；②精度设计，特别是带光顺项的曲面拟合技术，使得曲面拟合不仅具有较高的精度，而且具有良好的光顺性；③混合曲面构造中的自动辨别技术、重现曲面的过渡、裁剪等信息。

为了能落实逆向工程的完整性及快速性，逆向工程领域今后的研究应侧重于包含复杂曲面的实体特征建模技术方面。初等解析曲面的造型相对成熟，自由曲面的 CAD 建模是反求工程的关键技术之一。但是许多样品并不是由单纯的自由曲面所形成，碰到凹槽、开孔或许多基本几何形状之处，仍需做形状辨识、建构及叠合处理（如电子产品外壳、汽车外形等）。

逆向工程领域还有很多问题需要解决，为提高反求工程的实用化程度，以下问题已成为反求工程研究的重要课题：

（1）数字化技术。使用计算机视觉准确快速地取得实物工件数据；多视、多基点、变分辨率测量数据的坐标归一化及融合技术。

（2）特征的智能识别及表示，特征几何区域的自动分离、求精、重构及拼装；接触几何测量与非接触 3D 曲面测量有效快速的拟合算法研究。

（3）建模技术。多种数据来源（测绘数据、高精度低密度数据、低精度高密度数据等）条件下的复合建模技术，有关模型精度与光顺性的优化问题，模型的简化及多分辨率显示，曲面求交、延伸、过渡等问题的高效算法和基于控制点的可视化交互编辑技术，模型的综合质量评定方法。

（4）三维重建技术。根据测得的点数据建构曲面及相应被测物体的三维模型；为了能落实反求工程的完整性及快速性，需要对接触几何测量与非接触 3D 曲面测量数据进行有效快速的拟合。

（5）系统集成。使反求工程能与测量技术、数字化制造相结合，能与各种 CAD/CAM 及 CAE、PDM 等相结合。

8.2 数据采集技术

8.2.1 数据采集方法分类

数据采集是指用某种测量方法和设备测量出实物原型各表面的点的几何坐标。数据采集是逆向工程中的首要环节，是最基本、最不可少的步骤。物体三维几何形状的测量方法根据测量时测头是否与被测量零件接触，可分为接触式和非接触式。测量系统与物体的作用不外乎光、声、机、电、磁等方式。其中，接触式测量设备根据所配测头的类型不同，又可以分为力触发式和连续扫描式等类型，常见的产品有三坐标测量机和关节臂式测量机。而非接触式测量设备则与光学、声学、电磁学等多个领域有关，根据其工作原理不同，可分为光学式和非光学式两种，前者的工作原理多根据结构光测距法、激光三角法、激光干涉测量法而来，后者则包括 CT 测量法、超声波测量法等类型。图8.6 列出了主要的数据采集方法。

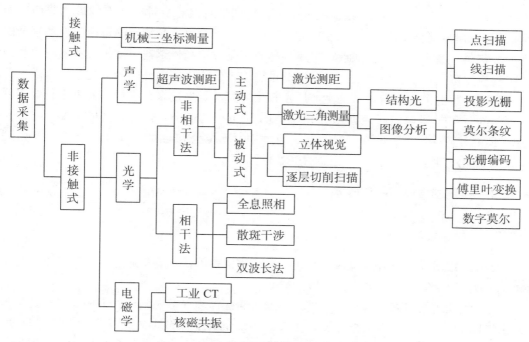

图 8.6　反求工程中主要的数据采集方法

　　采用哪一种数据采集方法要考虑测量方法、测量精度、采集点的分布和数目及测量过程对后续 CAD 模型重构的影响。测量前要对整个测量过程进行规划，选取合理的测点和方位是得到完整的测量数据并顺利进行模型重建的基础和保证。通过测量得到的数据一定要包括足够的完整描述物体几何形状的点，从而为建立满足精度的三维模型提供足够的信息。有时为获得物体完整的数据，要对测量表面进行分区。分区测量时边界的划分取决于物体自身的几何形态，也取决于造型软件所提供的造型功能。分区过粗，会造成无法精确表示曲面的各个部位；分区过细，会造成较多的数据拼接，影响重建模型的整体效果。

　　接触式测量方法的优点是测量数据不受样件表面的光照、颜色及曲率因素的影响，物体边界的测量相对精确，测量精度高；缺点是需要逐点测量，测量速度慢，效率较低，不能测量软质材料和超薄形物体，对曲面上探头无法接触的部分不能进行测量，应用范围受到限制，测量过程需要人工干预，接触力大小会影响测量值，测量前后需做测头半径补偿等。

　　相比接触式数据测量技术，非接触式数据测量技术通常具有以下优点：测量速度快；易获取曲面数据；测量数据不需要进行测头半径补偿；可测量柔软、易碎、不可接触、薄件、皮毛及变形细小等工件；无接触力，不会损伤精密表面等。其缺点是测量精度较差，易受工件表面反射性的影响，如颜色、粗糙度等因素会影响测量结果；对边线、凹坑及不连续形状的处理较困难；工件表面与探头表面不垂直时，测得的数据误差较大。

　　整体来说，接触式和非接触式测量方法各有优缺点，各有不同的适用范围。接触式方法主要用于基于特征的 CAD 模型的检测，特别是对仅需少量特征点的规则曲面模型组成的实物的测量与检测；非接触式方法适用于需要大规模测量点的自由曲面和复杂曲面的数字化。基于各自的优缺点，集成各种数字化方法和传感器以便扩大测量对象和逆向工程应用范围，提高测量效率并保证测量精度，已成为国内外的研究趋势和重点。

目前，数据采集测量设备的生产厂家较多，产品类型也多种多样，其中在行业居领导地位的公司包括瑞典海克斯康公司、美国 Brown&Sharpe 公司、美国 FARO 公司、法国 Romer 公司、瑞士 TESA 公司、意大利 DEA 公司、德国 Leitz 公司、以色列 CogniTens 公司等。

8.2.2　接触式数据采集技术

8.2.2.1　接触式数据采集的基本原理

接触式数据采集的方法包括触发式、连续扫描式等，主要是通过传感测量设备与实物的接触来记录实物表面的坐标位置。

基于触发式数据采集的原理：当采样测头的探针刚好接触到样件表面时，探针尖因受力产生微小变形，触发采样开关，使数据系统记录下探针尖的即时坐标，逐点移动，直到采集完样件表面轮廓的坐标数据。触发式数据采集方法的测量精度比较高，但采集的速度较慢，一般只适用于样件表面形状检测，或需要数据较少的表面数字化的情况。

基于连续扫描式数据采集的原理：利用测头探针的位置偏移所产生的电感或电容的变化，进行机电模拟量的转换。当采样探头的探针沿样件表面以一定速度移动时，就发出对应各坐标位置偏移量的电流或电压信号。连续式数据采集方法适用于生产车间环境的数字化，它能保证在较短的测量时间内实现最佳的测量精度，但易损伤被测样件表面，而且不能测量软质材料和超薄形物体。

8.2.2.2　三坐标测量机

三坐标测量机（Coordinate Measuring Machine，CMM）是一种典型的接触式数据采集设备。它是一种大型精密的三维坐标测量仪器，可以对具有复杂形状的工件的空间尺寸进行逆向工程测量。三坐标测量机一般采用触发式接触测量头，一次采样只能获取一个点的三维坐标值。三坐标测量机的主要优点是测量精度高，适应性强，但一般接触式测头测量效率低，而且对一些软质表面无法进行逆向工程测量。

三坐标测量机主要由主机、三维测头、电气系统以及相应的计算机数据处理系统组成，其主体结构如图 8.7 所示。三坐标测量机的工作原理：由三个相互垂直的运动轴 x、y、z 建立起一个直角坐标系，测头的一切运动都在这个坐标系中进行。测头的运动轨迹由测球中心点来表示。测量时，把被测零件放在工作台上，测头与零件表面接触，三坐标测量机的检测系统可以随时给出测球中心点在坐标系中的精确位置。当测球沿着工件的几何型面移动时，就可以得出被测几何型面上各点的坐标值。将这些数据送入计算机，通过相应的软件进行处理，就可以精确地计算出被测工件的几何尺寸、形状和位置公差等。

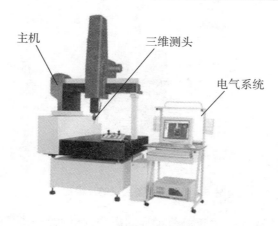

主机　　　三维测头　　　电气系统

图 8.7　三坐标测量机的主体结构

1．主机

三坐标测量机的主机主要包括框架结构、标尺系统（包括线纹尺、精密校杆、感应同步器光栅尺、磁尺、光波波长及数显电气装置等）、导轨、驱动装置（由丝杠丝母、滚动轮、钢丝、齿形带、齿轮齿条、光轴滚动轮、伺服马达等组成）、平衡部件、转台与附件等。三坐标测量机主机的结构类型主要有悬臂式、桥式、龙门式等。悬臂式三坐标测量机的优点是开敞性较好，装卸工件方便，而且可以放置底面积大于工作台面的零件。其不足之处是刚性稍差，精度低。桥式三坐标测量机承载力较大，开敞性较好，精度较高，是目前中小型测量机的主要结构形式。龙门式三坐标测量机一般为大中型测量机，要求有好的地基，结构稳定，刚性好。图 8.7 为桥式三坐标测量机。

2．三维测头

三维测头是测量机的核心部件，如图 8.8 所示，能确保测量机的精度，精度通常为 0.1 μm。它可在三个方向上感受瞄准信号和微小位移，以实现瞄准和测微两项功能。测头系统包括测座、测头、测针三部分。测座有手动、机动、全自动类型；测头分为触发式和扫描式；测针有各种类型，如针尖、球头、星形测针等。实际上，测头还有接触式和非接触式之分；按输出信号分，有用于发信号的触发式测头和用于扫描的瞄准式测头、测微式测头等。大部分工件的精密测量都使用接触式触发测头。机械触发式测头包括三个电气触点，在探针偏移后，至少有一个触点断开。在这一瞬间，测量机将立即读取 x、y、z 轴坐标。这些坐标值代表了这一瞬间的探针测球中心坐标。测头传感器在探针接触被测点时发出触发信号；控制器根据命令控制测座旋转到指定角度，并控制测头工作方式转换；测座连接测头，可以根据命令（或手动）转换角度。

图 8.8　三坐标测量机的三维测头

采用接触式测头测量时，由于测头半径的影响，得到的坐标数据并不是测头所接触到的物体表面点的真实坐标，而是测头球心的坐标。这样，当被测点的表面法矢量方向和测轴方向一致时，测点坐标与测头球心坐标之间相差一个测头半径值。通常测头半径在 0.25~1.5 mm 之间，如果忽略测头半径，即测量得到的数据不进行半径补偿处理，就会带来数据补偿误差，因此应对测量数据进行测头补偿。目前在 CMM 测量中，广泛采用一种二维自动补偿方法，即在测量时，将测量点和测头半径的关系都处理成二维情况，并将补偿计算编入测量程序中，在测量时自动完成数据的测头补偿。这种补偿方法，简化了补偿计算，不影响测量采点和扫描速度。对一些由规则形状组成的表面的测量，如平面、二次曲面等，二维补偿是精确的。根据补偿的时间可以将补偿分为实时自动补偿和事后数据处理补偿。实时自动补偿是在数据测量过程中，每次采点后，测量程序自动计算其补偿量，最终记录输出补偿过的数据点集。目前 CMM 的测量程序中都具有自动补偿功能，多采取上述的二维补偿方法。能够实现三维补偿的是微平面法。事后数据处理补偿是在测量完成后，根据测头半径、表面曲面的性质和所采取的测量方法来计算每个点的补偿量或采取其他方法处理补偿问题，计算较为烦琐，工作量也大，适合处理复杂曲面和轮廓曲线的补偿问题，核心是根据测量点集信息计算接触点的法矢，通常有三点共圆法、拟合法、三角面片法和 kriging 参数曲面法等。

3. 电气系统

电子系统主要由电气控制系统、计算机硬件部分、测量机软件、打印输出装置等组成。控制系统包括光栅系统、驱动系统和控制器。光栅系统是提高测量机精度的保证，分辨率一般为 0.1 μm 或 0.5 μm，可获得三轴的空间坐标。驱动系统一般采用直流伺服驱动，其特点是传动平稳，功率较小。控制器是整个控制系统的核心，负责设备中各种电气信号的处理和软件的通信，另外，把软件的控制指令转化为电气信号控制主机运动，把设备的实时状态信息传输给测量机软件。三坐标测量机数据处理系统从功能上分主要包括通用测量模块、专用测量模块、统计分析模块和各类补偿模块。通用测量模块的作用是完成整个测量系统的管理，包括测头校正、坐标系建立与转换、几何元素测量、形位公差评价、输出文本检测报告。专用测量模块一般包括齿轮测量模块、凸轮测量模块和叶片模块。统计分析模块一般用在工厂里，对一批工件的测量结果的平均值、标准偏差、变化趋势、分散范围、概率分布等进行统计分析，也可以对加工设备的能力和性能进行分析。

三坐标测量机起源于 20 世纪 50 年代，最初仅仅具有检测仪器的作用，可对加工零部件的尺寸、形状、角度、位置以及形位公差等要求进行检测。传统的三坐标测量机多采用触发式测量头，每次仅能获取被测物体表面上一个点的三维坐标值，因此测量速度较慢，且很难获得整个被测物体表面的全部信息。尽管 90 年代初英国 Renishaw 公司和意大利 DEA 公司等著名三坐标测量机生产厂家先后研制出了三维含力和位移传感器的扫描探头，该探头可在被测物体上滑动连续测量，其最高速度可达 8 m/min，数字化速度可达 500 点/s，测量精度也很高，但由于该测头价格极为昂贵，所以目前还没有在三坐标测量机上广泛使用，并且对于一些不可触及的表面，它也是无能为力的。目前三坐标测量机的三维测头仍然存在接触压力对被测对象的干扰问题。对于没有复杂内部型腔、特征几何尺寸多、只有少量特征曲面的零件，使用三坐标测量机进行三维数字化测量是非常有效可靠的手段。三坐标测量机的不足之处在于由于使用接触式测量，存在测量死角，且不能测量软物体，而测量路径的规划较为复杂，测量过程需要较多的人工干预，加之三坐标测量机价格昂贵，对使用环境要求高，测量数据密度较低，等等。

随着科学技术的不断进步，三坐标测量技术日益成熟，现在的三坐标测量机除了原有的接触式检测方式之外，还可以外接非接触式激光扫描测头、红外线式触发测头、针尖式接触测头等多种形式的测头，实现曲面的连续扫描、管路管件的非接触测量以及在零部件上直接画线等功能。随着逆向工程技术的发展，三坐标测量机也成为该领域中重要的数据采集系统。该设备由于具有很高的测量精度以及较快的测量速度，而被广泛地应用于航空航天、汽车制造、轨道交通、电子加工乃至科研教学等领域，并应用于产品设计、制造、检测的全过程。

8.2.3　非接触式数据采集技术

非接触式测量方法的基本工作原理多是基于光学、声学或电磁学等，以下介绍几种典型的非接触式数据采集方式。

8.2.3.1　激光线结构光扫描

激光测量技术在反求工程中应用日益广泛，其中以基于三角测量原理主动式结构光编码测量技术的激光线结构光扫描测量技术最为常见，该法亦称为光切法。其测量原理为：将具有规则几何形状的激光线结构光投射到被测表面上，且将形成的漫反射光带在空间某一位置上的 CCD 图传感器上成像，由成像位移 e 及三角形原理，即可计算出被测面相对于参考面的高度 s，如图 8.9 所示。由于物体的高度计算是由物体基平面、像点及像距所组成的三角关系决定的，因而又称为三角测量法或结构光测量法。在测量过程中，激光光刀投射到物体表面后受被测物体表面形状调制发生变形，拍摄其图像，通过提取激光光刀灰度图像中心坐标在 CCD 成像面上的偏移量，可以得到物体一个截面的二维数据，每个测量周期可获取一条扫描线，物体的全轮廓测量是通过多轴可控机械运动辅助实现的。基于激光三角测量原理的激光线扫描法的测量速度是点扫描的数十倍，而且同时具有激光点扫描的非接触、高精度、结构简单经济、易于实现、工作距离长、测量范围大和容易满足实际应用要求等优点，已成为目前最成熟、应用最为广泛的激光测量技术。但该测量方法只能测量物体的外表面，不能测量物体的内腔，并且由于是基于光学反射原理测量，对被测物体表面的粗糙度、漫反射率和倾角比较敏感，限制了其使用范围。

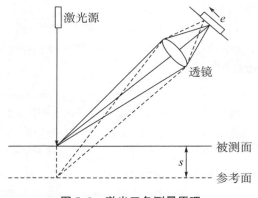

图 8.9　激光三角测量原理

如图 8.10 所示为一款商用三维激光扫描系统——Kreon 三维激光扫描系统（Kreon 3D Laser Scan System），它是 20 世纪 90 年代初由法国政府资助的高科技研究项目的成果，由法国著名的 Kreon Industrie 公司开发和研制，被各国制造业大量应用于逆向工程项目上。激光线投射在工件表面上，可见一条红色线条。扫描时在工件表面上的激光线长度分别为 25 mm 和 75 mm。每条激光线条生成 600 个扫描点。记录激光线上的坐标点由两个摄像机完成。两个 CCD 微型摄像机对激光线成 30°角的设计，形成最佳采集视角，通过与电子控制器（ECU）的连接，记录激光线与工件相交的位置。摄像机摄取激光线位置获得立体影像，可视察到工件的所有周边，包括垂直面、沟槽或拔模面等。

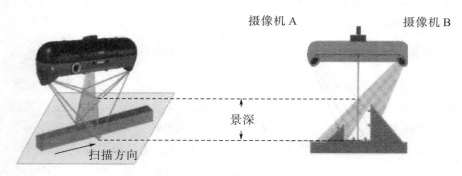

图 8.10　Kreon 三维激光扫描系统

如图 8.11 所示为另一款手持式三维激光扫描系统 HandySCAN3D。它是美国 CREAFORM 公司的旗舰型计量级扫描仪，可精准捕获 3D 扫描数据，具有较高的扫描分辨率和精度，目前在市场上具有广泛的应用前景，适用于检测和要求严格的逆向工程应用，其精度可达 0.030 mm，分辨率可达 0.050 mm，具有极高的可重复性和可追踪性。无论环境条件、部件设置和用户情况如何，都能实现高精确性。表 8.1 为

HandySCAN3D 手持式激光扫描仪的技术规格。

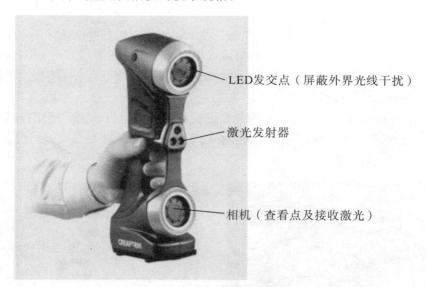

LED发交点（屏蔽外界光线干扰）

激光发射器

相机（查看点及接收激光）

图 8.11　HandySCAN3D 的激光扫描头

表 8.1　HandySCAN3D 手持式激光扫描仪的技术规格

项目	HandySCAN300	HandySCAN700
质量	0.85 kg	
尺寸	122 mm×77 mm×294 mm	
测量速率	205000 次/秒	480000 次/秒
扫描区域	225 mm×250 mm	275 mm×250 mm
光源	3 束交叉激光线	7 束交叉激光线（+1 额外一束）
激光类别	Ⅱ（人眼安全）	
分辨率	0.100 mm	0.050 mm
精度	最高 0.040 mm	最高 0.030 mm
体积精度	0.020~0.100 mm/m	0.020~0.060 mm/m
基准距	300 mm	
景深	200 mm	
部件尺寸范围（建议）	0.1~4 m	
软件	VXelements	
输出格式	.dae，.fbx，.ma，.obj，.ply，.stl，.txt，.wrl，.x3d，.x3dz，.zpr	
兼容软件	3DSystems（GeomagicSolutions），InnovMetricSoftware（PolyWorks），DassaultSystemes（CATIAV5 和 SolidWorks），PTC（Pro/E），Siemens（NX 和 SolidEdge），Autodesk（Inventor，Alias，3DS Max，Maya，Softimage）	
连接标准	1×USB3.0	
操作温度范围	0℃~40℃	
操作湿度范围（非冷凝）	10%~90%	

8.2.3.2 投影光栅法

投影光栅法是一类主动式全场三角测量技术，通常采用普通白光将正弦光栅或矩形光栅投影于被测物体表面上，用CCD摄取变形光栅图像，根据变形光栅图像中条纹像素的灰度值变化，解算出被测物体表面的空间坐标。该类测量方法具有很高的测量速度和较高的测量精度，是近年来发展起来的较好的三维传感技术。如图8.12所示的COMET VariZoom可变焦数字照相测量系统利用白色光栅投影法，使用投影光栅和照相机的三角形测量法，以非接触式获得物体表面数字化点云数据，可进行快速（1.3百万点/照片）且高精度的测量。

图 8.12　COMET VariZoom 可变焦数字照相测量系统

8.2.3.3 立体视觉

有相当长一段时间，许多三维非接触测量工作都涉及被动式三角测量方式，三维信息的获取是基于图像的分析方法，主要的领域是航空测量、卫星遥感、机器人视觉等。军事方面的三维场景分析也对被动法有较大的需求，因为这种场合下采用主动式测量是不现实的。典型的被动法是立体视觉法。计算机立体视觉测量又称三维场景分析。它模仿人类的眼睛，从二维的图像和图像序列中去解释三维场景中存在哪些物体，这些物体是以什么空间位置或相互关系存在的。特别是CCD摄像机的广泛使用，使得计算机测量发展迅速。计算机视觉测量的基本原理：用摄像机从不同的角度对物体摄像，通过多幅图像中同名特征点的提取与匹配，得出同名特征点在多个图像平面上的坐标，再利用成像公式，计算出被测点的空间坐标。

需要指出的是，"盲区"问题是光学三角测量的共性问题，激光扫描法和光栅投影法及立体视觉法都无法回避这个问题。根据双目视觉互补及光路可逆原理，引入双CCD对称姿态摆放测量方案和多视测量（例如图8.13为采用双目视觉的三维扫描仪），能够在较大程度上消除测量"盲区"，但对物体内腔的测量仍是无能为力的。

图 8.13 采用双目视觉的三维扫描仪

8.2.3.4 断层测量技术

为了解决物体内腔测量的问题，可采用断层测量技术。各种断层测量技术都以获取被测物体的截面图形作为测量结果，物体的测量精度主要受断层图形成像质量和图形处理技术的影响。其主要特点是能够测量复杂物体的内部结构表面信息，不受物体形状的影响，是很有前途的反求测量技术。断层测量技术分破坏性测量和非破坏性测量两种。目前，非破坏性测量技术主要有超声波数字化法、工业计算机断层扫描法、核磁共振测量法，破坏性测量技术主要有逐层切削扫描测量法。

1. 超声波数字化法

超声波数字化法的原理是当超声波脉冲到达被测物体时，在被测物体的两种介质边界表面发生回波反射，通过测量回波与零点脉冲的时间间隔，即可计算出各面到零点的距离。这种方法相对于工业计算机断层扫描法和核磁共振测量法而言，设备简单，成本较低，但测量速度较慢，测量精度主要由探头的聚焦特性决定。由于各种回波比较杂乱，必须精确地测量出超声波在被测材料中的传播声速，利用数学模型的计算来定出每一层边缘的位置。特别是当物体有缺陷时，受物体材料及表面特性的影响，测出的数据可靠性极低。目前，超声波数字化法主要用于物体的无损探伤及厚度检测，但由于超声波在高频下具有很好的方向性，即束射性，因此它在三维扫描测量中的应用前景正日益受到重视。

2. 工业计算机断层扫描法

计算机断层扫描技术中最具代表性的是 CT 扫描机。通常，CT 扫描机用 X 射线或 γ 射线在某平面内从不同角度去扫描物体，并测量射线穿透物体衰减后的能量值，经过特定的算法后得到重建的二维断层图像，即层析数据。改变平面高度，可测出不同高度上的一系列二维图像，并由此构造出物体的三维实体原貌。这种方法最早应用于医疗领域，目前已经开始用于工业领域，特别是针对无备件的带有复杂内腔物体的无损三维测量。这种方法是目前最先进的非接触式检测方法，它可针对物体的内部形状、壁厚，尤其是内部构造进行测量。但是其空间分辨率较低，获取数据需要较长的积分时间，重建图形计算量大，相对造价高，且只能获得一定厚度截面的平均轮廓。工业 CT 的典型结构如图 8.14 所示，它主要包括放射源、探测器组、样品台、电子学系统与接口、计算机系统等。放射源可为 X 射线或 γ 射线源，射线一般准直为扇形束。射线穿越被测物体后，也须经准直。探测器把光信号转换成电信号，经电子学系统放大并处理为数字信号。数据由计算机处理并把被测截面的图像显示或记录在终端设备上。工业 CT 是目前较先进的非接触式测量方法，已在航空航天、军事工业、核能、石油、电子、机械、考古等领域获得广泛应用。其缺点是空间分辨率较低，获得数据需要较长的积分时间，重建图像计算量大，造价高等。

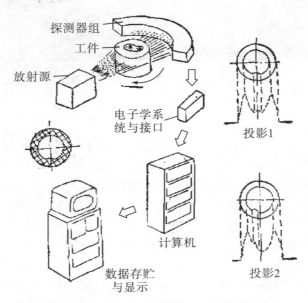

图 8.14   工业 CT 的典型结构与原理示意图

注：图中"⇨"所示为信号与数据输送方向，"→"所示为样品台转动方向；右侧投影是将扇形束化作平行束而得到

3. 核磁共振测量法

核磁共振（Magnetic Resonance Imaging，MRI）测量是 20 世纪 70 年代以后发展起来的一种新式医疗诊断影像技术，其理论基础是核物理学的磁共振理论。MRI 的基本原理是用磁场来标定物体某层面的空间位置，然后用射频脉冲序列照射，当被激发的核在弛豫过程中自动恢复到静态场的平衡态时，把吸收的能量发射出来，然后利用线圈来检测这种信号并输入计算机，经过处理转换实现成像。由于这种技术具有深入物体内部且不破坏样品的优点，对生物体没有损害，因此在医疗领域有广泛的应用。这种方法的不足之处也是只能获得一定厚度的平均尺寸，而且造价高，目前对非生物组织材料不适用。

4. 逐层切削扫描测量法

针对上述断层测量方法的缺陷，近年来出现了逐层切削扫描测量法。其原理为以极小的厚度逐层切削实物，获得一系列断面图像数据，利用数字图像处理技术进行轮廓边界提取后，再经过坐标标定、边界跟踪等处理得到截面上各轮廓点的坐标值。逐层切削扫描测量法是目前断层测量中精度较高的方法，可对任意复杂零件内外表面进行测量。

这种方法的不足之处是其属于破坏性测量。图 8.15 为逐层切削扫描测量系统装置示意图。将工件内外进行实体填充（要求填充物的颜色与工件的颜色对比度较大，以便于图像的识别与轮廓提取），然后用轴向进给高速铣削的加工方法进行逐层铣削，其间采用视觉扫描的方法逐层提取每个截面的轮廓信息，然后利用这些信息构造出样件的几何模型。

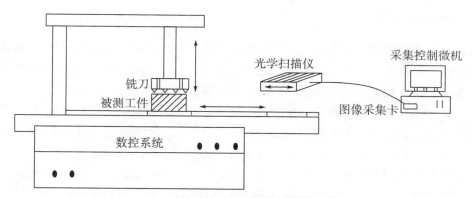

图 8.15　逐层切削扫描测量系统装置示意图

综合上述介绍的各种测量方式，现就其测量精度、速度、形状和材料是否有限制及能否可测内轮廓等方面逐一进行比较，其结果见表 8.2。

表 8.2　数据采集方法的比较

数据采集方法	精度	速度	是否可测内轮廓	形状限制	材料限制	成本
三坐标测量	±0.5 μm	慢	否	无	无	高
投影光栅	±20 μm	快	否	表面不能太陡	无	低
激光三角测量	±5 μm	快	否	表面不能太光	无	较高
CCD 摄像	40 μm	快	否	无	无	低
工业 CT 和 MRI	1 mm	较慢	是	无	有	很高
逐层切削扫描	±20 μm	较慢	是	无	无	较高

从表 8.2 可以看出，各种数据采集方法都有一定的局限性，对制造业领域的逆向工程而言，要求数据采集方法应满足以下要求：

（1）采集精度高。一般地，误差应在 ±10 μm 以内。

（2）采集速度快，应能实现在线自动采集。

（3）可采集内外轮廓的数据。

（4）可采集各种复杂形状原型。

（5）尽可能不破坏原型。

（6）尽量降低成本。

由于各种测量方法均有其优缺点及适用范围，因此，应从集成的角度出发，综合运用各种测量方式在时间、空间以及物理量上的互补，增加信息量，减少不确定性，以获取精度较高的三维测量数据。

8.3 测量数据处理技术

8.3.1 数据预处理

在数据测量过程中，存在人为（操作人员经验等）或随机（环境变化等）因素的影响，测量结果往往会有误差，也可能会出现坐标异常点，这些点在进行三维重建前都是要剔除的点。一方面，无论是接触式的测量还是非接触式的测量，都不可避免地会引入数据误差，尤其是尖锐边和产品边界附近的测量数据。测量数据中的坏点可能使该点及其周围的曲面片偏离原曲面。另一方面，被测物体形状过于复杂且存在外界环境因素的影响，由于受测量手段的制约，在数据测量时，会出现部分测量盲区和缺口，给后续的造型带来影响，这时需要对测量数据加以延拓和修补。另外，由于非接触式测量方法在工业中得到了越来越广泛的应用，随着测量精度的提高，在进行曲面测量时会产生海量的数据点，其中会包括大量的冗余数据，这样在造型之前应对数据进行精简。在不能一次测量全部实体模型的数据信息时，就需要从不同角度对同一实体模型进行多次测量，然后对所测得的数据点进行拼接，以形成实体的整体表面数据点云。测量结果经常带有许多杂点和噪声点，将影响后续曲线、曲面的重构过程。因此，需在曲面重构前对测量数据进行一些必要的预处理，以获得令人满意的数据。一般需要进行的数据预处理工作包括异常点处理、孔洞修补、数据光滑、数据精简等。

8.3.1.1 异常点处理

基于接触式或非接触式数据采集方法获得的点云数据中，通常都存在偏离原曲面的坏点和由于测量手段或测量环境引起的盲区和缺口，因此需要对测量得到的数据进行坏点剔除。异常点处理由不同测量方式得到的点云数据呈现方式各不相同。根据点云的分布特征，点云分为散乱点云、扫描线点云和网格化点云。点云分类见表8.3。

表8.3　点云分类

点云类型	点云特征	点云获取方式
散乱点云	点云没有明显的几何分布特征，呈散乱无序状态	三坐标测量机、激光测量随机扫描、立体视觉测量法
扫描线点云	点云由一组扫描线组成，扫描线上的所有点位于扫描平面内	三坐标测量机、激光点光源测量系统沿直线扫描、线光源测量系统扫描
网格化点云	点云分布在一系列平行平面内，用线段将同一平面内距离最小的若干相邻点依次连接，可形成一组平面三角形	莫尔等高线测量、工业CT、切层法、核磁共振成像

工程实际中常见的是扫描线点云和散乱点云。对于扫描线点云，常用的检查方法是将这些数据点显示在图形终端上，或者生成曲线、曲面，采用半交互、半自动的光顺方

法对数据进行检查、调整。而对于散乱点云，点与点之间拓扑关系散乱，执行光顺预处理十分困难，通常通过图形终端以人工交互检查、调整。可借助三角网格模型来建立散乱点云数据的拓扑关系。

8.3.1.2　孔洞修补

当被测物体形状过于复杂，尺寸过大，或存在外界环境因素的影响时，受测量手段的制约，通过测量所获得的原始点云数据往往存在数据缺失而形成孔洞，因而需要对孔洞进行修补以生成完整的样件模型。孔洞修补技术是曲面重构过程中最重要的数据预处理之一，其确保了模型数据的完整性，为取得较好的曲面重构效果奠定了基础。目前在逆向工程领域主要存在以三角网格模型为基础的网格曲面的孔洞修补方案和以散乱点云模型为基础的散乱点云数据的孔洞修补方案。这两大类孔洞修补方案分别针对不同的点云数据的组织结构。

1. 基于三角网格模型的孔洞修补方法

三角网格模型中的孔洞修补过程可以归结为一个空间多边形的三角剖分问题。总体而言，无论是上述何种类型的孔洞，其修补过程都需要经过以下几个步骤：

（1）孔洞边界生成：包括提取孔洞边界点和对提取出的孔洞边界进行修整等预处理工作。

（2）孔洞的填充：在提取出完整的孔洞边界的基础上，对封闭的孔洞边界进行三角剖分；或者是利用孔洞边界点以及邻域点拟合一个曲面，建立曲面方程。

（3）曲面的采样：如果第二步是建立曲面方程，则需要进行这一步，即在曲面上均匀地取点，也就是将曲面离散成点云，然后将点云三角化成三角曲面填补到三角网格模型的孔洞上。

2. 基于散乱点云模型的孔洞修补方法

首先对散乱点云数据进行三角划分，产生网格曲面，将点云数据中可能存在的孔洞转化为网格孔洞，然后采用基于三角网格模型的孔洞修补方法进行孔洞修补。也可直接对散乱点云数据中的孔洞进行修补，算法过程如下：首先识别出孔洞边界，然后根据孔洞周围的局部离散点建立一张曲面片，最后采用面上取点的策略来填充孔洞。

8.3.1.3　数据光滑

由于测量过程中受到各种人为或随机因素的影响，点云数据往往包含大量的噪声点，而噪声点的存在会影响后续的模型重建及生成的模型质量。为降低和消除这种负面影响，需对点云进行数据光滑处理，以得到精确的模型和高质量的特征提取效果。在对数据点群进行平滑处理时，点群的不同排列形式影响数据滤波的操作方式。处理方法包括标准的高斯滤波法、均值滤波法和中值滤波法。三种滤波模式的滤波效果对比如图 8.16 所示，可根据点云质量和后续建模要求选择特定的滤波器对数据点群进行平滑处理。

（1）高斯滤波法。以高斯滤波器在指定域内将高频的噪声滤除。高斯滤波法在指定域内的权重为高斯分布，其平均效果较小，在滤波的同时，能较好地保持原数据的形貌，因而常被使用。

（2）均值滤波法。通过指定滤波窗口内各数据点的统计平均值来平滑掉一些数据点，改变点云的位置，使点云平滑。

（3）中值滤波法。通常对相邻的 3 个点取平均值来取代原始点以实现滤波，即采样点的值取滤波窗口内各数据点的统计中值。中值滤波法在消除数据毛刺方面效果较好。

（a）原始数据点

（b）高斯滤波模式处理数据点

（c）均值滤波模式处理数据点

（d）中值滤波模式处理数据点

图 8.16　三种滤波模式的滤波效果对比

实际进行滤波操作时，可以对整个数据点群进行滤波，也可以进行分片滤波。例如，对曲线状的数据点群进行滤波时，分片滤波可以保留较多的尖角等特征。其数据光滑是依据点群的整体形状而不是单个点群的邻域。可以通过设定消除噪声的最大误差值来控制分片滤波的操作效果。

8.3.1.4　数据精简

数据采集往往产生海量的数据点，如果直接对大批量的点云数据点群进行建模操作，需存储的数据量巨大，而从数据点生成模型表面亦将花费大量时间。相应地，会明显降低操作速度，整个处理过程也将变得难以控制。实际上，大量的冗余数据对模型的重建没有用处。因此，有必要在保证数据点群特征点充足的前提下对数据点进行精简。数据精简和压缩的方法较多，常用的方法有均匀采样（Uniform Sampling）、弦偏差采样（Chord Deviation Sampling）、强制采样（Constrained Sampling）和间距采样（Space Sampling）等。

针对基于激光扫描方法测得的数据点，通常可采用最大允许偏差精简法、均匀网格法或非均匀网格法。

（1）最大允许偏差精简法。其基本原理是预先设定一个角度误差限和一个弦高误差限，同时考虑这两种误差并利用这两个指标来综合处理密集数据，将处在这两个误差限内的点精简掉。

（2）均匀网格法。其基本原理是首先把所得的数据点进行均匀网格划分，然后从每个网格中提取样本点，将网格中的其余点去掉。由于激光扫描的特点，网格通常垂直于扫描方向（z 向）构建，因为 z 值对误差更加敏感。因此，通常选择中值滤波用于网格点筛选。数据减小率由网格大小决定，网格尺寸越小，从点云中采集的数据点越多。而网格尺寸通常由用户指定。具体步骤为：首先，在垂直于扫描方向建立一个包含尺寸大小相同网格的平面，将所有点投影至网格平面上，每个网格与对应的数据点匹配。然后，基于中值滤波方法将网格中的某个点提取出来。通过均匀网格中值滤波方法，可将噪声点有效去除。当被处理的扫描平面垂直于测量方向时，这种方法具有较好的操作性。此外，由于均匀网格法只是"选用"其中的某些数据点，而非改变点的位置，因此可以很好地保留原始数据。

（3）非均匀网格法。与均匀网格法对应，非均匀网格法能根据零件形状变化来精简数据。采用均匀网格法进行数据精简时，某些表示零件形状的点（如边点）可能会由于没有考虑所提供零件的形状而丢失。这些丢失的数据点对零件的成形可能尤为重要，对于这种情况，采用均匀网格法将不能精确地重现零件形状。

8.3.2 多视数据的对齐和统一

8.3.2.1 多视数据的对齐

在逆向工程实际过程中，对实物样件形状进行测量时，无论是采用接触式还是非接触式测量方法，往往无法通过一次测量完成零件的测量过程，这就意味着不能在同一坐标系下完成零件几何数据的一次测出。例如以下场景：对于大型零件，其产品尺寸可能超出测量系统的测量范围，需要分块测量；复杂型面往往存在投影编码盲点或视觉死区，无法一次完成全部型面的测量，需要从其他方向进行补测；在部分区域测量探头可能受被测实物几何形状的干涉阻碍以及不能触及零件的反面；当被测物体有定位和夹紧要求时，一次测量无法同时获得定位面及夹紧面的测量数据，需引入二次测量。因此，为完成对整个零件模型的测量，往往需要在不同的定位状态（即不同的坐标系下）测量零件的各个部分，这种在多个坐标下测量得到的数据称为多视数据。逆向工程在进行几何模型构建时，为得到被测零件表面的完整数据，必须将这些不同坐标系下的多视数据变换或统一到同一坐标系中，并消除两次测量间的重叠部分，这个数据处理过程称为多视数据的对齐和统一，也称为数据拼合。工程实际中，可采用以下两种思路来实现多视数据的对齐和统一：

（1）利用专用测量装置实现测量数据直接对齐。开发一个自动工件移动转换台，能直接记录工件测量中的移动量和转动角度，并通过测量软件直接对数据点进行运动补偿。对 CMM 等接触式测量方式，通过测量软件直接对数据点进行运动补偿；对激光扫描仪，可将多视传感器安装在可转动的精密伺服机构上，按生成的多传感器检测规划，将视觉传感器的测量姿态准确地调整到预定方位，由精密伺服机构提供准确的坐标转换关系；或者将被测物体固定在精度一般的转台上，转动转台，调整被测物体与视觉传感器的相对位置，由转台读数提供初始坐标转换矩阵，并用软件计算和修正。如图 8.17 所示为四川大学机械工程学院 CAD 研究所开发的叶片光学检测平台。基于测量辅助装置的对齐不需要事后的数据处理，快速方便，但需要增加精密辅助装置，会使系统复杂，而且不能完全满足任何视角的探测，仍需要合适的事后数据对齐处理。事后的处理方法有以下两种：一是先拼合点云，再重构出原型；二是对各分块点云构造局部几何形体，再拼合成完整数据。

图 8.17   叶片光学检测平台开发

（2）测量完成后需进行数据处理对齐。理想情况下，如果单个点云具有明显的几何特征，利用这些特征局部地构造几何形体，再进行拼合，其速度和准确性都是显而易见的。但实际中，同一个特征在不同的视图中被分割为许多特征，利用局部几何特征进行拼合不具有实际可操作性。因此，实际应用中，一般采用先拼合点云再重构原型的方法。

实现多坐标系下的三维数据点集的对齐，可以建立对应点集距离的最小二乘目标函数，利用四元组法、矩阵的奇异值分解法求取刚体运动的旋转和平移矩阵。测量数据的多视统一可以看作一种刚体移动，因此可以利用上述数据对齐方法来处理。由于二点可以建立一个平面的坐标对应关系，如果我们测量时，在不同视图中建立用于对齐的三个基准点，通过三个基准点的对齐就能实现三维测量数据的多视统一，实际上是将数据对齐转换为坐标变换问题。多视对齐的数学定义可描述为，给定两个来自不同坐标系的三维扫描点集，找出两个点集的空间变换，以便它们能合适地进行空间匹配。假定用 $\{p_i \mid p_i \in \mathbf{R}^3,\ i=1,\ 2,\ \cdots,\ n\}$ 表示第一个点集，用 $\{q_i \mid q_i \in \mathbf{R}^3,\ i=1,\ 2,\ \cdots,\ n\}$ 表示第二个点集，两个点集的对齐匹配转换为使下列目标函数最小：

$$F(\mathbf{R},\ \mathbf{T}) = \sum (\mathbf{R}p_i + \mathbf{T} - p_i')^2$$

式中，$\mathbf{R}$ 和 $\mathbf{T}$ 分别是应用于点集 $\{p_i\}$ 的 3×3 阶旋转和平移变换矩阵，p_i' 表示在 $\{q_i\}$ 中找到的和 p_i 匹配的对应点。因为该式的求解是一个高度的非线性问题，所以点对齐问题的研究也就集中于寻求对该式快速有效的求解方法上。

例如，测量时，在零件上设立基准点，取三个不同位置的点，用标定点进行标记，在进行零件表面数据测量时，如果需要变动零件位置，每次变动必须重复测量基准点，模型要求装配建模的，应分别测量零件状态和装配状态下的基准点。在不同测量坐标下得到的数据，通过将基准点移动对齐，就能将数据统一在一个造型坐标下，数据变换问题就归结为基准点的对齐问题，可以利用几何图形的坐标变换方法来实现。单个零件的多次测量和多个零件的装配测量的数据坐标变换都可以采用上述方法。

模型数据的对齐精度取决于三个基准点的测量精度。此外，在相同的测量误差下，基准点的位置选取不同，也会影响模型数据的对齐，但如果误差控制在一定的范围内，这样的数据变换是能够满足造型和装配要求的。通常为保证对齐精度，在采用三点定位对齐方法时，基准点的选择及测量应遵循以下原则：

（1）当误差相同时，三点构成的三角形的面积越大，相对误差越小，即基准点的选择距离越远，测量误差对数据对齐的影响越小。

（2）在测量误差呈正态分布的情况下，三条边的误差趋于相同，为使各个点的影响相同，相对误差趋于相等，基准点的选取应尽量接近等边三角形。

（3）对于接触式测量，基准点的测量位置应尽量选择在探头容易接触和不会产生变形的地方，位置标记记号应尽可能小，这样可以使每次探头的触点落在相同的位置，减小视觉误差。测量同一基准点，探头应尽量在同一方向接触，按相同方式补偿；应反复测量几次，取几次测量的平均值；多次测量应尽量在相同的环境中完成，同时，检查测量机的零位，以避免温度误差。

这样，每个基准点的误差可以看作是等权的，重定位可按误差平均分布处理。因此，算法可以进行的改进如下：①计算三个点的均值；②计算三角形的质心；③计算三个点到质心的距离，各点和质心点组成新的三角形，选择误差最小的两个点和质心组成新的三角形；④返回步骤①，将三个测量基准点中的一个改为与三角形的质心重合。

8.3.2.2　多视数据的统一

由于进行了多次测量，得到的多视数据不可避免地存在重叠区（重叠数据），因此，数据对齐后应对重叠区域进行数据统一，最终建立一个没有冗余数据的统一数据集，以方便 CAD 模型重建和快速原型的切片数据处理。多视数据统一可以先建立数据集的三角网格，对重叠区域进行插值计算，然后获得新的数据点。其算法步骤如下：①对每个数据集建立三角网格；②建立切割平面，切割多个数据集；③找到切割平面之间的交点，用相等面片距离和间隔建立三角网格；④对两个相邻面片的重叠区域，基于不同交点的线性插值计算新的数据点，组合没有重叠部分的切片数据。

8.3.3　数据分割

数据处理的另一个重要内容是数据分割。实际中，产品型面往往由多张曲面混合而成，数据分割即根据组成实物外形曲面的子曲面类型，将属于同一曲面类别的数据划分成同一组别，这样全部数据将划分成代表不同曲面类型的数据域。数据分割可以简化数据处理过程，改善曲面拟合精度，为后续的曲面模型重构提供基础。曲面模型在此基础上进行重建，分别拟合单个曲面片，再通过曲面的过渡、相交、裁减、倒圆等手段，将多个曲面"缝合"成一个整体，获得重建模型。

数据分割可以由人工根据实物外形特征进行操作。测量过程中，手动将外形曲面划分成不同的子曲面，对曲面的轮廓、孔、槽、表面脊线等特征进行标记，并在此基础上进行测量路径规划。不同的曲面特征数据可以保存为不同文件，输入数据处理软件时可对不同数据类型分层处理及显示，以便于后续的模型重构。曲面特征比较明显的实物外形和接触式测量（如三坐标机）可以采用手动分割，但是测量结果将受人工的水平和经验的制约。因此，采用自动分割方法是必要的。

自动分割可以采用基于边或基于面的两种基本方法：

（1）基于边的数据分割方法。首先是从数据点集中，根据组成曲面片的边界轮廓特征、两曲面片之间的过渡特征和曲面片之间存在的棱线或脊线特征，确定出相同类型曲面片的边界点，通过边界点形成边界环，通过判断点相对于环的位置（环内或环外）实现数据分割。这种方法的难点在于需要正确地寻找边界特征点。通过数据点集计算局部曲面片的法矢或高阶导数，根据法矢的突然变化和高阶导数的不连续来判断一个点是否是边界点。

（2）基于面的数据分割方法。尝试推断出具有相同曲面性质的点，根据微分几何中曲面的某些特征参数的性质来判断属于相同面的点。其通常与曲面的拟合相结合，包括自下而上（bottom-up）和自上而下（top-down）两种方法。在自下而上的数据分割中，点的选取是困难的，同时对有些误差点的判断较困难；在自上而下的数据分割中，开始区域的选择和数据点集的分割是难点。在这种方法中，经常使用直线作为分割数据的边界线，这就会影响最后曲面缝合边界的光滑。

8.4 三维 CAD 模型重构

在逆向工程中，实物的三维 CAD 模型重构是整个过程最关键、最困难的一环，因为后续的产品加工制造、快速原型制造、虚拟制造仿真、工程分析和产品的再设计等应用都需要 CAD 数学模型的支持。这些都不同程度地要求重构的 CAD 模型能准确地还原实物样件。因此，对如何快速、准确地实现模型重构，国内外的研究者进行了大量的研究，针对问题的不同方向，提出了许多重构方法和算法。根据反求对象及采用的数据采集测量技术和手段的不同，反求工程的三维 CAD 模型重构内容可以分为两个方面：一是以处理复杂自由曲面为主要特点的表面反求 CAD 建模；二是整个形体的反求 CAD 模型重构。

8.4.1 复杂自由曲面 CAD 模型重构技术

曲面拟合技术是计算几何的重要研究内容，众多的研究成果为反求工程中的曲面构造提供了理论基础。曲面拟合的方法分为插值和逼近两种。插值是给定一组点，要求构造的曲面通过所有数据点；而逼近不要求拟合的曲面通过所有点，只是在某种意义下最为接近给定数据点。一般情况下，由于离散的测量数据存在各种误差，若要求构造一个曲面严格通过所有给定的带有误差的数据点没有什么意义，因此，当测量点数量众多，且含有一定测量误差时需要使用逼近法。当然，精确测量下在数据点不多时可以采用插值法。

8.4.1.1　基于 B 样条及 NURBS 曲面的四边域参数曲面重构方案

这类方法的应用对象是汽车、飞机、轮船上的曲面零件。该类曲面既不像单独的二次曲面那样简单，也不像人面模型那样毫无规律。由于通用的 CAD 软件采用了这类曲面表示方法，因此，基于四边域的参数曲面重构成为目前研究得最多的一类曲面重构方法，其中又以 B 样条曲面和 NURBS 曲面最多。

1．B 样条曲面

在反求工程中，测量型值点数据具有规模大、散乱的特点。对于单一矩形域内曲面的散乱数据点的拟合问题采用 B 样条曲面拟合有其自身优点。而在实际产品中，只由一张曲面构成的情况不多，产品型面往往由多张曲面拼合而成，因而只用一张曲面去重构数学模型是很难保证模型精度的。于是人们采用了各种不同的方法处理数据的分块问题。如对于图像型数据（具有行×列特点的数据）可运用图像处理的原理，先获取曲面的特征线，然后根据这些曲线将曲面划分为不同块，每块用 B 样条曲面拟合，最终将所有块拼接成一个整体；也有的采用四叉树方法：首先构造一张整体的曲面，若不能满足要求，则将其一分为四，再对每一小块进行处理，直至所有小块均满足要求为止；还有方法是基于曲线网格：首先估算各测量型值点的局部性质，找出特征线，再将特征线拟合成曲线网格，对每一网孔构造一张曲面，使网孔内部的点与其对应曲面具有最佳逼近性，最终将所有曲面片实行光滑拼接。

2．NURBS 曲面

NURBS 方法的突出优点在于可以精确表示二次规则曲线曲面，从而可用统一的数学形式表示规则曲面与自由曲面，而其他非有理方法无法做到这一点。通过调整 NURBS 中影响曲线曲面形状的权因子可更加灵活地控制曲线曲面的形状。NURBS 方法是非有理 B 样条方法在三维空间的直接推广，多数非有理 B 样条曲线曲面的性质及其相应算法也适用于 NURBS 曲线曲面，便于继承和发展。鉴于 NURBS 方法的这些突出优点，国际标准化组织（ISO）于 1991 年颁布的关于工业产品数据交换的 STEP 标准中将 NURBS 方法作为定义工业产品几何形状的唯一数学描述方法，从而使 NURBS 方法成为曲面造型技术中最重要的基础。在以 NURBS 曲面为基础的曲面构造过程中，可以构造出作为标准的 NURBS 曲面，并且最终的曲面表达形式也较为简洁。但是建立在两次优化计算基础上的曲面构造对曲面的光顺性难以保证，计算量也很大；而且曲线网格的建立、分块等很难自动完成，需要较多的交互参与；曲面构造的精度难以控制；如果构造的曲面不能满足要求，往往还需要从头开始计算，且不能很好地解决多视的拼合问题。

8.4.1.2　基于三角曲面的构造方案

反求工程中，三角曲面由于具有构造灵活、边界适应性好等特点，一直受到重视。目前，三角曲面的应用研究重点集中在如何提取特征线、如何简化三角形网格和如何处理多视问题上。一些学者在研究图像型数据的曲面重构时，首先利用测量型值点估算出曲面的局部几何性质，得到曲面的特征线（阶跃、尖角及曲率极值），以此特征线为基础建立初始的三角形网格；然后自适应递增地、有选择地将型值点数据插入三角形网格，在三角划分中，未用到的点都当作冗余数据；最后通过三角 Bezier 曲面的构造得到一个光滑的曲面。还有的学者提出了一种自适应的光滑曲面逼近大规模散乱点的方法，他们用分段三次 Bezier 三角代数曲面作为最终输出结果，而使各三角曲面片之间达到跨边界连续。该方法从插值于产品的边界曲线开始，不断插入最大误差点来优化逼近曲面，直到所有测量点都在规定的误差范围内，曲面的自适应逼近结束。若逼近的允许误差为零，则曲面插值于所有数据点。这种方法概念简单，数据压缩量大，并在加点过程中不需对整个曲面进行重构，而只需改变相关影响域，因而速度快。但是，在这一方法中采用了非参数的形式，逼近结果会受到坐标系的影响，并且只能适用于单值曲面。同时，由于曲面内点之间的连接关系（特征）没有在自适应的网格划分中予以考虑，因而在逼近曲面中不能很好地重构特征（或造成特征线附近曲面片很密）。

三角曲面能够适应复杂型面的形状及不规则的边界，因而在反求工程中复杂型面的曲面 CAD 模型重建方面具有很大的应用潜力。其不足之处在于所构造的曲面模型不符合产品描述标准，并与通用的 CAD/CAM 系统通信困难。此外，有关三角 Bezier 曲面的一些计算方法的研究也不太成熟，如三角曲面之间的求交、三角曲面的裁减等。

8.4.1.3　三角平面片逼近法

用平面片逼近测量数据是三维数据曲面重建的一个重要方向。建立测量点群之间的拓扑关系是提高密集点群几何建模速度的关键。有些学者利用八叉树空间分割原理对密集散乱点群进行分割，建立了数据点云的八叉树拓扑关系，加快了任意点的搜寻速度，并根据规则三角形网格蒙皮法的基本原理，采用万有引力定律计算三角片顶点的坐标，从而进行散乱点群局部插值，用形成的三角形网格逼近被测曲面，实现了散乱点群的三维重建。此外，华盛顿大学的研究人员 Hoppe 在散乱数据的曲面重建上做了大量的工作，他的方法可分为三步：①初始曲面估计：利用函数方法构造一个插值于测量点的曲面，接着确定一个函数 f 来估计测量点到此曲面的距离，然后采用一种轮廓线抽取算法来提取 $f=0$ 的曲面。②网格优化：以上一步的初始网格为起点，减少三角形数目，并提高曲面的逼近精度。采用能量法来完成这些工作，首先定义一个能量函数以表示逼近精度与网格中所含节点数目的关系，然后优化这一函数，使得在满足精度条件下节点数最少（优化的变量为网格中的点数、点之间的连接关系及位置）。③分段光滑曲面片：通过一种分段细分的方法来将取名的尖角特征构造出来，以提高曲面的逼近精度。最后输出的曲面由三角平面片逼近。

8.4.1.4　人工神经网络在曲面重建中的应用

曲面拟合是一项颇具难度的技术，尽管人们做了大量的工作，但仍然没有一个公认的方法来处理数据量越来越大的曲面重建问题。近年来，有人尝试用模拟人脑认识和形象思维的神经网络来处理逆向工程中的曲面重建问题。神经网络用于曲面重建的关键是网络的学习训练方法。对网络进行训练的本质是依据样本点训练时产生的实际输出和希望输出之间的误差，改变网络神经元之间的连接权值。当误差小于给定的精度时，网络达到稳定，此时可以认为网络已经完成了对自由曲面的重建。神经网络算法的优点：利用网络神经和训练来模拟曲面上点与点的关系，不必求出曲面具体的数学参数方程，只需测量到曲面上的有限个点而不需要其他更多的曲面信息和曲面知识。其缺点是网络的收敛难度大，计算费用高，初始参数的选择对产生的误差影响大。网络的收敛速度和网络的训练算法还有待于进一步的探索。现今兴起的深度学习算法等应用在曲面重建中将可能提供一个解决该问题的途径。

8.4.2　基于整个形体的实物反求 CAD 模型重构

基于整个形体的实物反求 CAD 模型重构的研究建立在断层扫描测量数据的基础上，其工作过程如下：①层析截面数据获取及其图像处理；②层面数据的二维平面特征识别；③实体特征识别；④重构实体再现及再设计。第一个工作过程前面已经介绍了，下面仅对后三个问题做一些说明。

8.4.2.1　层面数据的二维平面特征识别及重构

层面数据实际上是大量离散的物体平面轮廓点集，应进行平面轮廓上特征点的识别。传统的多边形逼近法虽然算法简单、易于实现，但却无法识别出圆弧，控制精度对结果影响很大，且不具有仿射不变性。相比之下，采用基于轮廓近似曲率进行特征点识别是一种较为稳定的算法。所谓近似曲率，就是考虑轮廓上相临的若干个点，用差分法代替曲率计算公式中的微分计算。如果测量数据所含噪声较大，可将曲率计算的支撑区间扩大。利用轮廓近似曲率差分图中各特征点的波形特点，即角点对应双边脉冲波形，而切点对应单边脉冲波形，可将切点和角点分类识别出来。在此基础上确定与特征点相连的线段类型，即可判断出特征点间的线段为直线、圆弧还是自由曲线。在实际应用中，由于受噪声的影响，还需对连接情况进行调整以达到轮廓数字化的精确分段。进行平面特征重构时，一般采用经典的最小二乘法。需要注意的是，由于先前识别出的特征点是各线段的连接点，应使用有约束条件的最小二乘法实现平面轮廓的精确重构。

8.4.2.2　实体特征识别

该阶段的任务是识别出哪些点属于同一个实体特征，该特征为凸特征还是凹特征。构成零件原型的体素，有的是原型上占有材料的部分，有的是原型上被切除的部分。将占有材料的体素称为凸性体素，被切除的体素称为凹性体素。

通常称层析数据中按一定顺序排列的、封闭的轮廓点图环链为数据环。显然，每一个层析图中至少有一个或一个以上的数据环。数据环的表示方法有很多，例如可采用包围盒和周率来表示数据环。数据环的包围盒就是周边平行于坐标轴的数据环的最小外接矩形；而数据环中全部点的某一坐标值之和与点的数目之比，称为数据环在该坐标方向上的周率。如果相邻层的两个数据环的包围盒以及 x 和 y 方向上的周率相等（误差小于某一范围视为相等），则可判断该相邻两层的数据环属于同一特征体素。由于特征体素是由组成该体素的不同层上的数据环来构造的，从任意一层数据环都可以判断该体素的凸凹性，因此，特征体素凸凹性的判别就成为数据环凸凹性的判别。在层析图中，由数据环包围和被包围的关系可判断数据环的凸凹性。处于最外层，不被任何数据环包围的数据环一定是凸环。从外向里，处于第二层的是凹环，处于第三层的是凸环，以此类推。与凸环相对应的体素为凸特征，而与凹环相对应的体素为凹特征。

8.4.2.3　三维实体模型再现及再设计

对于三维实体模型再现及再设计问题的解决，目前有一种思路，即将正向设计与反求工程相结合。正向设计时，设计人员可根据设计图纸构造零件的特征关系树，在商业化通用软件中建立零件的 CAD 模型。特征关系树即原型的所有特征关系构成的树状结构。特征树的节点是特征，该特征的属性如凸凹性及二维特征均附属在节点上，节点即特征的连接依靠特征之间的关系。反求设计中的实体再现可借鉴正向设计的方法，当实体特征被识别后，根据原型实物的结构情况，再配合已精确识别重构的二维平面特征构造出反求对象的特征树。在该特征树的指导下，利用已识别的特征体，在通用 CAD 软件环境下，如同正向设计一样，建立实物的 CAD 重构模型，并在此基础上利用通用 CAD 软件的功能对模型进行工程分析和修改，以实现零件的再设计，使反求工程从简单的仿制转变为真正地具有创新意义的产品设计。它为产品的创新设计提供了一种全新的方案，必将受到越来越多的重视。

8.4.3　模型精度评价及原始设计参数还原

8.4.3.1　模型精度评价

在逆向工程中，从产品的实物模型重建得到了产品的 CAD 模型，根据这个 CAD 模型，可以对原产品进行仿制或者重复制造，也可以对原产品进行工程分析、结构优化，实现改进、创新设计，这就要求重构的 CAD 模型尽可能重现实物模型的设计精度。但在实际的逆向工程过程中会由于各种原因引起误差，即重构的 CAD 模型与实物模型总会存在一定的误差，这些误差的来源如图 8.18 所示。

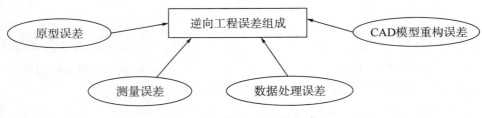

图 8.18　逆向工程误差组成

产生原型误差主要是由于逆向工程的实物样件是使用过的产品，因此有一定的磨损量和"破坏性"。原型误差会引起被测件尺寸、形状以及表面精度上的一些变化。

测量误差主要是由测量系统引起的，包含系统误差和偶然误差。系统误差主要有系统标定误差、温度误差、传动机构的运动间隙误差等。偶然误差主要有测量人员视觉误差及操作误差等。

数据处理误差是指在进行数据平滑和转换时引起的计算误差。在数据平滑时可能会损失一些细节的特征数据。数据转换引起的误差指在进行多视数据统一时，由于对齐基准点的选择、定位、测量以及多坐标系间的转换计算等引起的误差。

CAD 模型重构误差主要由曲线、曲面的拟合误差组成。目前，CAD 模型重构常采用最小二乘逼近来进行样条曲线、曲面拟合，这就存在一个允差大小（或拟合精度）控制问题。另外，为保证轮廓边界的贴合和共线，配合件的测量边界轮廓必须调整为一条配合线，这样对配合零件表面曲面造型时会带来误差。

精度评价指标分为整体指标和过程指标，还可以分为量化指标和非量化指标。整体指标指实物或模型的总体性质，如整体几何尺寸、体积、面积（表面积）以及几何特征间的几何约束关系，如孔、槽之间的尺寸和定位关系；局部指标指曲面片与实物对应曲面的偏离程度。量化指标指精度的数值大小，非量化指标主要用于曲面模型的评价，如表面的光顺程度等，主要通过曲面的高斯曲率分布、光照效果、法矢和主曲率图检验光顺效果确定，并参照人的感官评价。对于规则的几何产品，采用整体指标进行精度评价是适宜的，而且也易于实现。但是对于由自由曲面组合而成的复杂几何外形产品，其曲面之间的约束关系难以确定，只能采用局部评价指标，包括量化指标和非量化指标。

在反求工程中，从数据测量到实物加工完成，误差是不可避免的。为提高精度，必须将各项误差减小或控制在产品允许的范围内。但对于误差的大小难以定量控制，总的控制原则是满足产品的几何尺寸、装配和力学性能要求。在考虑技术措施时，应根据不同的产品反求要求采取不同的策略，当反求产品出现偏差时，找出误差原因并加以修正和控制。在误差来源中，一般情况下测量误差对重建模型的精度影响较大，因此控制测量误差是保证精度的关键。考虑测量误差源，除补偿误差外，其他几种误差都可以在测量过程中加以控制，如控制好测量环境，提高测量人员的素质等；而补偿误差可以用补偿计算来消除。同时，实现测量自动化和专门化、在模型重建中引入特征及约束关系以及使反求工程有效地集成于 CAD/CAM 系统中，也是应加以研究的关键技术。

8.4.3.2　原始设计参数还原

原始设计参数还原是逆向工程的基础，原始设计参数是客观存在的，但又是未知的。原始设计参数还原会受到诸多随机因素的影响，也许最终无法精确获得最初的设计值，但在反求的过程中可以使反求参数接近于最初设计参数，并将误差控制在一定范围内，而且从反求设计过程所依赖的知识及其参数选择的各种规则中可以窥见最初的设计思想及某些设计参数的决策方法。基于特征的设计参数还原方法是最基本的手段，而原设计参数可定义为几何特征参数、形状特征参数、精度特征参数、性能特征参数、制造特征参数等。在三维模型重建过程中，实物的几何、形状特征识别是建模的关键，它可以对测量数据直接进行修正以消除误差，单纯依据测量数据，有时反而会得到错误的模型，如直线的拟合和圆孔直径的确定。对由直线、圆弧等构成的实物及轮廓特征、等半径的倒圆特征、对称特征、网孔特征以及由平面、柱、锥、球、环等基本体组成的零件，特征提取较简单，但对于二次曲线（抛物线）特征、变半径倒圆特征、椭圆孔特征等，特别是具有复杂曲面外形的零件，其外形是一些基本子曲面通过光滑连接、修整、裁减、过渡拼合而成的，其设计和数学模型较为复杂，提取这类特征是特征建模的难点。现在通常将神经网络、模糊数学等人工智能技术应用于这类特征识别中。

8.5　基于三维光学扫描和 Geomagic Studio 的逆向工程实例

逆向工程软件可以接受导入的测量数据，通过数据处理和模型重构，匹配上标准数据格式后，将这些曲线、曲面数据传输到合适的 CAD/CAM 系统中，经过反复修改完成最终的产品造型。从复杂的曲面造型功能上看，目前流行的反求工程软件与主流 CAD/CAM 系统软件（如 CATIA、UG、Pro/E 和 SolidWorks 等）相比并无优势。但作为重要的曲线、曲面造型的数据管道，越来越多的反求工程软件被选作这些 CAD/CAM 系统的第三方软件。

根据曲面重构方法的不同，可以将逆向工程软件分为三类：第一类，对测量得到的点云数据进行处理后，直接生成质量很高的原型曲面，但生成的曲面需转换到其他的 CAD/CAM 系统中。例如，ImageWare、ICEMSurf 等软件分别是 UG 及 Pro/E 系列软件中独立完成反求工程的点云数据读入与处理功能的模块，在逆向设计软件中属于插件形式的第三方软件。第二类，对测量得到的点云数据进行处理后直接生成曲面，生成的曲面可采用无缝连接的方式被集成到 CAD/CAM 系统中做后续处理。例如，DELCAM 公司的 CopyCAD，可将三维实体测量中产生的数字模型直接嵌入到 CAD/CAM 模块中，实现了数据的无缝集成，从而便捷地生成复杂曲面和产品零件原型。第三类，按特征构建的方式生成产品几何原型。例如主流的 CATIA、UG、Pro/E 和 SolidWorks 等 CAD/CAM 软件，均可直接按特征构建的方式生成几何原型。

目前常用的逆向工程软件有以下几种：

（1）ImageWare：美国 EDS 公司出品，为 UG 的第三方软件，主要应用于航空航天和汽车工业领域。

（2）Pro/SCAN-TOOLS：为 Pro/E 的一个模块，可通过测量数据获得光滑的曲线和曲面。

（3）CopyCAD：英国 DELCAM 公司出品，可快速编辑数字化模型，产生具有高质量的复杂曲面，同时可跟踪机床和激光扫描器。

（4）RapidForm：韩国 INUS 公司出品，提供了运算模式，可实时由点云数据运算出无缝的多边形曲面，成为 3DScan 后处理的最佳接口。

（5）Geomagic Design Direct：美国 3D Systems 公司开发的一款正逆向直接建模工具，兼有逆向建模软件的采集原始扫描数据并进行预处理的功能和正向建模软件的正向设计功能。

（6）Geomagic Studio：美国 Geomagic 公司出品，可轻易从点云数据创建出完美的多边形模型和网络，并可自动转换为 NURBS 曲面。Geomagic 公司现已被 3D Systems 公司收购，3D Systems 公司提供多款逆向软件，包括 DesignX、快速 3D 扫描、DesignDirect 等。

下面介绍一个以燃气轮机叶片为对象，基于三维光学扫描进行数据采集和基于 Geomagic Studio 进行数据处理及模型重构的逆向工程实例。

8.5.1　光学检测平台搭建

燃气轮机叶片是燃气轮机最重要的零件之一，它的形状、尺寸、加工精度直接影响燃气轮机的能量转换效率。如何快速、准确地对叶片外形进行检测，是燃气轮机叶片加工的关键问题之一。在燃气轮机叶片的检测方面，主要采用三坐标测量法和标准样板法，但是这两种测量方法都存在一定的缺陷。三坐标测量法是基于点的测量，测量效率非常低，测量范围较小，花费相对较高，由于易受环境影响，通常只在实验室使用。标准样板法使用的样板靠手工打磨，速度慢，测量效率低，且测量精度不高，只能对叶片型面特定截面进行检测，无法反映整个叶片型面的加工质量。因此，一些非接触的测量方法在叶片外形测量中逐渐得到了应用。这些测量方法由于速度快、受环境影响小，能保证较高的精度，因此在外形测量上有着广泛的应用。非接触式检测包括工业 CT、光学检测中的结构光法、图像分析法等。本节所使用的三维光学扫描属于光学检测中的结构光法，是利用 ATOS Core200 手持式三维光栅扫描仪，搭建针对叶片光学检测的三维平台，对某燃气轮机叶片进行三维光学扫描。

燃气轮机叶片主要分为叶冠、叶型、叶根三个部分，形状复杂，结构多样，不同类别和级数的叶片尺寸变化较大。如图 8.19 所示为某型号"T"形根燃气轮机叶片。

图 8.19　燃气轮机叶片

叶片的叶型部分截面为月牙形，叶冠部分为不规则矩形，叶根部分为 T 形。叶根部分形状复杂、底面面积小，为便于叶片扫描和竖直放置，将叶片倒置，使叶冠部分接触旋转平台，叶根竖直朝上。三维扫描仪在工作过程中，工业 CCD 相机镜面轴线与被测表面法线之间的夹角应在 60°以内，考虑到叶冠和叶根部分结构较为复杂，需要根据叶片型面的特点进行光学扫描路径的规划与设计。

叶型部分的扫描：扫描仪正对叶型轮廓法线方向进行扫描时，不存在扫描盲点，因此不需要扫描仪做俯仰的偏转。但叶型轮廓不是简单曲线，在扫描过程中扫描仪不能保证一直处于叶型轮廓法线方向，故设计扫描仪沿圆周方向做 6 次扫描，每次扫描拍摄之间的角度为 60°，即旋转平台带动叶片自转，每次转动的角度为 60°。

叶冠、叶根部分的扫描：叶冠与叶型结合面、叶根底部是扫描叶型过程中容易缺失的部分，针对这两个部分，需要做补充扫描。补充扫描时，扫描仪向下运动到合适位置，以仰角工作，仰角角度为 60°，扫描叶冠与叶型结合面。扫描仪向上运动到合适位置，以俯角工作，俯角角度为 60°。同时，由于 CCD 相机镜面轴线到被测表面之间的距离发生了变化，为保证叶片在扫描仪测量距离内，水平直线运动机构带动旋转平台、夹具和叶片整体在水平方向运动。叶冠、叶根部分的扫描也同样沿圆周方向进行 6 次，每次扫描拍摄之间的角度为 60°。

针对以上特点设计扫描流程，如图 8.20 所示。

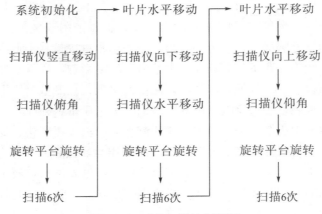

图 8.20　叶片扫描流程规划

使用德国 GOM 公司 ATOS Core200 三维光栅扫描仪对某型号燃气轮机"T"形叶根动叶片进行三维扫描，扫描仪如图 8.21 所示。中间的投射镜头负责发出激光光栅，左右各一个 CCD 工业相机负责拍摄被测表面光栅形态，从而得到叶片的点云数据。

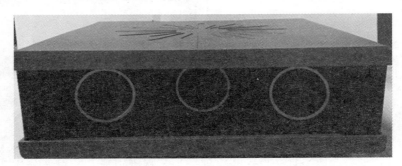

图 8.21　三维光栅扫描仪

8.5.2　数据采集

8.5.2.1　喷涂显影剂

三维光栅扫描采用 CCD 照相机进行拍照，采集叶片点云数据，叶片加工精度高，表面粗糙度小，表面光滑，直接进行汽轮机叶片点云数据采集会产生一定的光反射现象。因此，需要对汽轮机叶片喷涂显影剂，以避免在测量过程中产生漫反射而导致点云数据采集缺失，使扫描点云数据更完整。显影剂粉末的主要成分为二氧化钛的白色粉末。将二氧化钛粉末与酒精按照 1∶30 的比例充分混合后制成显影剂，显影剂混合液采用空气压缩机加压之后对叶片进行喷涂。喷涂过程保证工件与喷头之间有一定距离，均匀喷涂叶片，使叶片表面均匀覆盖显影剂，喷涂完成之后将汽轮机叶片放置一段时间，晾干后进行下一步测量。

8.5.2.2　粘贴定位标定点

定位标定点是三维光栅扫描仪采集汽轮机叶片表面轮廓点云数据的重要参考点。在扫描过程中通过至少三个定位标定点建立测量的空间坐标系,通过坐标变化采集三维空间中的汽轮机叶片三维轮廓点云。每次拍照需要保存上次拍照过程中至少三个公共定位标定点来实现两次拍照的点云数据拼接,因此两次拍照过程中存在的公共定位标定点越多,越能够有效地提高点云拼接的准确性,提高扫描精度。同时,一次扫描的多次拍照过程中不允许定位标定点与扫描工件之间的位置发生相对移动,所以通常情况下需将定位标定点粘贴在待测汽轮机叶片表面,保证其相对位置不发生改变。

8.5.3　Geomagic Studio 概述

Geomagic Studio 是美国 Geomagic 公司出品的逆向工程软件,可以将扫描得到的点云数据转换为 NURBS 曲面,从而生成被扫描物体的三维模型。使用 Geomagic Studio 处理扫描数据的过程大体可以分为点阶段、多边形阶段、形状阶段三个部分,如图 8.22 所示。下面以某型号燃气轮机叶片的逆向工程为例,介绍使用 Geomagic 软件进行数据处理的全过程。

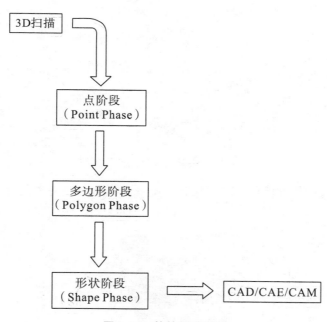

图 8.22　软件处理过程

8.5.4　点阶段的数据处理

燃气轮机叶片通过三维扫描后,将得到叶片表面大量的点的数据,这些点的集合称为点云。点阶段数据处理的目的就是去除影响建模的与叶片三维模型无关的点,并将处理后的点云封装为三角面片。其主要步骤包括导入点云数据、去除体外孤点、减小噪音、统一采样、封装并保存数据。

导入点云数据形成的叶片模型如图8.23所示。

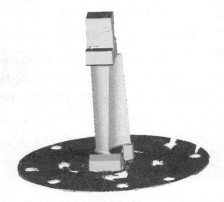

图8.23　扫描得到的叶片模型

删除无关点云数据后获取的叶片点云模型如图8.24所示。

图8.24　去除底座后的点云模型

继续删除所选的体外孤点，减小噪音、统一采样后封装完成的叶片模型如图8.25所示。

图8.25　封装后的叶片模型

通过封装前后叶片局部放大可以看到，叶片模型已经由点（图 8.26）变成三角形面片（图 8.27）。

图 8.26 点云阶段的模型表面

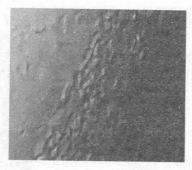

图 8.27 多边形阶段的模型表面

8.5.5 多边形阶段的处理

多边形阶段的处理主要是对点云封装之后得到的模型进行进一步处理，以得到理想的被扫描物体的表面模型。其主要步骤包括创建流型、填充孔、添加平面、删除钉状物、简化多边形、砂纸打磨与去除特征。

创建流型的目的是删除模型中的非流型三角形数据。叶片模型底面在扫描时与操作平面接触，没有生成点云数据，故叶片模型是不封闭的，如图 8.28 所示。

图 8.28 开放的叶片模型

由于在扫描过程中存在点云数据的缺失，因此在封装成多边形模型后，模型表面会出现孔洞。这些孔洞既包括点云稀疏形成的小孔，如图 8.29 所示，也包括在扫描时被遮挡部分形成的大孔，如图 8.30 所示。

图 8.29 叶片表面的小孔

图 8.30 叶片表面的大孔

在扫描过程中叶片有一面与操作平面接触，并没有被扫描到，因此在最后形成的叶片模型上，该面产生了缺失。通过添加平面，可以直接生成平面特征，以形成封闭的叶片模型，如图 8.31 所示。

图 8.31　生成封闭面

钉状物是部分三角形面片组成的不平滑的小突起，删除钉状物可以使模型表面趋于平滑（图 8.32、图 8.33）。

图 8.32　钉状物删除前

图 8.33　钉状物删除后

叶片模型表面可能存在部分区域不光滑，此时可以使用"砂纸打磨"或者"去除特征"的方法来进一步处理（图 8.34、图 8.35）。

图 8.34　打磨前

图 8.35　打磨后

8.5.6　形状阶段的处理

　　形状阶段处理的目的是在多边形阶段处理完成后得到更加理想的曲面模型。它包括轮廓线处理、曲面片处理、格栅处理三部分。最终目的是得到理想的 NURBS 曲面，如图 8.36 所示。

图 8.36　最终形成的叶片模型

习题

1. 反求工程与仿制工程相同吗？分析它们之间的本质区别。
2. 反求工程中数据采集的方式有哪些？分析它们的优缺点及不同的应用场合。
3. 说明测量数据的一般处理过程及相应的数据处理技术。
4. 简述逆向（反求）工程的基本流程，说明接触式和非接触式数据采集方法各自的特点。
5. 分析反求工程中多视数据产生的原因及其处理方法。
6. NURBS 样条曲面拟合方法与非有理 B 样条曲面拟合方法的区别有哪些？
7. 分析反求工程中产生误差的来源，并总结原始设计精度还原的方法。

第9章 增材制造（3D打印）技术

近年来，增材制造技术取得了快速的发展。增材制造原理与不同的材料和工艺结合形成了许多增材制造设备，在航空航天、家电电子、生物医疗、装备制造、工业产品设计等领域得到了越来越广泛的应用。美国《时代》周刊将增材制造列为"美国十大增长最快的工业"，英国《经济学人》杂志则认为它将"与其他数字化生产模式一起推动实现第三次工业革命"。以增材制造技术为代表的数字化、智能化、网络化、个性化制造与服务，不仅有可能重塑制造业和服务业的关系，也将在一定意义上重塑国家和地区的经济技术优势，进而重塑经济发展格局。本章主要介绍增材制造的技术原理、增材制造的典型工艺技术、增材制造中的数据处理、增材制造的应用领域以及增材制造技术面临的挑战与发展趋势。

9.1 增材制造的技术原理

增材制造（3D打印）技术被认为是工业4.0九大支柱技术之一，如图9.1所示。增材制造技术的核心是数字化、智能化制造，它改变了通过对原材料进行切削、组装进行生产的加工模式，实现了面向任意复杂结构的按需生产，将对产品设计与制造、材料制备、企业形态乃至整个传统制造体系产生深刻的影响。

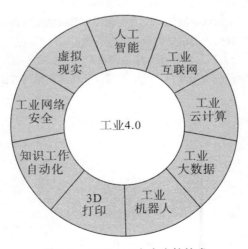

图 9.1 工业 4.0 九大支柱技术

9.1.1　增材制造的概念与内涵

从广义的原理来看，以设计数据为基础，将材料（包括液体、粉材、线材或块材等）自动化地累加起来成为实体结构的制造方法，都可视为增材制造技术。2009 年，美国材料与试验协会成立了 F42 委员会，国际标准化组织（ISO）发布了 ISO/ASTM 增材制造技术术语标准，将增材制造定义为 "Process of joining materials to make objects from 3D model data，usually layer upon layer，as opposed to subtractive manufacturing methodologies"。其含义是，增材制造是相对于减材制造和等材制造，以三维模型数据为基础，通过材料逐层叠加来制造零件或实体的工艺，其原理如图 9.2 所示。在非技术领域通常提到的 3D 打印，实际上为增材制造的同义词。

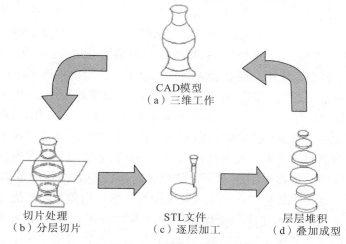

图 9.2　增材制造原理

9.1.2　增材制造技术的发展历程

在历史上，很早以前就有基于离散的增长方式成型原型或产品的"增材"制造方式。在增材制造技术的发展过程中有其他一些名称，反映了不同发展时期其不同方面的主要技术特征。因技术特点和内涵的不同，增材制造技术的不同称谓主要包括以下几种，如图 9.3 所示。

图 9.3　增材制造技术的不同称谓

（1）材料累加制造（Material Accumulating Manufacturing，MAM）。这一术语源于 RPM 技术在制造过程中工件材料既没有变形，也没有被切除，而是通过不断增加工件材料来获取所要求的工件形状的特点。

（2）快速原型（Rapid Prototyping，RP）。该名称源于增材制造技术应用的初期，主要用树脂作造型材料。由于树脂的强度和刚度远远不及金属材料，故只能制造满足几何形状要求的原型零件。现在，除了可以制造原型零件外，还可以用各种材料作造型材料，在一定程度上制造既满足几何形状又满足其他性能（如机械性能）要求的功能原型或功能零件。

（3）分层制造（Layered Manufacturing）。这一概念源于增材制造技术是一层一层地建造这一过程。

（4）实体自由成型制造（Solid Freeform Fabrication，SFF）。这一术语强调增材制造技术无须模具和工具，可自由创成用其他制造技术无法实现的复杂型面。

增材制造技术的发展历程可以追溯到早期的地形学工艺领域。1982 年，美国 Blanther 在他的专利中建议用分层制造法制作地形图。他提出将地形图轮廓线压印在一系列蜡片上，然后沿轮廓线切割蜡片并堆叠蜡片产生三维地貌图。1940 年，Perera 提出了在硬纸板上切割轮廓线，然后黏结成三维地图的方法。1976 年，DiMatteo 进一步明确地提出利用这种增材堆积的方式可以制造用普通机加工设备难以加工的曲面，如螺旋桨、三维凸轮和型腔模具等。先通过铣床加工一系列金属层片，再通过黏结并采用螺栓和带锥度的销钉进行连接加固制作了型腔模。同年，Paul 在他的美国专利中提出先用轮廓跟踪器将三维物体转化成许多二维轮廓薄片，然后用激光切割使薄片成型，再用螺钉、销钉将一系列薄片连接成三维物体。1979 年，日本东京大学的 Nakagawa 教授开始采用分层制造技术制作实际的模具，如落料模、压力机成型模和注塑模等。这是早期对增材制造原理较直接的运用。

20 世纪 80 年代末，增材制造技术有了根本性的发展，仅在 1986—1998 年注册的美国专利就有 274 个。其中最著名的是 Charles W. Hull 在 1986 年获得的专利中提出用激光照射液态光敏树脂，从而分层制造三维物体的现代增材制造原型机的方案。1988 年，Charles W. Hull 与其合作者一起建立了著名的 3D Systems 公司，生产出了世界上第一台商业化的增材制造快速原型机——SLA-250，开创了增材制造技术应用的新纪元。

9.1.3 增材制造的基本工艺过程

增材制造技术发展至今已有很多种工艺方法，支持不同种类的材料。其基本工艺过程可以用图 9.4 表示，基本都是利用三维软件构建出三维模型，再通过 3D 打印设备的软件处理进行离散与分层，处理后的数据被输入制造设备进行加工得到产品，并进行后期处理。

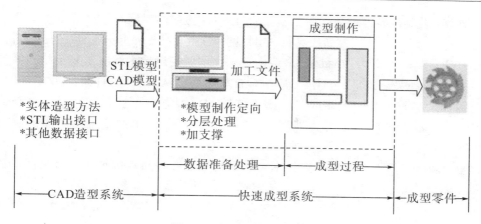

图 9.4　增材制造工艺过程

（1）实体模型的构建：利用增材制造技术的前提是拥有相应模型的 CAD 数据。可以利用计算机辅助设计软件如 Pro/E、SolidWorks、Unigraphics 等正向设计创建三维实体模型；或者通过反求设计的方式，利用如三维扫描、电脑断层扫描等技术，得到真实物体的点云数据，并以之为基础创建相应的三维实体模型。

（2）实体模型的离散处理：利用增材制造技术加工前需要对模型进行近似离散处理。例如，曲线是无法完全实现的，实际制造时需要近似为极细小的直线段来模拟，以方便后续的数据处理工作。增材制造领域通用的数据格式为 STL，用以和设备进行对接。它将复杂的模型用一系列的微小三角形平面来近似模拟，每个小三角形用三个顶点坐标和一个法矢量来描述，三角形大小的选择则决定了模拟的精度。

（3）实体模型的分层处理：需要依据被加工模型的特征选择合适的加工方向，例如，应当将较大面积的部分放在下方。随后，在成型高度方向上用一系列固定间隔的平面切割被离散过的模型，以便提取截面的轮廓信息。间隔可以小至亚毫米级。通常在工艺允许的条件下间隔越小，成型精度越高，但成型时间也越长。

（4）成型加工：根据切片处理的截面轮廓，在计算机控制下，对相应的部件（根据设备的不同，分别为激光头或喷头等）进行扫描，在工作台上一层一层地堆积材料，然后将各层黏结（根据工艺不同，有各自的物理或者化学过程）起来，最终得到原型产品。

（5）成型零件的后处理：对于实体中悬空的特征，一般会设计额外的支撑结构，把这些废料去除是必须的。另外，还可能需要进行打磨、抛光以改善零件表面粗糙度，或在高温炉中烧结以提高强度，等等。

9.1.4　增材制造技术的特点

相比传统的制造方式，增材制造技术主要具有以下几个特点：

（1）全数字化制造：增材制造技术是集计算机、CAD/CAM、数控、激光、材料和机械等于一体的先进制造技术，整个生产过程实现全数字化，与三维模型直接关联，所见即所得，零件可随时制造与修改，实现了设计和制造的一体化。

（2）全柔性制造：与产品的复杂程度无关，适应于加工各种形状的零件，可实现自由制造，原型的复制性能力越高，在加工复杂曲面时优势更加明显；具有高柔性，无须模具、刀具和特殊工装，即可制造出具有一定精度和强度并满足一定功能的原型和零件。

（3）适应新产品开发/小批量/个性化定制：增材制造技术解决了复杂结构零件的快速成型问题，减少了加工工序，缩短了加工周期。从 CAD 设计到原型零件制成，一般只需几个小时至几十个小时，速度比传统的成型方法更快，这使得增材制造技术尤其适合于新产品的开发与管理，以及解决复杂产品或单件小批量产品的制造效率问题。

（4）材料的广泛性：增材制造技术现在已可用于多种材料的加工，可以制造树脂类、塑料类原型，还可以制造纸类、石蜡类、复合材料、金属材料以及陶瓷材料的零件。

（5）高度自动化、智能化、网络化。

9.2　增材制造的典型工艺技术

增材制造工艺技术的分类有多种体系，通常可以根据材料、工艺特点等的不同来划分。根据原材料的不同可以分为基于液体、固体、粉末的增材制造工艺。基于液体的增材制造工艺的代表是光固化成型工艺（SL）以及由 Stratasys 和 3D System 公司分别开发的 Polyjet、Multijet Printing 光固化工艺等；基于固体的增材制造工艺包括熔融沉积成型（FDM）、叠层实体制造（LOM）等；基于粉末的增材制造工艺包括选区激光烧结/熔化（SLS/SLM）、黏结剂喷射 3D 打印（3DP）等。根据工艺特点的不同又可以将增材制造工艺分为基于激光、喷射、挤出，等等。近年来，ISO 与 ASTM 正在制定新的增材制造标准，但是目前国际上并没有一个通行的增材制造分类标准。发展到今天，增材制造技术的工艺种类已经很多，下面介绍一些典型的增材制造工艺技术。

9.2.1　光固化成型

光固化成型（Stereolithography，SL）又称立体光刻成型，是最早发展起来的增材制造技术，目前市场和应用已经比较成熟。光固化成型主要使用液态光敏树脂为原材料，其工艺原理如图 9.5 所示。液槽中盛满液态光固化树脂，氦－镉激光器或氩离子激光器发射出的紫外激光束在计算机的控制下按工件的分层截面数据在液态的光敏树脂表面进行逐行逐点扫描，使得扫描区域的树脂薄层产生聚合反应而固化，从而形成工件的一个薄层，未被照射的地方仍是液态树脂。当一层扫描完成且树脂固化完毕后，工作台将下移一个层厚的距离以使在固化好的树脂表面上再覆盖一层新的液态树脂，刮板将黏度较大的树脂液面刮平，然后再进行下一层的激光扫描固化。新固化的一层将牢固地黏合在前一层上，如此重复直至整个工件层叠完毕，逐层固化得到完整的三维实体。

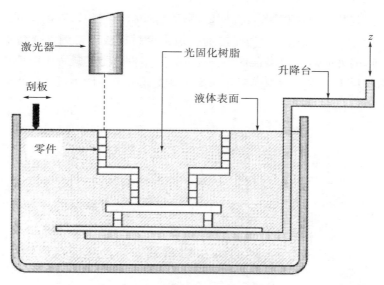

图 9.5　光固化成型（SL）工艺原理

　　光固化成型技术的优势在于成型速度快、原型精度高，非常适合制作精度要求高、结构复杂的原型，是目前世界上研究最为深入、技术最为成熟、应用最为广泛的一种增材制造技术。但是其设备成本、维护成本和材料成本相对较高。受材料所限，其可使用的材料多为树脂类，使得打印产品的强度、刚度及耐热性能有限，并且不利于长时间保存。由于树脂固化过程中会产生收缩，不可避免地会产生应力或引起形变，因此需要开发收缩小、固化快、强度高的光敏材料。

　　光固化成型技术采用的材料为光敏树脂，一般为液态，由聚合物单体与预聚体组成，其中加入了光（紫外线）引发剂（或称为光敏剂）。在一定波长的紫外线（250～300 nm）照射下能立刻引起聚合反应完成光固化（Photopolymerization）。因此，实际上作为光固化光源来说，激光并不是唯一的，且其成本较高。光固化光源还可采用高压汞灯、可见光及红外激光器、可见光及紫外（UV）发光二极管（LED）等。

　　光固化成型技术基于液体槽光固化成型（Vat Photopolymerization）的方式，其每一分层通过激光在槽中液态光敏树脂表面扫描并以点到线再到面的方式成型。同样是基于液体槽光固化的增材制造工艺，动态掩膜（Dynamic Masks）技术采用面曝光的方式对液体槽中的光敏树脂进行固化成型。这种面曝光的方式将大大提高效率，早期主要用于微纳尺度制造方面。其中使用的动态掩膜可以用液晶（LCD）屏、空间光调制器（SPM）或基于 DMD 芯片的数字光处理技术（DLP）来实现，目前较常用的是基于DLP 的方式，其基本原理如图 9.6 所示。由于投影范围的限制，这种基于面曝光方式的液体槽光固化成型工艺所能成型零件的尺寸通常不大。采用类似液体槽光固化成型原理的技术实际上还有双光子固化成型，主要用于微纳结构的制造，本书不做进一步介绍。

　　除了基于液体槽的光固化成型工艺外，还有基于喷墨打印光固化成型的方式，例如3D Systems 和 Stratasys 两大公司分别独立开发的 MultiJet Printing 和 PolyJet 技术，如图 9.7 所示。其基本原理相同，都是基于喷墨打印机的思想，采用阵列式喷头，工作时喷射打印头沿 xOy 平面运动，当薄层的光敏聚合材料被喷射到工作台上后，紫外光灯沿着喷头工作的方向对光敏聚合材料进行固化。工件成型的过程中将使用两种以上类型的光敏树脂材料来生成实际的模型和支撑。其支撑材料一般为可溶解水溶胶或含蜡的光敏材料。

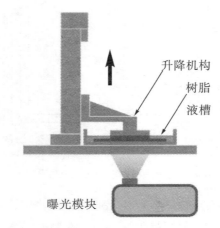

图 9.6　基于投影面曝光方式的光固化工艺原理

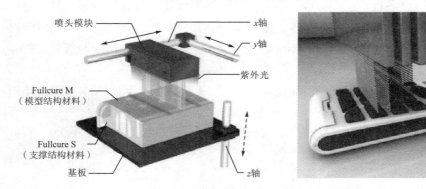

图 9.7　基于喷墨打印方式的光固化工艺原理

9.2.2　叠层实体制造

叠层实体制造（Laminated Object Manufacturing，LOM）又称分层实体制造，由美国 Helisys 公司的 Michael Feygin 于 1986 年研制成功，其工艺装备原理及工艺过程原理如图 9.8 所示。

在叠层实体制造工艺中，设备会将单面涂有热熔胶的箔材通过热辊加热，热溶胶在加热状态下可产生黏性，所以由纸、陶瓷箔、金属箔等构成的材料就会黏结在一起。接着，上方的激光器或刀具按照 CAD 模型分层数据，将箔材切割成所制零件的内外轮廓。具体地说，首先切割出工艺边框和原型的边缘轮廓线，然后将不属于原型的材料切割成网格状。通过升降平台的移动和箔材的送给，再铺上新的一层箔材，通过热压装置将其与下面已切割层黏合在一起，再次进行切割，重复这个过程直至整个零部件打印完成。最后，将不属于原型的材料小块剥除，获得所需的三维实体。这里所说的箔材可以是涂覆纸（涂有黏结剂覆层的纸），涂覆陶瓷箔、金属箔或其他材质基的箔材。各层纸板或塑料板之间的结合常用黏结剂实现，而各层金属板之间的结合常用焊接（如热钎焊、熔化焊或超声焊接）和螺栓连接来实现。

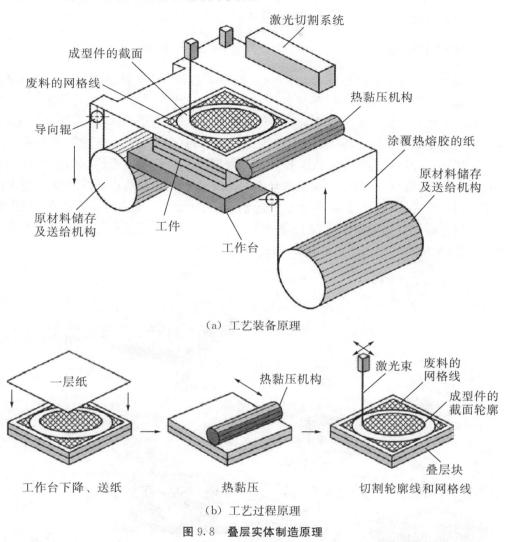

（a）工艺装备原理

（b）工艺过程原理

图 9.8　叠层实体制造原理

　　叠层实体制造只需在片材上切割出零件截面的轮廓，而不用扫描整个截面，因此成型厚壁零件的速度较快，易于制造大型零件。工艺过程中不存在材料相变，因此不易引起翘曲变形，零件的精度较高，小于 0.15 mm。工件外框与截面轮廓之间的多余材料在加工中起到了支撑作用，所以 LOM 工艺无须加支撑。但是，LOM 加工成型的原型件通常还需要经过一定的后处理。从设备上取下的原型件埋在叠层块中，需要进行剥离以便去除废料。为了使零件原型表面状况或机械强度等方面完全满足最终需要，保证其尺寸稳定性和满足精度等方面的要求，有的还需要进行修补、打磨、抛光和表面强化处理等，这些工序统称后处理。

目前，该技术使用的打印材料中最为成熟和常用的是涂有热敏胶的纤维纸。受原材料的限制，打印出的最终产品在性能上仅相当于高级木材，这在一定程度上限制了该技术的推广和应用。该技术具备工作可靠、模型支撑性好、成本低、效率高等优点，缺点是打印前准备和后处理都比较麻烦，并且不能打印带有中空结构的模型。在具体使用中多用于快速制造新产品样件、模型或铸造用木模。

9.2.3　熔融沉积成型

熔融沉积（Fused Deposition Modeling，FDM）也被称为熔丝沉积，是一种不依靠激光作为成型能源，通过微细喷嘴将各种丝材（如 ABS 等）加热熔化，逐点、逐线、逐面、逐层熔化，堆积形成三维结构的堆积成型方法。FDM 于 1988 年由 Scott Crump 发明。同年，他成立了生产 FDM 工艺主要设备的 Stratasys 公司。熔融沉积成型原理如图 9.9 所示。加热喷头在计算机的控制下，根据产品零件的截面轮廓信息，做 xOy 平面运动，热塑性丝状材料由供丝机构送至热熔喷头，并在喷头中加热和熔化成半液态，然后通过喷嘴被挤压出来，有选择性地涂覆在工作台上，快速冷却后形成一层薄片轮廓。一层截面成型完成后工作台下降一定高度，再进行下一层的熔覆，好像一层层"画出"截面轮廓，如此循环，最终形成三维产品零件。

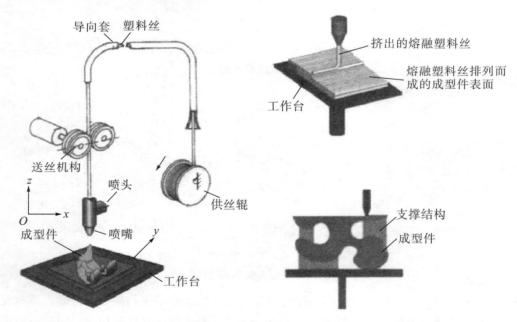

图 9.9　熔融沉积成型原理

熔融沉积式快速成型制造技术的关键在于热熔喷头，适宜的喷头温度能使材料挤出时既保持一定的形状又具有良好的黏结性能。但熔融沉积式快速成型制造技术的关键并非只有这一个方面，成型材料的相关特性（如材料的黏度、熔融温度、黏结性以及收缩率等）也会极大地影响整个制造过程。基于 FDM 的工艺方法有多种材料可供选用，如 ABS、聚碳酸酯（PC）、PPSF 以及 ABS 与 PC 的混合料等。这种工艺洁净，易于操作，不产生垃圾，并可安全地用于办公环境，没有产生毒气和化学污染的危险，适合于产品设计的概念建模以及产品的形状及功能测试。

为了节省熔融沉积式快速成型工艺的材料成本，提高工艺的沉积效率，在原型制作时需要同时制作支撑，因此，新型 FDM 设备往往采用双喷头，一个喷头用于沉积模型材料，另一个喷头用于沉积支撑材料。采用双喷头不仅能够降低模型制作成本，提高沉积效率，还可以灵活地选用具有特殊性能（如水溶性、酸溶性或低熔点等）的支撑材料，方便在后处理中去除支撑材料。FDM 设备有时也采用 3 个或更多的喷嘴，主要用于组织工程研究，以便将生物支架或其他生物兼容性材料沉积在人工植入体的不同部位。

在 3D 打印技术中，FDM 的机械结构最简单，设计也最容易，制造成本、维护成本和材料成本也最低，因此是家用桌面级 3D 打印机中使用最多的技术。工业级 FDM 机器主要以 Stratasys 公司的产品为代表。

9.2.4　选区激光烧结/熔化

选区激光烧结（Selecting Laser Sintering，SLS）和选区激光熔化（Selecting Laser Melting，SLM）的原理类似，都是采用激光作为热源对基于粉床的粉末材料进行加工成型的增材制造工艺方法，其基本原理如图 9.10 所示。粉末首先被均匀地预置到基板上，激光通过扫描振镜，根据零件的分层截面数据对粉末表面进行扫描，使其受热烧结（对于 SLS）或完全熔化（对于 SLM）。然后工作台下降一个层的厚度，采用铺粉辊将新一层粉末材料平铺在已成型零件的上表面，激光再次对粉末表面进行扫描加工使之与已成型部分结合，重复以上过程直至零件成型。当加工完成后，取出零件，未经烧结和熔化的粉末基本可由自动回收系统进行回收。

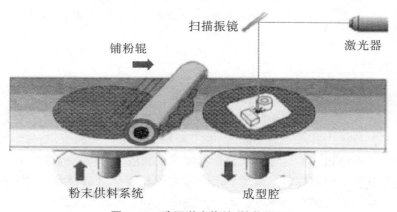

图 9.10　选区激光烧结/熔化原理

SLS 和 SLM 两种技术的基本原理类似，因而增材制造技术的初学者容易混淆。SLS 所加工的粉末材料可以是非金属和金属，主要是通过激光加热粉末使之受热黏结在一起。常见的可用 SLS 加工的非金属粉末原料包括蜡粉、塑料粉、尼龙粉、沙或陶瓷与黏结剂的混合粉等。对于金属成型，SLS 主要是针对高熔点金属与低熔点黏结剂（如低熔点金属或者高分子材料）的混合粉末进行加工。在激光扫描的过程中，低熔点的材料发生熔化实现黏结成型，而高熔点的金属粉末是不熔化的。黏结成型以后在熔炉中加热烧失原型件中的聚合物形成多孔的实体，并通过浸渗低熔点的金属提高其致密度。而 SLM 的原材料通常是高熔点的金属，通过高功率的激光束扫描粉末使之完全熔化实现冶金结合，生成与原始材料性能一致的零件，无聚合物黏合剂，可避免烦琐的后续加工步骤。

SLS 技术最早由美国德州大学奥斯汀分校的 C. R. Dechard 于 1989 年研制成功，并组建了美国 DTM 公司进行成果产业化。2001 年，DTM 公司被增材制造巨头 3D Systems 收购。SLM 技术由德国 Fraunhofer 激光技术研究所在 20 世纪 90 年代首次提出来，可以看作是 SLS 技术的延伸与发展。发展到现在，SLS 和 SLM 技术的界限已经很模糊（3D Systems 公司早已开发出了针对高熔点金属成型的 SLS 设备），两者在名称、技术原理等方面的联系和区别更多体现在早期的专利保护与规避方面。类似的技术还有著名公司 EOS 的 Direct Metal Laser Sintering（DMLS）。

如今，SLS/SLM 已经是金属增材制造的主流工艺技术（另外一类主流工艺是下面将要介绍的送粉式激光融覆成型）。对于金属成型来说，其对金属粉末原料的要求较高。虽然理论上可将任何可焊接材料通过激光扫描加工的方式进行熔化成型，但实际上其对粉末的成分、形态、粒度等要求严格。例如，球形粉末比不规则粉末更容易成型，因为球形粉末流动性好，容易铺粉。SLS/SLM 采用的热源为激光。采用类似的原理，其热源还可以是其他高能束，如电子束。电子束作为热源，金属材料对其几乎没有反射，所以对能量的吸收率大幅提高。由瑞典 Acram 公司开发的电子束熔融（Electron Beam Melting，EBM）技术就是采用电子束熔化成型的典型。利用高能束加工金属粉末的方式能直接生成高致密度的金属零件，其成型零件因具有冶金结合的组织特性，且相对密度能达到近乎 100%，力学性能可与锻件相比，因此广泛用于航空航天、医学假体等领域。目前此类技术选用的材料包括合金钢、不锈钢、工具钢、铝、青铜、钴铬合金和钛合金等。

9.2.5 送粉式激光融覆成型

送粉式激光融覆成型技术是以激光束为热源，在预置或同步送粉条件下，由惰性气体将金属粉末送入激光束所产生的熔池中，在金属基材上逐层堆积出三维实体零件的一种增材制造工艺技术，其基本原理如图 9.11 所示。在激光头和工作台运动过程中，金属粉末由惰性气体通过送粉装置和同轴送粉喷嘴送到激光所产生的熔池中，被熔化的金属粉末熔覆在基材表面凝固后形成堆积层，激光束相对金属基材做二维平面扫描运动，在金属基材上按规划扫描路径逐点、逐线堆积出具有一定宽度和高度的连续金属带，堆积出与分层厚度一致的一层薄片，当前分层形状成型后，控制激光头及同轴送粉装置等整体在高度方向提升一层，重复上述过程，堆积后续一层薄片，如此循环逐层堆积直至形成整个三维实体金属零件。

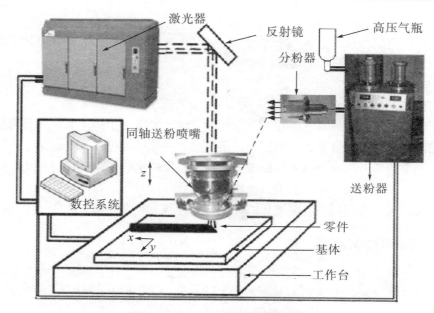

激光器

反射镜

高压气瓶

分粉器

同轴送粉喷嘴

z

数控系统

送粉器

零件

基体

x y

工作台

图 9.11　送粉式激光融覆成型原理

从 20 世纪 90 年代开始，美国、英国等西方发达国家率先进行送粉式激光融覆成型技术的开发，均相继投入大量人力、物力对其展开深入研究。比较著名的有美国 Sandia 国家实验室与美国 UTRC 联合研制开发的 LENS（Laser Engineered Net Shaping）技术，目前由 Optomec Design 公司专门从事该技术的商业开发；美国 Los Alamos 国家实验室与 SyntheMet 公司合作开发的 DLF（Directed Light Fabrication）技术；美国密歇根大学开发的 DMD（Direct Metal Deposition）技术，由 Precision Optical Manufacturing 公司进行该项技术的商业化运作；美国 Aero Met 公司在美国军方支持下，与约翰·霍普金斯大学、宾夕法尼亚州立大学、MTS 公司合作研究开发的名为 Lasform（Laser Forming）的技术；英国诺丁汉大学开发的 LDMD（Laser Direct Metal Deposition）技术；加拿大国家研究委员会集成制造技术研究所开发的 LC（Laser Consolidation）技术。送粉式激光融覆成型的称谓也多种多样，但其成型原理基本相同。

值得注意的是，国内在送粉式激光融覆成型技术的研究中也取得了一些可喜的成果。例如，西北工业大学黄卫东教授团队开发了激光立体成型技术（Laser Solid Forming，LSF），在国家 C919 飞机复杂钛合金构件的生产制造项目中取得了重要突破，由相关技术转化成立的铂力特公司，目前已经成功上市；北京航空航天大学王华明院士团队利用送粉式激光融覆成型技术在飞机钛合金大型复杂整体构件激光成型方面取得突破，成果获 2012 年度"国家技术发明一等奖"。

送粉式激光融覆成型技术主要具有以下优点：

（1）成型的产品零件可以不受形状、结构复杂程度及尺寸大小的限制。例如，对于飞机大尺寸钛合金件来说意义明显。

（2）通过改变合金粉末的成分，可以方便地制造出具有不同成分或功能梯度的产品零件，实现了柔性设计和制造。

（3）可以完成对难熔金属和金属间化合物等难加工材料的成型。因为激光作为热源具有热输入量高、能量集中的优点。

（4）降低生产成本，缩短产品研发周期。不需要采用工模具及其他专用加工设备和工装，因此可以使制造成本降低 $15\%\sim30\%$，生产周期缩短 $45\%\sim70\%$。

（5）成型的产品零件具有很高的力学性能。激光融覆属于快速熔化—凝固过程，成型的金属零件内部完全致密、组织细小，不需要中间热处理过程，性能优于铸件。

（6）该工艺为近净成型技术。成型的零件可直接使用或仅需少量的后续精加工即可使用，材料可回收利用，基本上没有废料。

（7）可以进一步应用于金属基体零件的修复领域。

9.2.6　黏结剂喷射成型

黏结剂喷射成型（Three Dimensional Printing，3DP）是一种通过喷头喷射黏合剂使粉末黏合成型的增材制造技术。类似于 SLS 工艺，黏结剂喷射成型也是以粉床为基础，采用粉末材料成型。但是其粉末原料不是通过烧结实现结合，而是通过类似喷墨打印机式的喷头在粉末表面喷涂黏结剂，从而将一层粉末在规划的路径内黏合，每一层粉末和之前的粉层也通过黏合剂的渗透而黏合成型，如此重复制作出最终实体。其基本原理如图 9.12 所示。

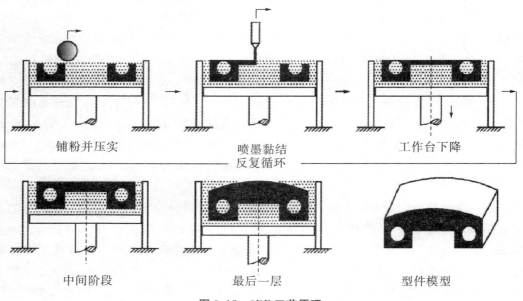

铺粉并压实　　　喷墨黏结　　　工作台下降
反复循环

中间阶段　　　最后一层　　　型件模型

图 9.12　3DP 工艺原理

黏结剂喷射成型技术由麻省理工学院的 Emanual M. Sachs 教授和 John S. Haggerty 教授于 1993 年开发，在 1995 年由 ZCorp 公司实现产业化，2012 年 ZCorp 公司被 3D Systems 公司收购。黏结剂喷射成型技术的专利名称为 Three Dimensional Printing，其最初命名取义于黏合剂喷射与喷墨打印机的类似"打印"过程，现在为大家熟知的

"3D 打印"的称谓正是来源于此。随着技术的发展，现在国际上通常用 ASTM 标准所规定的 Binder Jetting 来指代这项技术。

黏结剂喷射成型技术属于稍"小众"的增材制造工艺，它也有自己的一些典型特点：

（1）设备和工艺成本相对低廉，不需要激光等高成本的热源。

（2）可成型材料较广泛。可用黏结剂喷射成型技术原理实现增材制造的粉末原料种类较为广泛，典型的包括石膏（其黏结剂以水为主要成分）、淀粉、塑料粉、铸造用砂的粉末（硅石粉和合成石粉等）、陶瓷粉、金属粉等。实际上黏结剂喷射成型是可以用于陶瓷和金属材料增材制造的典型低成本工艺。

（3）可实现复合材料或非均质材料成型。通过在黏结剂中添加特定物质，可以改善粉材与黏结剂的性能，实现复合材料加工等；而在喷涂过程中实时改变黏结剂的成分，则可以制成各种不同材料、颜色、力学性能、热性能组合的零件。

但是通过粉末黏结直接成型的零件精度和表面不理想，同时受黏结剂材料限制，其强度很低，通常只能作为测试原型。当用于陶瓷或金属材料时，通过一定的后处理工艺可以提高原型的强度。例如，通过高温烧结将黏结剂去除并实现粉末颗粒之间的融合。通过低熔点金属的浸渗工艺还可以进一步提高金属材料的致密度。

黏结剂喷射成型技术目前较常见的应用是多彩材料的打印，还可用于产品开发的原型阶段呈现，如图 9.13 所示。此外，它适用于小批量、柔性化、个性化的铸造。例如铸造用砂通过黏结剂喷射成型技术成型先形成模具，然后间接成型金属零件。其在铸造方面的应用现在较为成熟，如图 9.14 所示为黏结剂喷射成型的砂型模具，在我国四川共享铸造有限公司已经获得了较好的产业化示范。

图 9.13　多彩材料 3DP 成型的原型件

图 9.14　黏结剂喷射成型的砂型模具

9.3　增材制造中的数据处理

在增材制造基本工艺过程中，数据处理是必不可少的环节。增材制造技术的数据准备和处理对于制作原型的效率、质量和精度有着重要影响。对于绝大多数增材制造工艺来说，原型的 CAD 模型必须处理为增材制造设备能够接受的数据格式，并进行叠层制造方向上的切片处理。对于特定的工艺，往往还涉及工艺路径规划（如激光扫描路径）、添加支撑等问题。下面介绍增材制造系统目前通用的标准数据格式及相应处理。

9.3.1　数据格式

9.3.1.1　STL 文件格式

目前，增材制造设备中最为通用的数据格式是 STL 文件格式（Stereolithography，即光固化成型）。STL 是 3D Systems 公司于 1988 年制定的为快速原型制造技术服务的三维图形文件格式，由其名称可知它最初是为光固化成型软件创建的一种文件格式。其主要优势在于数据格式简单清晰，因此得到了广泛的普及和应用。目前主流的三维CAD 系统（如 UG、Pro/E、I−DEAS、SolidEdge、SolidWorks、Invetor 等）都带有STL 文件输出功能，同时几乎所有类型的增材制造系统都采用或支持 STL 数据格式，因此 STL 被工业界认为是目前增材制造技术数据格式事实上的标准。

STL 数据格式的实质是用许多细小的空间三角形面片来逼近还原实体 CAD 模型（这一思想类似于 CAD 模型的表面有限元网格划分），如图 9.15 所示。STL 文件由多个三角形面片的定义组成，每个三角形面片的定义包括三角形各个定点的三维坐标及三角形面片的法矢量。因此，STL 文件中只包含相互衔接的三角形面片节点坐标及其外法矢，只描述对象表面的几何图形，不包含色彩、纹理或者其他常见 CAD 模型属性的信息。

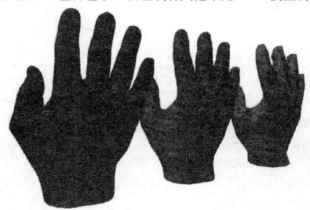

图 9.15　三角形面片化的实体模型

STL 文件支持 ASCII（文本文件）和 BINARY（二进制）两种文件格式。

（1）STL 的 ASCII 文件格式。ASCII 文件格式的特点在于能被人工识别并被修改，但是由于该格式的文件占用空间较大（一般 6 倍于二进制形式存储的 STL 文件），因此多用来调试程序。如图 9.16 所示为 STL 文件的 ASCII 语法格式。

偏移地址	长度（字节）	类型	描述
0	80	字符型	文件头信息
80	4	无符号长整数	模型面片数
第一个面的定义：			
法向向量			
84	4	浮点数	法向的x分量
88	4	浮点数	法向的y分量
92	4	浮点数	法向的z分量
第一点的坐标			
96	4	浮点数	x分量
100	4	浮点数	y分量
104	4	浮点数	z分量
第二点的坐标……			
第三点的坐标……			
第二个面的定义			
……			

图 9.16　STL 文件的 ASCII 语法格式

（2）STL 的 BINARY 文件格式。二进制文件采用 IEEE 类型整数和浮动型小数。文件用 84 字节的头文件和 50 字节的后述文件来描述一个三角形。如图 9.17 所示为 STL 文件的 BINARY 语法格式。

偏移地址	长度（字节）	类型	描述
0	80	字符型	文件头信息
80	4	无符号长整数	模型面片数
第一个面的定义：			
法向向量			
84	4	浮点数	法向的x分量
88	4	浮点数	法向的y分量
92	4	浮点数	法向的z分量
第一点的坐标			
96	4	浮点数	x分量
100	4	浮点数	y分量
104	4	浮点数	z分量
第二点的坐标……			
第三点的坐标……			
第二个面的定义			
……			

图 9.17　STL 文件的 BINARY 语法格式

STL 文件的数据格式是采用小三角形来近似逼近三维实体模型的外表面，因此三角形的数量直接影响着近似逼近的精度，精度要求越高，三角形面片应该越多。但是就 STL 文件来说，过高的精度要求对于增材制造工艺是不必要的：首先，STL 过高的精度要求可能会超出增材制造系统本身所能达到的精度指标；其次，三角形数量的增多会增加数据处理的时间；最后，截面的轮廓会产生许多小线段，不利于某些增材制造工艺的扫描（例如，SL 工艺中的激光头会产生许多折返运动），导致较低的生产效率和表面精度。因此，从 CAD 软件输出 STL 文件时，选取的精度指标和控制参数应根据零件 CAD 模型的复杂程度以及所采用的增材制造系统精度要求进行综合考虑。

不同 CAD 软件输出的 STL 文件格式所采用的精度控制参数不一定相同。从表面上看，STL 文件是否逼近实体 CAD 模型的精度指标是三角面片的数量，但实质上是三角形平面逼近曲面时的弦差的大小。弦差是指近似三角形的轮廓边与曲面之间的径向距离，弦差的大小直接影响输出的表面质量。STL 文件的三角面片组合实质上是原始模型表面的一阶近似，不包含邻接关系信息，不可能完全表达原始设计的意图，离真正的表面有一定的距离。同时，在边界上有凸凹现象，所以无法避免误差。

9.3.1.2 其他增材制造数据格式

STL 文件格式是工业界长期采用的事实上的标准，其数据格式简单清晰，只描述对象表面的几何图形，不包含色彩、纹理、材料等更复杂的模型属性信息。但是随着增材制造技术的进步，对于零件制造的要求逐渐变高（例如，更复杂的结构、多色彩、表面纹理、多材料、非均质材料等）。STL 文件格式难以适应现有增材制造技术的发展，新的增材制造数据格式标准相继被提出，掀起了新一轮的标准之争。

ASTM 和 ISO 联合发布了增材制造的一种数据格式新标准——AMF（Additive Manufacturing File Format）。AMF 以 STL 文件格式为基础，在一定程度上弥补了其弱点，包含了颜色、材料及内部结构等模型属性。AMF 文件基于 XML（可扩展标记语言）格式进行存储。XML 是一种 ASCII 格式，能够由计算机处理，也能够被人看懂。同时，XML 将来可通过增加标签进行扩展，因此为增材制造未来的发展留出了空间。AMF 标准不仅可以记录单一材质，而且可以包含多种材料在空间的分布（即对模型不同部位指定不同材质），以及梯度材料信息（例如，在模型中不同位置梯度改变两种材料的比例）。模型内部结构信息用数字公式记录，也能够指定在模型表面印刷图像（即纹理），还可以指定增材制造过程中最高效的方向。此外，其还能记录作者的名字、模型的名称等原始信息。AMF 在 STL 的基础上得到了发展，但是标准的推行与市场和商业的关系密切，因此在短期内 STL 仍是主流的增材制造文件格式。

此外，由微软牵头成立的 3MF 联盟于 2015 年 4 月发布了其推行的增材制造新数据格式标准——3MF（3D Manufacturing Format）。联盟创始成员包括微软、惠普、Shapeways、欧特克、达索系统、Netfabb 和 SLM Solution 等著名的软硬件厂商，后续 Stratasys、3D Systems、三星、GE 和 Materialise 等行业巨头也相继加入。相比于 STL 格式，3MF 能够更完整地描述实体 CAD 模型，除了几何信息外，还可以记录内部结构信息、颜色、材料、纹理等其他模型特征和属性。与 AMF 类似，3MF 也是一种基于 XML 的数据格式，具有可扩充性。

9.3.2　切片处理

绝大多数增材制造系统是按分层截面形状来进行加工的，因此加工前必须在实体模型上沿成型的高度方向以分层的方式来描述每层截面的形状。分层层厚的大小由待成型零件的精度和生产率等要求决定。切片处理的任务就是对增材制造数据格式文件表述的实体模型进行处理，生成指定方向的截面轮廓线（一系列由点拟合成的环路）。从数学上看，切片实际上是实体模型与一系列平行截面求交的过程。切片处理后将生成一系列由曲线边界表示的反映实体模型分层截面的轮廓。对于位于同一个分层截面上的边界轮廓环，它们之间只存在包容或相离两种位置关系。具体的切片算法取决于存储几何体信息的数据格式。

9.3.2.1 基于 STL 文件的切片

STL 文件采用三角形面片近似实体模型表面，因此对其进行切片处理实际上是三角面片组与一列平行截面求交的过程，算法相对简单易行。对于单个小三角形面片，求交的结果有 0 交点、1 交点、2 交点、3 交点四种边界表示的情况。在获得交点信息后，可以根据一定的规则选取有效顶点组成边界轮廓环。生成边界轮廓后，一般还要按照外环逆时针、内环顺时针的方向进行描述，主要是为后续扫描路径生成中的算法处理做准备。

基于 STL 文件的切片自身也有一定的局限性：

（1）从 CAD 模型向 STL 格式转换时可能会存在错误，可能出现悬面、悬边、点扩散、面重叠、孔洞等错误，一般需要诊断与修复。现有的增材制造数据处理软件一般都带有自动诊断和修复功能，但在实际操作中，当实体模型特别复杂时也会出现无法自动修复的情况。

（2）STL 文件本身在一定程度上降低了模型的精度，这是三角面片化导致的。使用 STL 格式表示方形物体精度较高，表示圆柱形、球形物体精度较低。

（3）对于特定的包含大量高次曲面的模型，使用 STL 格式还会导致数据量较大，影响切片及后续的数据处理效率。

9.3.2.2　基于 CAD 模型的直接切片

直接切片（Direct Slicing）法是指直接将 CAD 模型数据用于增材制造，而不需要生成 STL 文件。几乎所有的三维 CAD 软件都有剖切的功能。因此，可以用剖切的方法对 CAD 模型进行剖切，生成分层信息并用此信息来进行数据处理和增材制造加工。这种情况下对 CAD 模型直接切片不但能够提高制品的精度，而且可以减少数据转换过程，文件的数据量相应也就少得多。例如，英国的 Ron Jamieson 和 Herbert Hacker 在 UG 的内核 Parasolid 上进行了直接切片的研究，并将切片数据转换成 CLI、HPGL 和 SCL 文件。

但是不同的 CAD 系统有不同的数据结构，这可能会造成增材制造设备与不同 CAD 系统不兼容的问题，因此这种方法必须为每一种 CAD 系统开发一套直接切片的软件接口，这也就限制了它的推广应用。目前，主流的方法还是基于 STL 文件进行切片处理。

9.3.2.3　分层方法

切片处理中还需要确定分层的厚度，一般可采用等层厚或自适应层厚的分层方法，如图 9.18 所示。

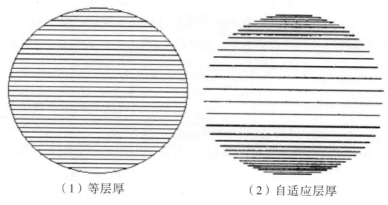

（1）等层厚　　　　　　　　　　（2）自适应层厚

图 9.18　分层方法

（1）等层厚。等层厚的分层方法是在切片处理前已经确定了切片厚度，数据处理相对简单，切片效率高。但是对于某些模型，将容易出现明显的"阶梯效应"（图9.19），影响最终成型精度。

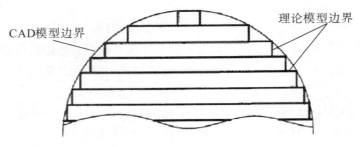

图9.19　分层导致的阶梯效应

（2）自适应层厚。自适应层厚的分层切片算法需要根据用户需求和模型特征，在每个切片层上单独计算分层厚度。

例如，在模型曲面轮廓沿高度方向"坡度"较大的区域采用较小分层厚度，有助于改善"阶梯效应"；在"坡度"较小的区域采用较大分层厚度，有助于提高分层和后期制造效率。

9.3.3　扫描路径规划

通过切片处理获得了模型的分层截面轮廓，对于大多数增材制造工艺还需要规划特定的扫描路径对截面轮廓进行填充。扫描路径规划方法与具体的工艺和设备有关，目前已有大量的研究。常见的扫描路径规划方法有往返直线扫描法、轮廓偏置扫描法、分区扫描法、复合扫描法等，如图9.20所示。

（1）往返直线扫描法。如图9.20（a）所示，算法简单可靠，效率较高。但是对于有空腔结构的零件，扫描时需频繁跨越内轮廓，对设备伺服系统和控制系统的要求高，有损运动系统寿命；频繁的跳转，易引起"拉丝"现象。此外，同一片层内扫描线的收缩应力方向一致，易导致片层变形较大。

（2）轮廓偏置扫描法。如图9.20（b）所示，算法较复杂，效率比往返直线法低。每一片层扫描线不断变换方向，有利于减少成型件的翘曲变形；空行程少，制造效率提高，运动系统可靠性等也相应提高；对于壁厚均匀或内腔少的零件，截面外形精度高；对于壁厚不均，型腔较多的复杂零件，偏置环易出现"干涉现象"，甚至出现一些小的区域无法偏置。

（3）分区扫描法。如图9.20（c）所示，在往返直线法的基础上做了改进，不需要频繁跨转，减少了"拉丝"现象；同时减少了扫描激光或喷头的加减速变换和平面扫描运动机构在高低速间的切换次数；但是应力问题仍未解决，可能存在片层变形较大的问题。

（4）复合扫描法。如图9.20（d）所示，内外轮廓邻近区域采用偏置扫描，其余部分采用分区扫描，可以充分利用轮廓偏置扫描的高精确度和分区扫描的高稳定性。

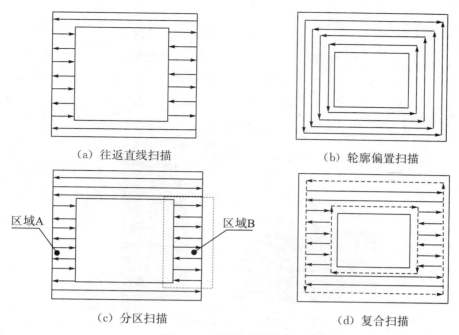

（a）往返直线扫描	（b）轮廓偏置扫描
（c）分区扫描	（d）复合扫描

图 9.20　常见扫描路径规划方法

9.3.4　添加支撑

对于增材制造通过分层叠加实现实体成型的工艺特点，往往还需要针对模型中具有悬空特征的部分添加额外支撑结构，如图 9.21 所示。支撑通常是一些细柱、十字、网格或肋状结构，从工作平台生长至孤立轮廓或悬臂轮廓出现的片层，可以为成型实体提供可靠定位，减少分层之间的翘曲变形。

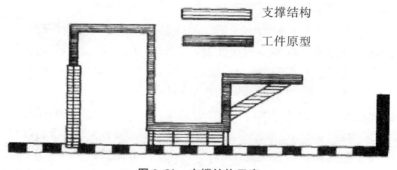

支撑结构

工件原型

图 9.21　支撑结构示意

添加支撑相应地会增加数据处理的负担，降低加工效率，浪费更多材料，同时最终去除支撑时会增加后处理的工作量，还会影响零件表面精度。因此，应尽量减少支撑或尽可能优化结构。对于算法来说，是否需要添加支撑可以通过计算模型表面的倾角来实现。在不需要支撑的情况下，如 SLA 和 FDM 工艺等都能成型一定倾角的表面，这个倾角的最小值称为自支撑角。自支撑角的大小与分层厚度、喷头喷丝直径或激光光斑直径有关，可依据模型表面的倾角是否超过自支撑角来判断某表面是否需要添加支撑。

9.3.5　成型方向

对于数据处理来说，增材制造工艺过程的零件成型方向也决定了切片方向。同一个模型采用不同的切片方向，其"阶梯效应"可能会得到改善，如图 9.22 所示。此外，还应考虑设备的允许成型尺寸，从提高加工效率、减少支撑等角度合理地规划零件成型方向。

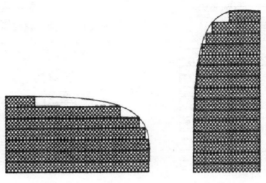

图 9.22　切片方向对阶梯效应的影响

9.4　增材制造的应用领域

增材制造技术早期的应用大多数体现在原型概念验证和呈现，能够缩短新产品开发周期，体现个性化定制的特点，其应用场景多见于工业设计、交易会/展览会、投标组合、包装设计、产品外观设计等。随着增材制造技术的发展，可成型材料种类更多，成型零件的精度、性能等不断提高，其应用领域不断拓宽，应用层次也不断深入。增材制造技术逐渐开始用于产品的设计验证和功能测试阶段，例如利用不断发展的金属增材制造技术，可以直接制造具有良好力学性能、耐高温、抗腐蚀的功能零件，直接用于最终产品。此外，通过制造模具等方式间接成型，更加拓宽了其应用上的可能性。目前，增材制造技术在航空航天、汽车/摩托车、家电、生物医学、文化创意等方面已经得到了广泛的应用，下面介绍几种典型的增材制造应用领域。

（1）个性化定制的消费品：3D 打印的小型无人飞机、小型汽车等概念产品已经问世。3D 打印的家用器具模型也被用于企业的宣传、营销活动中。目前，增材制造也常见于珠宝、服饰、鞋类、玩具、创意 DIY 作品的设计和制造。

（2）航空航天、国防军工：复杂形状、尺寸微细、特殊性能的零部件、机构的直接制造和修复，例如飞机结构件、发动机叶片等，特别是前面章节介绍的 C919 客机钛合金大型结构件的制造。图 9.23 展示了世界首款增材制造的喷气发动机。

图 9.23　增材制造的喷气发动机

（3）生物医疗：增材制造技术在生物医疗方面的应用主要有四个层次，体现了从非生物相容性到生物相容性，从不降解到可降解，从非活性到活性的发展，如图 9.24 所示。

第一个层次主要包括在不直接植入人体的医疗模型、手术导航模板等方面的应用，如图 9.24（a）所示。医疗实体模型可以帮助医生在体外研讨订制手术方案，做模拟实验等；根据病人情况个性化订制的手术导航模板可以降低手术难度和风险等。这个层次的应用已经相对成熟。

第二个层次的应用主要是制作个性化假体和内置物，替代体内病变或缺损的组织，例如人工骨、人工关节等，如图 9.24（b）所示。增材制造植入体一般具有良好的生物相容性，但不具备可降解性。这一层次的技术已经接近成熟，开始进入小批量的临床试验阶段，目前工业界已经开始寻求建立针对增材制造植入体的医疗规范和标准，如通过药监部门注册与验证，将实现大规模临床应用。

第三个层次的应用主要是可降解组织工程支架，如图 9.24（c）所示。植入人体的可降解组织支架将随着时间的推移慢慢降解为人体的一部分，适应不断变化的人体生理环境。这一层次的应用目前仍停留在实验室和临床试验阶段。

第四个层次的应用是活性组织的 3D 打印，如图 9.24（d）所示。将细胞作为"生物墨水"喷涂到凝胶支架上，通过细胞生长变成活性组织或器官。由于细胞的存活对生存环境要求苛刻，因此现今仍无法实现复杂的活性结构的制作。这一层次目前仍处于比较基础的研究阶段，真正的"器官打印"属于未来技术。

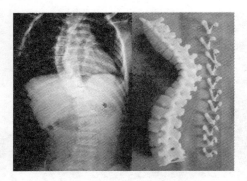

（a）脊柱手术导航模板

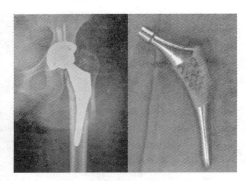

（b）个性化植入假体

（c）3D打印组织工程支架

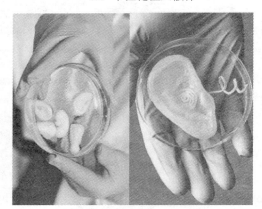

（d）3D打印活性组织

图 9.24　增材制造技术在生物医疗领域应用的四个层次

9.5　增材制造技术面临的挑战与发展趋势

9.5.1　问题和挑战

增材制造技术得到了全球的高度重视和推广应用，但仍然是处于成长阶段的技术，还不够成熟，目前主要用于个性化的单件生产。增材制造技术仍然存在以下问题和挑战：

（1）精度问题。与传统机械切削加工技术相比，产品的尺寸精度和表面差距较大。因为增材制造产品的材质一层层堆积成型，每一层都有厚度，这决定了它的精度难以达到减材制造所能到达的精度水平。而层和层之间黏结再紧密，其产品性能也无法和传统模具整体浇铸的零件相媲美。目前的金属增材制造技术都不能直接形成符合要求的零件表面，都必须经过机械加工，去除表面多余的、不连续的和不光滑的金属，才能作为最终使用的零件。

（2）效率和成本问题。增材制造技术与塑料注射机等成熟的大批量成型技术相比，效率很低，生产成本过高。为提高增材制造精度，需不断降低每一层的厚度，制造时间将大幅延长。增材制造真正达到大规模应用并产生效益，还需要很长时间的发展和积累。

（3）材料选择问题。耗材是目前制约增材制造技术广泛应用的关键因素之一。目前可供增材制造的材料多为塑料、石膏、可黏结的粉末颗粒、树脂、金属等，制造精度、复杂性、强度等难以达到较高要求。对于金属材料来说，如果采用液化打印则难以成型；如果采用粉末冶金方式，除高温外还需高压，技术难度很高。

（4）性能问题。增材制造产品的机械力学等性能尚待提高。增材制造技术直接成型的金属零件在制作过程中因反复经受局部接近熔点温度受热，内部热应力状态复杂，成型体中容易夹杂空穴及未完全熔融的粉末和胚体缺陷等，应力处理和控制还不能满足要求，影响了成型件的强度。

9.5.2 发展趋势

（1）研究新型增材制造机理与工艺技术装备，使得采用增材制造技术制造的零部件在不经过其他加工工序的情况下能达到使用要求。研究增材制造工艺过程、典型材料成型工艺与材料性能的影响关系，掌握典型材料成型工艺核心技术，形成较为完备的工艺参数数据库，并利用计算机仿真技术模拟增材制造过程，分析零部件制造过程中的力学、热学等方面行为对零部件成型质量的影响因素，提高增材制造零部件性能。同时，需要开发高效实用的增材制造装备，提高新型增材制造装备的加工精度，降低增材制造成本。

（2）增减材复合制造。数控加工（减材制造）与增材制造具有很强的互补关系。将数控加工与增材制造进行有机集成，实现增减材复合制造是未来发展的趋势。DMG Mori 公司已经推出了 LASERTEC 65 3D 复合加工机床，集成了激光熔覆技术以及 5 轴数控加工技术，可实现不同材料，如不锈钢、钛合金、铝合金及镍基合金等的复合加工。

（3）跨尺度制造能力。未来的应用对增材制造技术的跨尺度加工能力提出了更高的要求。例如，对于航空航天方面大尺寸飞机结构件，需要大型的金属增材制造装备；对于微纳应用方面，则要求能够加工更加微细的特征结构。

（3）材料的突破。由于当前适用于增材制造的材料种类有限，极大地限制了增材制造技术的发展，因此必须加快增材制造用材料的研究，寻找新的适合增材制造的材料。需要根据材料特点深入研究加工、结构与材料之间的关系，开发质量测试程序和方法，建立材料性能数据的规范性标准等。同时，利用增材制造的优势，从传统均质材料到非均质材料、复合材料的制造方向发展，例如功能梯度材料（Functionally Graded Materials）等，由两种或两种以上的材料复合，各组分材料的体积含量在空间位置上连续变化，其分布规律是可以进行设计和优化的。基于离散—堆积成型原理，增材制造将可以直接打印出多功能的实体模型。

（4）"互联网＋"增材制造。基于网络环境的增材制造与减材制造结合、CAD/CAPP/CAM 系统与增材制造系统一体化集成系统也是未来重要的发展趋势。利用增材制造技术，对结构复杂、难加工的产品实现个性化、订制生产，灵活、柔性地根据客户的需求生产出各种产品。同时，对设计、制造、售后服务进行整合，使生产从以传统的产品制造为核心，转向以提供具有丰富内涵的产品和服务，直至为用户提供整体的解决方案为核心。

习题

1. 简述增材制造技术的基本原理和基本工艺过程，并阐述减材制造、等材制造、增材制造的区别。

2. 请列举 5 种典型的增材制造工艺，并说明其各自适用的材料类型和状态。

3. 说明光固化成型（Stereolithography）工艺的基本原理、工艺过程和工艺特点，并绘出其原理示意图。

4. 说明熔融沉积（Fused Deposition Modeling）工艺的基本原理、工艺过程和工艺特点，并绘出其原理示意图。

5. 以 STL 数据文件格式为例，试说明增材制造技术中所涉及的数据处理过程，并阐述其可能存在的原理性误差。

6. 试举出 3 种以上常见的 3D 打印激光扫描方法，绘制并说明其路径规划原理，阐述其各自的特点。

7. 3D 打印技术具有高度柔性化的特点，能够适应现代社会产品向个性化发展的趋势。试举出一个利用 3D 打印实现个性化定制的应用案例：①描述具体的应用场景；②说明实现该场景下个性化定制的技术路线，及采用的逆向工程或 3D 打印工艺技术；③试从不同角度（如成本、时间、工艺要求等）进行分析，说明 3D 打印技术与传统制造技术相比在个性化产品定制方面的优势。

8. 试分析 3D 打印技术在生物医疗领域的应用现状；结合自己的认识，从不同角度阐述 3D 打印技术在生物医疗领域的发展前景及可能存在的问题。

第10章　智能制造新模式及其应用

　　智能制造是先进制造技术的发展趋势，其核心是数字化、网络化和智能化，数字化设计与制造技术在智能制造中起着举足轻重的作用。本章将在讨论智能制造模式发展背景的基础上，介绍智能制造的概念和内涵，分析智能制造的关键技术，讨论数字化工厂和智能工厂等实施智能制造的新模式，分析智能制造的发展趋势，推动制造业向数字化、网络化、智能化方向发展，促进我国制造企业转型升级。

10.1　智能制造模式的发展背景

　　以新一代信息通信技术与制造业融合发展为主要特征的产业变革在全球范围内孕育兴起，智能制造已成为制造业发展的重要方向。

10.1.1　工业发达国家重振制造业的举措

　　21 世纪以来，美国提出建设智能制造技术平台以加快智能制造的技术创新，智能制造的框架和方法、数字化工厂、3D 打印等均被列为优先发展的重点领域。日本发布了第四期科技发展基本计划，重点发展多功能电子设备、信息通信技术、测量技术、精密加工、嵌入式系统等研发方向，加强智能网络、高速数据传输、云计算等智能制造支撑技术领域的研究。美国提出了工业互联网，将智能设备、人和数据连接起来，并以智能的方式分析这些交换的数据，从而帮助人们和设备做出更智慧的决策。

　　为了抢占制造业的制高点，欧美等工业发达国家重新认识到实体经济尤其是制造业的重要性，纷纷提出本国"再工业化"战略。各国政府加大科技创新力度，推动 3D 打印、移动互联网、云计算、大数据、生物工程、新能源、新材料等领域取得了新突破。表 10.1 是 2008 年经济危机以后部分工业发达国家和地区制造业振兴战略举措。

表 10.1　部分工业发达国家制造业振兴战略要点

序号	国家/地区	重振制造业的主要举措
1	美国	先进制造国家战略计划
2	英国	高价值制造战略
3	法国	新工业法国家战略
4	德国	工业 4.0

序号	国家/地区	重振制造业的主要举措
5	日本	制造业白皮书
6	欧盟	再工业化

10.1.2　德国工业4.0

在表10.1的工业发达国家制造业振兴战略规划中，最为著名的是德国工业4.0。为了提高德国工业的竞争力，使德国的关键工业技术取得国际领先地位，德国政府在《高技术战略2020》确定的十大未来项目中提出了"工业4.0"，并在2013年4月的汉诺威工业博览会上正式推出《保障德国制造业的未来：关于实施"工业4.0"战略的建议》。

德国工业4.0提出的四次工业革命如图10.1所示。工业革命4.0指出，在未来10—15年，第四次工业革命将步入"智能化""网络化"生产的新时代。工业4.0通过应用生产制造过程、物流等的智能化、网络化技术，实现实时管理、全球分布式生产制造及信息物理融合系统（Cyber-Physical System，CPS）。CPS在技术研究方面按如下主题展开：

一是智能工厂，重点研究智能化生产系统及过程控制技术，以及网络化分布式生产设施的实现。

二是智能生产模式，重点研究整个企业的生产物流管理、人机互动以及3D打印技术在工业生产过程中的创造者和供应者。

三是智能物流，主要通过整合物流资源，使物流资源供应方和需求方极大地提高了效率。为了协调创新进程，确保未来生产要素、技术和产业能够互联集成，德国电气电子和信息技术协会编纂了《"工业4.0"标准化路线图》作为规划基础。

图10.1　德国工业4.0提出的四次工业革命

10.1.3　我国实施智能制造的背景

《中国制造2025》提出了五大工程，分别是制造业创新中心建设工程、智能制造工程、工业强基工程、绿色制造工程、高端装备创新工程等。其中，智能制造是主攻方向。智能制造可以加速培育我国新的经济增长动力，抢占新一轮产业竞争制高点。

2016年8月，工信部发布了《智能制造工程实施指南（2016—2020）》。在该指南中，"传统制造业实现数字化制造"是其中的工作重点。《智能制造工程实施指南（2016—2020）》指出，以推动制造业数字化、网络化、智能化发展为主线，要持续推进智能化改造，针对传统制造业环境恶劣、危险、连续重复等工序的智能化升级需要，选择基础条件好和需求迫切的重点地区、行业中的骨干企业，推广数字化技术、系统集成技术、关键技术装备、智能制造成套装备，开展智能制造示范，建设智能车间/工厂，重点培育离散型智能制造、流程型智能制造、网络协同制造、大规模个性化定制、远程运维服务，不断丰富成熟后实现全面推广，持续不断培育、完善和推广智能制造新模式，提高传统制造业设计、制造、工艺、管理水平，推动生产方式向柔性、智能、精细化转变。

智能制造可以大幅提高劳动生产率，减少劳动在工业总投入中的比重。发达工业国家的先进经验表明，通过发展工业机器人、高端数控机床、柔性制造系统等现代装备制造业控制新的产业制高点，通过运用现代制造技术和制造系统装备传统产业来提高传统产业的生产效率，能够对制造业重塑和实体经济腾飞提供充分的可能性。

10.2　智能制造的基本概念

10.2.1　智能和智能系统

智能制造可以从制造和智能两方面进行解读。制造是指对原材料进行加工或再加工，以及对零部件进行装配的过程。按照生产方式连续性的不同，通常将制造分为流程制造与离散制造。智能（Intelligent）是将感觉、记忆、回忆、思维、语言、行为的整个过程称为智能过程，是智慧和能力的表现。

从工程角度来看，具有下列特征之一的系统可以称为智能系统：

（1）多信息感知与融合。

（2）知识应用（主要是识别、设计、计算、优化、推理与决策）。

（3）联想记忆与智能控制。

（4）自治性，包括自学习、自适应、自组织、自维护。

（5）机器智能的演绎（分解）与归纳（集成）。

（6）容错功能。

智能系统可以认为是具有（或部分地具有）人类智能，又具有与人类实现其智能相似的过程与途径的一种工程系统。

10.2.2　智能制造的定义

目前，国际和国内尚没有关于智能制造的准确定义，在我国发布的《智能制造发展规划（2016—2020 年）》中给出了一个较为全面的描述性定义：智能制造是基于新一代信息通信技术与先进制造技术深度融合，贯穿于设计、生产、管理、服务等制造活动的各个环节，具有自感知、自学习、自决策、自执行、自适应等功能的新型生产方式。从这一定义可见，智能制造面向产品全生命周期，其核心功能与主要特征是状态感知、实时分析、自主决策、精准执行（图 10.2）。

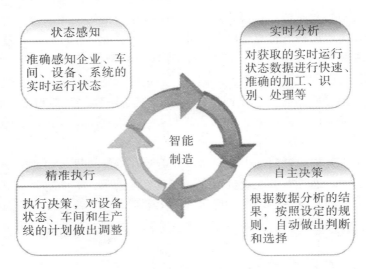

图 10.2　智能制造的主要特征

10.2.3　智能制造的内涵

　　智能制造的内涵可从智能产品、智能生产、产业模式变革、智能制造基础设施建设四个维度来认识（图 10.3）。智能产品是主体，智能生产是主线，以用户为中心的产业模式变革是主题，以数字化设计与制造系统和工业互联网设施建设为基础。

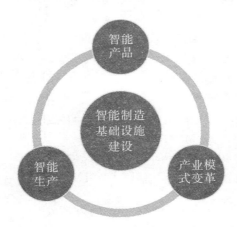

图 10.3　智能制造的四个维度

　　智能制造也可以说是一种新的制造方式，通过互联网与先进制造业和现代服务业的深度融合，可以使互联网最新的信息技术、方法论和商业模式深度融合于制造业和服务业的各个领域，极大地促进制造业提质增效、转型升级，促进服务型制造业和生产型服务业的发展。

10.2.4　智能制造技术

　　智能制造技术（Intelligent Manufacturing Technology，IMT）是指在制造系统及

制造过程的各个环节，通过计算机来实现人类专家的制造智能活动（分析、判断、推理、构思、决策等）的各种制造技术的总称。概略地说，智能制造技术是制造技术、自动化技术、系统工程与人工智能技术等学科互相渗透、互相交织而形成的一门综合技术。其具体表现为数字化设计与制造、智能设计、智能加工、智能控制、智能工艺规划、智能装配、智能管理、智能检测等。

10.2.5　智能制造系统

将体现在制造系统各环节中的智能制造技术与制造环境中人的智能以柔性方式集成起来，并贯穿于制造过程中，就是智能制造系统（Intelligent Manufacturing System，IMS）。简单地说，智能制造系统是基于智能制造技术实现的制造系统。

智能制造系统也是一种人机一体化系统，是混合智能。该系统可独立承担分析、判断、决策等任务，突出人在制造系统中的核心地位，同时在智能机器的配合下，更好地发挥人的潜能。机器智能和人的智能真正地集成在一起，互相配合，相得益彰，本质是人机一体化，是信息技术和智能技术、制造技术的深度融合与集成。

10.3　智能制造的关键技术

智能制造的关键是实现制造过程的数字化、智能化与网络化，以实现制造向"智造"的转变，涉及的关键技术主要有以下几个方面。

1. 先进制造技术

在智能制造过程中，以技术与服务创新为基础的高新制造技术需要融入生产过程的各个环节，以实现生产过程的智能化，提高产品生产价值。其主要包括广泛应用工业机器人与智能控制系统的智能加工技术，基于智能传感器的智能感知技术，满足极限工作环境与特殊工作需求的智能材料，基于打印技术的智能成型技术等。

2. 人工智能与增强现实技术

人工智能（Artificial Intelligence）是研究、开发用于模拟、延伸和扩展人的智能的理论、方法、技术及应用系统，该领域的研究包括机器人、语言识别、图像识别、自然语言处理和专家系统等。增强现实技术（Augmented Reality）是一种将真实世界的信息和虚拟世界的信息"无缝"集成的新技术，是把真实的环境和虚拟的物体实时地叠加到了同一个画面或空间同时存在。增强现实技术不仅展现了真实世界的信息，而且将虚拟的信息同时显示出来，两种信息相互补充、叠加。增强现实技术包含多媒体、三维建模、实时视频显示及控制、多传感器融合、实时跟踪及注册、场景融合等新技术与新手段。

3. 物联网技术

物联网（Internet of Things）是物物相连的互联网，指通过各种信息传感设备，实时采集任何需要监控、连接、互动的物体或过程等各种需要的信息，与互联网结合形成的一个巨大网络。其目的是实现物与物、物与人、所有物品与网络的连接，方便识别、管理和控制。

物联网技术通过基于技术与智能传感器的信息感知过程，基于无线传感器网络与异构网络融合的信息传输过程，基于数据挖掘与图像视频智能分析的信息处理过程，实现制造过程的生产过程控制、生产环境监测、制造供应链跟踪、产品全生命周期监测等，帮助企业更好地掌握与利用地方资源，在智能制造的全球化进程中发挥着不可替代的作用。

4. 工业大数据技术

工业大数据（Industrial Big Data）是将大数据理念应用于工业领域。为了将设备数据、活动数据、环境数据、服务数据、经营数据、市场数据和上下游产业链数据等原本孤立、海量、多样性的数据相互连接，实现人与人、物与物、人与物之间的连接，尤其是实现终端用户与制造、服务过程的连接，通过新的处理模式，根据业务场景对时实性的要求，实现数据、信息与知识的相互转换，使其具有更强的决策力、洞察发现力和流程优化能力。

全球化物联网的出现，源源不断地产生了海量数据，面对这些具有大规模性、多样性、高速性与低价值性的特性数据，如何利用大数据技术对这些数据进行处理与融合，实现生产制造过程的透明化，从中获取有价值的信息，并依靠智能分析与决策手段提高应变能力，是提高制造过程"智能"水平的关键所在。

5. 云计算

云计算（Cloud Computing）是一种按使用量付费的计算模式，这种模式提供可用的、便捷的、按需的网络访问，让用户进入可配置的计算资源共享池（资源包括网络、服务器、存储、应用软件、服务）。针对全球化物联网与大数据特征的出现，云计算基于资源虚拟化技术与分布式并行架构，将基础设施、应用软件分布式平台作为服务提供给用户，实现发展趋势分布式数据存储、处理、管理与挖掘。通过合理利用资源与服务，云计算为实现智能制造敏捷化、协同化、绿色化与服务化提供了切实可行的解决方案，在数据隐私性与安全性得到保障的前提下，获得了企业的广泛认可。

6. 信息物理融合系统技术

信息物理融合系统通过"3C"技术——计算机技术、通信技术和控制技术的有机融合与深度协作，实现制造过程的实时感知、动态控制与信息服务。作为一个智能且有自主行为的系统，信息物理融合系统不仅能够从制造环境中获取数据，进行数据处理与融合，提取有效信息，而且可以根据控制规则，通过工业机器人等设备作用于制造过程，实现信息技术与自动技术的交互融合，是智能制造的关键领域。

7. 智能制造执行系统技术

智能制造执行系统针对协同化、智能化、精益化与透明化需求，在已有的传统基础上增值开发智能生产管理、智能质量管理、智能设备管理等功能模块，实现全流程一贯制生产过程与产品质量智能控制，并基于物联网和大数据实现制造过程的实时远程监控、事件预测、事件分类和事件响应，实现工厂自动化与信息化的"两化"融合，是实现智能工厂的核心环节。

8. 企业信息安全

企业信息安全是将信息安全理念应用于工业领域，实现对工厂及产品使用维护环节所涵盖的系统及终端的安全防护。其所涉及的终端设备及系统包括工业以太网、数据采集与监控（SCADA）、分布式控制系统（DCS）、过程控制系统（PCS）、可编程逻辑控制器（PLC）、远程监控系统等。网络设备及工业控制系统的安全运行，能够确保工业以太网及工业系统不被未经授权地访问、使用、泄露、中断、修改和破坏，为企业正常生产和产品正常使用提供信息服务。

10.4 智能制造新模式

智能制造是基于新一代信息科学技术的一种新型模式，不仅是实现装备产品创新的重要手段，同时也是生产模式产业发展变革的重要推动力。近年来，我国重点在离散型智能制造、流程型智能制造、网络协同制造、大规模个性化定制、远程运维服务等方面开展智能制造新模式推广应用，已形成五种智能制造新模式。

1. 离散型智能制造

离散型智能制造新模式的建设内容：车间总体设计、工艺流程及布局数字化建模；基于三维模型的产品设计与仿真，建立产品数据管理系统（PDM），关键制造工艺的数值模拟以及加工、装配的可视化仿真；先进传感、控制、检测、装配、物流及智能化工艺装备与生产管理软件高度集成；现场数据采集与分析系统、车间制造执行系统（MES）与产品全生命周期管理（PLM）、企业资源计划（ERP）系统高效协同与集成。

2. 流程型智能制造

流程型智能制造新模式的建设内容：工厂总体设计、工艺流程及布局数字化建模；生产流程可视化、生产工艺可预测优化；智能传感及仪器仪表、网络化控制与分析、在线检测、远程监控与故障诊断系统在生产管控中实现高度集成；实时数据采集与工艺数据库平台、车间制造执行系统（MES）与企业资源计划（ERP）系统实现协同与集成。

3. 网络协同制造

网络协同制造新模式的建设内容：建立网络化制造资源协同平台或工业大数据服务平台，信息数据资源在企业内外可交互共享。企业间、企业部门间创新资源、生产能力、市场需求实现集聚与对接，实现基于云的设计、供应、制造和服务环节并行组织及协同优化。

4. 大规模个性化定制

大规模个性化定制新模式的建设内容：产品可模块化设计和个性化组合；建有用户个性化需求信息平台和各层级的个性化定制服务平台，能提供用户需求特征的数据挖掘和分析服务；产品设计、计划排产、柔性制造、物流配送和售后服务实现集成和协同优化。

5. 远程运维服务

远程运维服务新模式的建设内容：建有标准化信息采集与控制系统、自动诊断系统、基于专家系统的故障预测模型和故障索引知识库；可实现装备（产品）远程无人操控、工作环境预警、运行状态监测、故障诊断与自修复；建立产品生命周期分析平台、核心配件生命周期分析平台、用户使用习惯信息模型；可对智能装备（产品）提供健康状况监测、虚拟设备维护方案制订与执行、最优使用方案推送、创新应用开放等服务。

10.5 数字化工厂与智能工厂

10.5.1 数字化工厂

国际电工委员会（IEC）词汇库给出的定义：数字化工厂（Digital Factory）是数

字模型、方法和工具的综合网络（包括仿真和 3D 虚拟现实可视化），通过连续的没有中断的数据管理集成在一起。

国内对于数字化工厂接受度最高的定义：数字化工厂是在计算机虚拟环境中，对整个生产过程进行仿真、评估和优化，并进一步扩展到整个产品生命周期的新型生产组织方式。它是现代数字制造技术与计算机仿真技术相结合的产物，主要作为沟通产品设计和产品制造之间的桥梁。

数字化工厂是以产品全生命周期的相关数据为基础，在计算机虚拟环境中，对整个生产过程进行仿真、评估和优化，并进一步扩展到整个产品生命周期的新型生产组织方式，是现代数字制造技术与计算机仿真技术相结合的产物，其本质是实现信息的集成。

数字化工厂的概念模型分为三个层次（图 10.4）：

（1）底层是包含产品构件（如机床主轴、导轨、齿轮等）和工厂生产资源（如传感器、控制器和执行器等）的实物层。

（2）第二层是虚拟层，对实物层的物理实体进行语义化描述，然后转化为可被计算机解析的"镜像"数据，同时建立数字产品资源库和数字车间/工厂资源库的联系。

（3）第三层是涉及产品全生命周期的工具/应用层，包括设计、仿真、工程应用、资产管理、物流等各个环节。数字工厂概念的最大贡献是实现虚拟（设计与仿真）到现实（资源分配与生产）的转换。通过连通产品组件与生产系统，将用户需求和产品设计通过语义描述输入资源库，再传递给生产要素资源库，制造信息也可以反馈给产品资源库，从而消除了产品设计和产品制造之间的"鸿沟"。更进一步，实现了全网络统筹优化生产过程中的各项资源，在改进质量的同时减少设计时间，加速了产品开发周期。

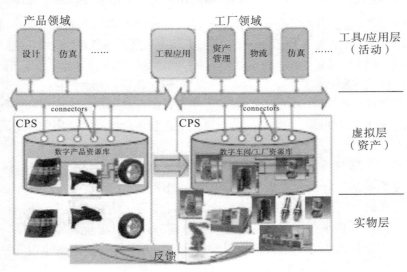

图 10.4　数字化工厂的概念模型

10.5.2　智能工厂

1. 智能工厂的含义

智能工厂（Intelligent Plant）是在数字化工厂的基础上，利用物联网技术和监控技术加强信息管理服务，提高生产过程可控性，减少生产线人工干预，以及合理计划排产。同时，集初步智能手段和智能系统等新兴技术于一体，构建高效、节能、绿色、环保、舒适的人性化工厂。智能工厂是企业在设备智能化、管理现代化、信息计算机化的基础上的新发展。

智能工厂具有初步自主能力，可采集、分析、判断、规划；通过整体可视技术进行推理预测，利用仿真与多媒体技术，将实境扩增展示设计与制造过程。系统中各组成部分可自行组成最佳系统结构，具备协调、重组及扩充特性。系统具备了自我学习、自行维护能力。因此，智能工厂实现了人与机器的相互协调合作，其本质是人机交互。

2.　智能工厂的主要特征

（1）系统具有自主能力：可采集与理解外界及自身的资讯，并以之分析判断及规划自身行为。

（2）整体可视技术的实践：结合信号处理、推理预测、仿真及多媒体技术，将实境扩增展示现实生活中的设计与制造过程。

（3）协调、重组及扩充特性：系统中各组成部分可依据工作任务，自行组成最佳系统结构。

（4）自我学习及维护能力：通过系统自我学习功能，在制造过程中落实资料库补充、更新，及自动执行故障诊断，并具备故障排除与维护的能力。

（5）人机共存的系统：人机之间具备互相协调合作关系，各自在不同层次之间相辅相成。

3.　智能工厂的网络层次结构

如图 10.5 所示是一种智能工厂互联网络的典型结构，工厂互联网络各层次定义的功能以及各种系统、设备在不同层次上的分配如下：

（1）计划层。实现面向企业的经营管理，如接收订单，建立基本生产计划（如原料使用、交货、运输），确定库存等级，保证原料及时到达正确的生产地点，以及远程运维管理等。企业资源规划（ERP）、客户关系管理（CRM）、供应链关系管理（SCM）等管理软件在该层运行。

（2）执行层。实现面向工厂/车间的生产管理，如维护记录、详细排产、可靠性保障等。制造执行系统（MES）在该层运行。

（3）监视控制层。实现面向生产制造过程的监视和控制。按照不同功能，该层包括可视化的数据采集与监控（SCADA）系统、人机接口（HMI）、实时数据库服务器等，这些系统统称监视系统。

（4）基本控制层包括各种可编程的控制设备，如 PLC、DCS、工业计算机（IPC）、其他专用控制器等，这些设备统称控制设备。

（5）现场层。实现面向生产制造过程的传感和执行，包括各种传感器、变送器、执行器、远程终端设备（RTU）、条码、射频识别，以及数控机床、工业机器人、自动引导车（AGV）、智能仓储等制造装备，这些设备统称现场设备。

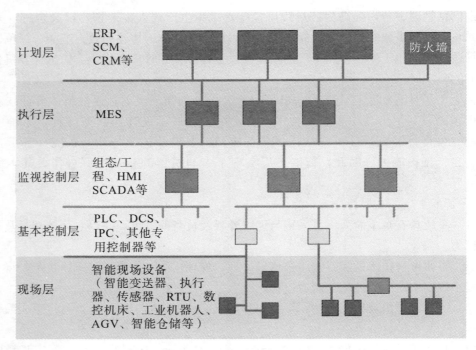

图 10.5　智能工厂互联网络的典型结构

10.6　精密高效传动件智能制造实例

精密机械基础传动件制造过程属于典型的多品种、小批量生产模式，非常有必要通过智能制造技术提高制造系统对产品快速切换的适应能力。为此，四川德恩精工科技股份有限公司联合四川大学等单位，组成智能制造实施团队，进行精密高效机械传动件智能制造模式研究及其应用和实践。

1.　实施智能制造的需求

精密高效机械传动件是一类重要的机械基础件，是装备制造业发展的基础，其水平直接决定着重大装备和机械主机产品的性能、质量和可靠性。机械基础传动件是组成机器不可分拆的基本单元，包括联轴器、传动轴、胀紧套、皮带轮、齿轮、同步带轮等机械动力传动零部件产品。近年来，我国装备制造业水平大幅度提升，大型成套装备能基本满足国民经济建设的需要，但高端基础件产品却跟不上主机发展的要求。高端主机的迅猛发展与配套高端基础件产品供应不足的矛盾凸显，已成为制约我国重大装备和高端装备发展的瓶颈之一。发展机械基础件产业、提升企业智能制造能力和产品质量，对于实现由装备制造大国向装备制造强国转变具有重要的支撑作用。

2.　智能制造的实施方案与内容

精密机械基础传动件制造过程属于典型的多品种、小批量生产，设备专用性低，工艺稳定性差，生产效率极易受到订单扰动而降低，非常有必要通过智能制造技术提高制造系统对产品快速切换的适应能力。

精密高效传动件智能制造模式的设计方案如图 10.6 所示。采用"总体规划设计→建设核心平台→装备智能化改造与升级→形成模式并推广"思路设计技术方案，通过 4 个智能化提升德恩智能制造的总体水平，建设 3 个平台支撑"管理—设计—制造"一体化协同，以机器人为核心，通过智能化感知、智能化改造，建设智能制造物理单元系统。

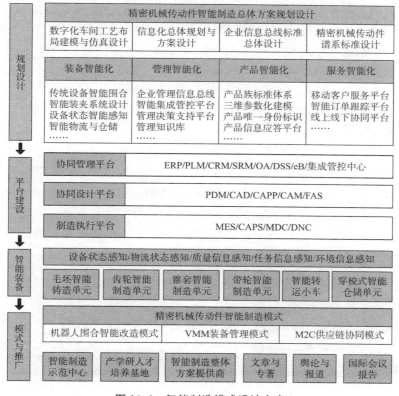

图 10.6　智能制造模式设计方案

精密高效传动件智能制造系统实施的主要内容如下：

（1）精密高效机械传动件智能制造工厂的总体工艺布局方案设计及仿真模拟。完成智能工厂的总体结构设计、三维实景建模、布局仿真、物流仿真、功能仿真等。

（2）数字化协同设计平台建设。针对精密高效机械传动件的典型特征，集成三维优化设计、有限元分析、虚拟装配、三维工艺设计等功能系统，建设面向多地协同的数字化设计平台。

（3）智能工厂数字化运营管理平台建设。基于 PLM 系统，面向精密高效机械传动件设计、制造、销售、服务全过程，全面集成 CAD、CAPP、ERP、MES、CRM、SCM 等信息系统，为智能化工厂提供准确、完整的信息源服务，为客户提供选单、下单、跟单全流程透明服务。

（4）智能工厂的设备改造、升级及集成。对传统机加设备进行智能化技术改造、升级或更新替换，通过智能装夹接口耦合，开发机器人与传统锥套零件加工装备的智能单元，开发智能制造单元关键机器人系统，使传统设备具有信息处理能力、智能感知能力、自适应性执行能力，提升智能工厂的基础装备条件。

（5）智能车间的互联互通标准与网络建设。集成 IP 网络、RS232、RS485、CAN－Bus 等多种现场设备总线，通过协议适配器转换，构建统一的车间设备互联互通 IP 网络架构；建设基于消息队列的数字化车间设备互联互通数据总线，定义设备通信数据语义、语法标准体系；开发数字化车间智能装备告警数据，状态数据的去冗、清洗、融合、存储与发布中间件系统。

（6）智能感知技术的应用。应用机器视觉、RFID、二维码、GPS、激光检测等信息感知、定位、测量技术，提升智能工厂的设备、物料对环境、质量、加工参数的离线、在线检测以及其自适应能力。

（7）智能制造工厂的信息安全保障技术。采用总线隔离、信息安全监测、系统防侵入、安全防呆、视频监控等多种安全技术，结合企业信息安全保护管理制度，保障智能制造工厂的安全性。

3. 智能制造新模式总体框架

精密高效传动件智能制造系统的总体目标：以高档数控机床与工业机器人、智能传感与控制装备、增材制造装备、智能检测与装配装备、智能物流与仓储装备等关键技术装备的集成与创新应用，打造集产品数字化设计、装备智能化升级、工艺流程优化、精益生产、可视化管理、质量控制与追溯、智能物流为一体的离散型智能制造工厂，打造精密高效传动件智能化制造示范车间，探索批量化、多品种式精密零件智能化生产模式。智能制造新模式总体框架如图 10.7 所示。

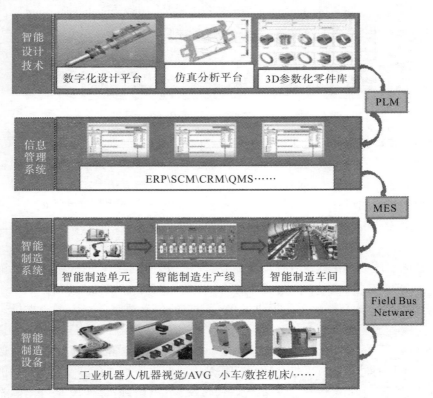

图 10.7　智能制造新模式总体框架

4. 数字化集成设计平台

数字化集成设计平台基于对 SolidWorks、ADAMS、ANSYS 的集成二次开发，实现了产品设计、仿真分析、知识管理系统等功能。平台的产品设计、仿真分析、知识管理与 PDM 为其提供各类知识与数据。产品设计与仿真分析系统集成框架如图 10.8 所示。产品设计包括产品概念设计、方案设计、功能分析、三维 CAD 建模、零部件装配，仿真分析包括多体动力学仿真与有限元分析。知识管理系统为产品设计与仿真分析提供各类公式，以及材料、电、磁等参数和经验数据知识。通过对产品的几何拓扑信息、零部件约束信息、零件载荷信息的读取、识别与转化，实现产品设计与仿真分析信息的集成。

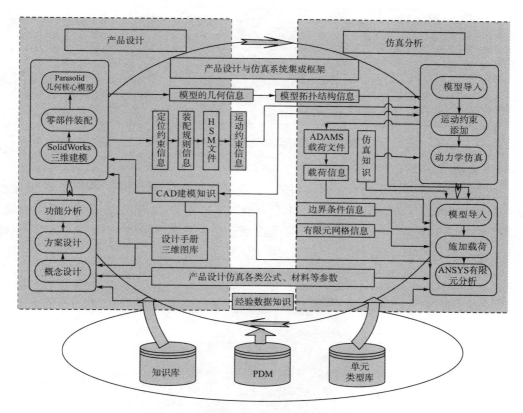

图 10.8　产品设计与仿真分析系统集成框架

5. 信息管理系统

精密高效传动件智能制造的信息管理总体结构如图 10.9 所示。其中 CAD 平台为 SolidWorks 平台和 CAXA，CAE 为 ANSYS 系统。PDM 的主要功能包含图档管理和产品 BOM 管理。为了适应德恩智能制造系统的需要，在商业化 ERP 系统基础上开发形成适用于精密高效传动件的智能制造企业信息集成平台。

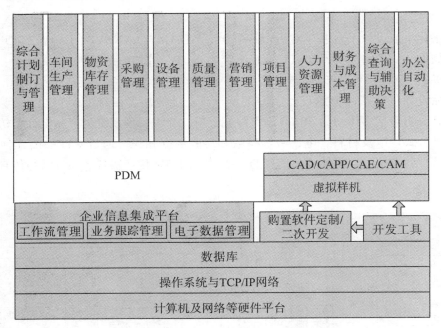

图 10.9 德恩公司信息管理总体结构

6. 智能自动化加工单元

精密高效传动件智能制造车间规划了 100 套智能自动化加工单元，每个加工单元包括 2 台智能车床、1 台智能加工中心、1 台六轴工业机器人、1 套盘件双气爪抓手模块、翻面模块、定位模块、台盘件上下料库、1 套安全防护系统（图 10.10）。机器人可在成品料仓实现码垛功能，通过信息化管理对生产进行监控。

图 10.10 智能自动化加单元

7. 智能制造生产线

智能制造生产线由 3～7 组智能加工单元和 1 组装箱单元组成，可实现对标准件系列产品的机加全工序加工和检测。生产线组成示意如图 10.11 所示，其中的一条智能制造生产线如图 10.12 所示。智能制造生产线的主要特点如下：

（1）欧标铸件锥套自动化加工生产线采用 6 关节工业机器人实现零件的上下料和装箱，内部零件输送采用皮带输送机实现。

（2）零件的检测采用光电识别系统，实现对零件关键尺寸的全检，不合格零件自动识别隔离。同样也是利用光电识别系统，对有铸造缺陷的零件自动识别隔离。

（3）生产线平均每 7 秒左右出一件锥套成品，班产量可达到 4500 件左右。

（4）生产线最大长度达到 64 m，加工信息集中同步显示在生产线的状态监控显示器上，也可通过授权电脑远程监控。

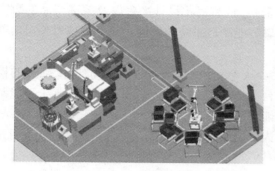

图 10.11　智能制造生产线组成示意图

图 10.12　智能制造生产线

8. 智能制造装备的互联互通

制造数据采集（Manufacturing Data Collection，MDC），一般称为机床监控。MDC 通过先进的软、硬件采集技术对数控设备进行实时、自动、客观、准确的数据采集，实现生产过程的透明化管理，并为制造执行系统（MES）提供生产数据的自动反馈。

数控设备及自主开发改造设备与控制中心的互联互通，实现了现场数据的实时采集和监控。数据采集分析子系统可实时、准确地掌握产品零件生产现场设备的状态（上电和断电、空转和带负荷运行、无任务和加工等待、故障停机以及故障处理进度等）、运行参数信息（主轴转速、主轴负荷）以及运行报警信息，做到信息有效采集、规范存储，防止因设备原因造成生产延误。

9. 实施智能制造模式的经验

（1）为了实施德恩智能制造项目，企业专门组建了"智能制造事业部"。该事业部覆盖了数字化设计与工艺、信息化、工业自动化、工业机器人等多个专业领域。该部门从最初配合实施智能制造项目，到消化、吸收智能制造的相关技术，最后结合企业实际需求，独立提出适合企业制造的智能制造模式，并独立自主开发了多条智能生产线。

（2）注重国产化设备及系统的应用。在整个智能制造项目中，国产化设备达到 70% 以上，软件系统 90% 以上采用国产系统或自主开发系统。引进了沈阳机床厂的智能制造单元，主要由沈阳机床厂的 i5T3.5 智能车床及 i5M4.2 智能加工中心组成。

（3）充分利用已有的设备资源。通过设备改造，并适当添置部分高档数控机床，搭配形成功能完善、经济实用的智能制造单元。由于设备的改造采用自主研制的中心控制系统，因此，设备控制系统与 MES 的联网很容易实现，克服了外购数控系统联网需要二次开发或第三方联网平台的问题。

（4）智能制造领域的装备制造能力提升。为了适应智能制造自主研发发展的需要，成立了工业机器人事业部，开发出多款工业机器人和坐标机器人。其中坐标机器人已经在智能生产线上成功应用，自主开发的六关节工业机器人已在实验生产线上检验了其稳定性。

（5）智能制造注重校企合作，充分发挥了高校在智能制造领域的优势作用。公司与四川大学等高校建立了"智能制造联合研发实验室"。与四川大学机械工程学院在数字化设计与分析等方向展开了合作，建立了企业 3D 数字化设计平台以及关键产品的数字化仿真分析平台。校企合作不但推进了德恩智能制造系统的发展，而且为德恩公司培养了大批智能制造领域的人才。

（6）智能制造采用的是从设备到单元，从单元到线，从线到车间的逐步推进的模式。基于工业机器人技术，开发了集成三台数控加工中心的智能制造单元。基于智能制造单元，通过物料输送线连接，构成了智能化生产线。

（7）智能制造注重新技术、新装备与人的协调性。智能制造系统一方面注重采用先进技术，成功应用了机器视觉、RFID、AGV、立体仓库、视频监控等先进技术；另一方面，智能制造并没有一味强调无人化，而是尽量做到少人化，并注重智能化装备与人的协调性。

习题

1. 通过分析全球范围内制造业变革的主要特征，论述发展智能制造模式的必要性和重要意义，总结国内外相关国家制造业振兴战略的要点。

2. 在学习"中国制造 2025"规划的基础上，分析为什么要将智能制造作为主攻方向，其目的意义是什么。

3. 智能制造的定义是什么？如何理解智能制造的内涵？分析智能制造内涵的发展历程。

4. 针对制造过程的数字化、智能化与网络化发展的需要，讨论智能制造的关键技术有哪些。

5. 为什么说数字化设计与制造技术是实施智能制造的基础和关键问题？讨论数字化设计与制造技术在智能制造系统中的作用。

6. 智能制造有哪几种新模式？请结合相关行业企业的需要，总结每一种模式的实施内容和特点。

7. 分析讨论数字化工厂和智能工厂的内涵和特点，论述如何从数字化工厂发展为智能工厂，如何实施智能制造。

8. 通过分析机械制造企业实施智能制造新模式的实际情况，总结企业实施智能制造的内容、关键技术和成效，总结相关经验教训，提出实施智能制造的建议和参考方案。

参考文献

AMIROUCHE F. Principles of Computer-Aided Design and Manufacturing [M]. 北京：清华大学出版社，2006.

CHUA C K，LEONG K F. 3D Printing and Additive Manufacturing：Principles and Applications：Fourth Edition of Rapid Prototyping [M]. World Scientific Publishing Co. Pte Ltd. ，2014.

GIBSON I，ROSEN D，STUCKER B. Additive Manufacturing Technologies：3D Printing，Rapid Prototyping，and Direct Digital Manufacturing [M]. 2nd ed. Springer，2014.

KUNWOO L. Principles of CAD/CAM/CAE Systems [M]. Addison Wesley Longman，Inc. ，1999.

MILLER T H，BERGER D W. Totally Integrated Enterprises [M]. New York：St. Lucie Press，2001.

ZEID I. Mastering CAD/CAM [M]. New York：McGraw-Hill Companies，2005.

布劳克曼. 智能制造：未来工业模式和业态的颠覆与重构 [M]. 张潇，郁汲，译. 北京：机械工业出版社，2015.

陈宗舜. 机械制造业工艺设计与 CAPP 技术 [M]. 北京：清华大学出版社，2004.

范玉顺，黄双喜，赵大哲. 企业信息化整体解决方案 [M]. 北京：科学出版社，2005.

方浩博. 基于数字光处理技术的 3D 打印设备研制 [D]. 北京：北京工业大学，2016.

工业和信息化部. 中国制造 2025 解读材料 [M]. 北京：电子工业出版社，2016.

江平宇. 网络化计算机辅助设计与制造技术 [M]. 北京：机械工业出版社，2004.

蒋明炜. 机械制造业智能工厂规划设计 [M]. 北京：机械工业出版社，2017.

来可伟，殷国富. 并行设计 [M]. 北京：机械工业出版社，2003.

龙红能. 大型发电设备制造工艺设计信息化平台的关键技术与应用研究 [D]. 成都：四川大学，2004.

卢博. VR 虚拟现实：商业模式＋行业应用＋案例分析 [M]. 北京：人民邮电出版社，2016.

罗文煜. 3D 打印模型的数据转换和切片后处理技术分析 [D]. 南京：南京师范大学，2015.

马登哲. 虚拟现实与增强现实技术及其工业应用（英文版）[M]. 上海：上海交通大学出版社，2011.

宁汝新，赵汝嘉. CAD/CAM 技术 [M]. 2 版. 北京：机械工业出版社，2005.

乔立红，郑联语. 计算机辅助设计与制造［M］. 北京：机械工业出版社，2014.

人民论坛. 中国制造 2025：智能时代的国家战略［M］. 北京：人民出版社，2015.

邵新宇，蔡力钢. 现代 CAPP 技术与应用［M］. 北京：机械工业出版社，2004.

史玉升. 增材制造技术系列丛书［M］. 武汉：华中科技大学出版社，2012.

苏春. 数字化设计与制造［M］. 2 版. 北京：机械工业出版社，2013.

孙家广. 计算机图形学［M］. 北京：清华大学出版社，1998.

孙健峰. 激光选区熔化 Ti6Al4V 可控多孔结构制备及机理研究［D］. 广州：华南理工
　　大学，2013.

谭建荣，刘振宇，等. 智能制造：关键技术与企业应用［M］. 北京：机械工业出版
　　社，2017.

谭建荣，刘振宇. 数字样机：关键技术与产品应用［M］. 北京：机械工业出版
　　社，2007.

田明海. 3D 打印机等层厚切片算法研究及软件实现［D］. 沈阳：沈阳工业大
　　学，2016.

童炳枢. 现代 CAD 技术［M］. 北京：清华大学出版社，2000.

王广春，赵国群. 快速成型与快速模具制造技术及其应用［M］. 北京：机械工业出版
社，2013.

王广春. 增材制造技术及其应用实例［M］. 北京：机械工业出版社，2014.

吴怀宇. 3D 打印：三维智能数字化创造［M］. 北京：电子工业出版社，2014.

辛志杰. 逆向设计与 3D 打印实用技术［M］. 北京：化学工业出版社，2017.

徐雷. 基于知识的计算机辅助夹具设计支持技术研究［D］. 成都：四川大学，2006.

杨海成. 数字化设计制造技术基础［M］. 西安：西北工业大学出版社，2007.

殷国富，陈永华. 计算机辅助设计技术与应用［M］. 北京：科学出版社，2000.

殷国富，刁燕，蔡长韬. 机械 CAD/CAM 技术基础［M］. 武汉：华中科技大学出版
社，2010.

殷国富，徐雷，胡晓兵. SolidWorks2007 二次开发技术实例精解·机床夹具标准件三
维图库［M］. 北京：机械工业出版社，2007.

殷国富，杨随先. 计算机辅助设计与制造技术［M］. 武汉：华中科技大学出版
社，2008.

殷国富，杨随先. 计算机辅助设计与制造技术原理及应用［M］. 成都：四川大学出版
社，2001.

殷国富，袁清珂，徐雷. 计算机辅助设计与制造技术［M］. 北京：清华大学出版
社，2011.

曾小英. 快速成型技术的分层算法研究［D］. 湘潭：湘潭大学，2012.

赵汝嘉，孙波. 计算机辅助工艺设计（CAPP）［M］. 北京：机械工业出版社，2003.

赵汝嘉，殷国富. CAD/CAM 实用系统开发指南［M］. 北京：机械工业出版
社，2001.

中国机械工程学会，广东省机械工程学会. "数控一代"案例集：广东卷［M］. 北京：

中国科学技术出版社，2016.

中国机械工程学会，山东省机械工程学会. "数控一代"案例集：山东卷［M］. 北京：中国科学技术出版社，2016.

中国机械工程学会，山西省机械工程学会. "数控一代"案例集：山西卷［M］. 北京：中国科学技术出版社，2016.

周祖德. 数字制造［M］. 北京：科学出版社，2004.